职业教育精品规划教材

变频器技术应用
（第2版）

主　编　姚锡禄

副主编　庞党锋　张文辉

电子工业出版社

Publishing House of Electronics Industry

北京·BEIJING

内 容 简 介

变频器技术应用是电气运行与控制专业的一门主干课程,本书共有 9 个项目,采用"项目引领、任务推动"方式教学,主要介绍电力电子器件和微处理器的基本知识;"交-直-交"型变频器的电路结构及工作原理;变频器各种基本运行方式;变频器选择条件及方法;变频器可靠性的探讨及提高方法;变频器安装及使用知识;由变频器为核心构成的调速系统及其功能;本书继承了第 1 版的风格,以西门子 MM4 系列变频器为典型,而在项目八中介绍了属"劳动系统"中的中职学校非常广泛使用的"松下变频器";最后在项目九中介绍几个变频器实际应用的典型事例。在一些项目中,本书采用"案例分析"的方法,介绍变频器在实际应用中遇到的问题及解决方法,帮助读者总结经验,提高解决问题的能力。

本书适合作为职业教育电气工程类专业的教学用书,也可作为电气工程从业人员的参考书。

图书在版编目(CIP)数据

变频器技术应用/姚锡禄主编. —2 版. —北京:电子工业出版社,2018.6
职业教育精品规划教材
ISBN 978-7-121-32150-4

Ⅰ. ①变… Ⅱ. ①姚… Ⅲ. ①变频器—职业教育—教材 Ⅳ. ①TN773

中国版本图书馆 CIP 数据核字(2017)第 165503 号

策划编辑:白 楠

责任编辑:白 楠   特约编辑:王 纲

印   刷:北京虎彩文化传播有限公司

装   订:北京虎彩文化传播有限公司

出版发行:电子工业出版社

　　　　北京市海淀区万寿路 173 信箱　邮编 100036

开   本:787×1 092　1/16　印张:17.25　字数:441.6 千字

版   次:2009 年 1 月第 1 版
　　　　2018 年 6 月第 2 版

印   次:2025 年 2 月第 14 次印刷

定   价:35.00 元

凡所购买电子工业出版社图书有缺损问题,请向购买书店调换。若书店售缺,请与本社发行部联系,联系及邮购电话:(010)88254888,88258888。

质量投诉请发邮件至 zlts@phei.com.cn,盗版侵权举报请发邮件至 dbqq@phei.com.cn。

本书咨询联系方式:(010)88254592,bain@phei.com.cn。

再 版

在现代工业生产自动化中，各类交流变频器充当了极为重要的角色。它是电力电子技术、计算机技术、现代控制技术和网络技术的有机结合，具有调速范围宽、调速精度高、动态响应快、运行效率高、功率因数高、操作方便、成本低、节能显著等一系列优点，已成为当今改造传统工业、改善工艺流程、提高生产过程自动化水平、提高产品质量、推动技术进步的主要手段之一。变频器控制技术的重要技术特征是可以充分地与现代网络技术相结合，发挥智能控制的优势，实现分布式现场总线控制系统，是工业企业自动化的重要发展方向。变频器应用所产生的显著节能效果，是当前工业领域最需要解决的"节能减排"问题的最有力措施之一。变频控制技术广泛、迅速地普及，给我国的工业自动化事业带来了深刻的变革，产生了巨大的社会和经济效益。

"改革、开放" 30 多年来，我国在自动化技术发展和应用上，与世界最先进水平的差距已经越来越小了。30 年前，一台普通品牌小容量的进口变频器，其价格令人咋舌，而现如今变频器的价格已大幅降低，且应用业已普及到工业生产各个基层环节，"变频器驱动异步电动机"几乎成为一般"拖动系统"的"标配"。因此，了解变频器的基础知识，掌握变频器基本操作，是每一位电气工程从业人员必须掌握的基本职业技能。变频器控制系统终究是一个知识密集、技术复杂的系统，本版书在保留第一版的内容和特点之外，采用了"项目引领、任务推动"的结构形式，尽力做到深入浅出，淡化理论，注重实际应用。在第 8 项目中，重点介绍了"松下 VFO 变频器"，此种变频器广泛使用在"中级技工学校"。书中打"*"号的章节为选修章节。在重点章节中选择了一些生产实践中的实际事件作为典型"案例"，进行细致分析，帮助读者积累实践经验（积累包括他人的实践经验），增长分析问题、解决问题的能力。

全书共有 9 个项目，姚锡禄任主编，并编写了项目一、项目五，庞党锋任副主编，编写了项目三、项目八，张文辉也任副主编且编写了项目四、项目七，姚昕彤编写了项目二、项目六，李明生编写了项目九，并完成电子照相和插图工作。最后由姚锡禄统稿。在本书编写过程中，得到天津海鸥手表集团的陈琪高级工程师、津酒集团的赵景田高级工程师、西门子公司驻津办事处汪林经理的大力帮助；在此一并表示衷心的感谢。由于时间匆忙及编者的水平有限，书中难免有一些错误或不足，恳请大家批评、指正。

为了方便教师教学，本书还配有电子教学参考资料包。请有此需要的教师登录华信教育资源网（www.hxedu.com.cn）免费注册后再进行下载，有问题时请在网站留言板留言或与电子工业出版社联系（E-mail:hxedu@phei.com.cn）。

编 者

目　　录

认识变频器

【项目任务】
- 了解变频器发展概况，认识变频器在现代化建设中的作用。
- 了解各类电力电子器件的特性及应用。
- 了解变频器中各类微处理器及其作用。

【项目说明】

本项目主要介绍以变频器控制交流异步电动机为典型的交流变频调速技术的发展概况，重点指出正是由于电力电子技术的发展、计算机微处理器技术的发展，才促进了变频器技术的发展。先进控制理论的应用为变频调速技术插上了腾飞的翅膀，使之成为实现工业自动化的主要手段之一。

1.1 变频器发展概况

【知识目标】 了解变频调速技术发展概况及其在国家经济建设中的重要作用。

1.1.1 交流变频技术的发展

直流电动机与交流电动机先后诞生于 19 世纪后期，它们甫一问世，立即引发工业生产的"第二次革命"，使世界由"蒸汽机时代"迈入"电气化时代"。100 多年来各类电动机已经成为人类生产、生活中最重要的动力机械，其地位与作用是其他动力机械（如热机）不可比拟的。由于结构和技术上的原因，在需要进行调速控制的拖动系统中基本上采用直流电动机。但是，同样由于结构上的原因，直流电动机存在着一些先天性缺陷，主要是：

- 制造工艺复杂，消耗有色金属较多，成本高；
- 难以制造大容量、高转速和高电压的直流电动机；
- 需要定期更换电刷和换向器，维护保养困难；
- 由于存在换向火花，难以应用于存在易燃易爆气体的恶劣环境。

诞生时间稍晚于直流电动机的三相交流异步电动机，以其结构简单坚固、运行可靠、价格低廉而迅速地在电力拖动领域独占鳌头；由于制造工艺相对简单，容易制造出大容量、高转速和高电压的交流电动机，它在冶金、建材、矿山、化工等重工业领域发挥着巨大的作用。很久以来，人们希望在许多场合下能够用可调速的交流电动机来代替直流电动机，从而降低成本，提高运行的可靠性。与此同时，大量采用交流电动机拖动的所谓不变速拖动系统中，相当一部分是风机、水泵类的负载。这类负载约占工业电力拖动总量的一半，其中大部分并不是真的不需要变速，只是因为交流电动机都不调速，因而不得不依赖挡板和阀门来调节流量，但是电动机轴上输出功率并没有减小，相当一部分能量损耗在挡板、阀门上，所以大量电能被白白消耗掉。如果实现交流调速，每台电动机可节能 20%以上，总的节能效果非常可观。另一方面，据统计，工业电动机负荷率通常为 50%～60%。这是因为一般情况下，电动机的功率选择要考虑最大负载、电网波动、安全系数、电动机规格等因素，电动机选择的功率大，而实际上通常在 50%～60%额定功率下工作。如采取交流调速，在恒转矩的条件下，降低轴上的输出功率，既能满足工作的要求，提高电动机效率，也可获得节能效果。综上所述，实现交流调速，是人们长期以来孜孜以求的愿望。

如何实现交流调速呢？从现有的文献资料上来看，尽管异步电动机调速系统种类很多，但是效率最高、性能最好、应用最广的就是变频调速，它可以构成高动态性能的交流调速系统，取代直流调速系统，是交流调速的主要发展方向。变频调速是以变频器向交流电动机供电，并构成开环或闭环系统，从而实现对交流电动机的宽范围内的无级调速。变频器是把固定电压、固定频率的交流电变换为可调电压、可调频率的交流电的变换器。变换过程中没有直流环节的，称为"交-交"变频器，有中间直流环节的，称为"交-直-交"变频器。由直流电变为交流电的变换器称为逆变器。目前应用最为广泛的就是"交-直-交"变频器，通常是由整流器（AC-DC 变换）、中间直流储能电路和逆变器（DC-AC 变换）三部分构成，其中最为关键的就是"逆变"。

长期以来人们追求、探索交流变频调速，直到 20 世纪 70 年代以后这项技术才在应用上得到普及和推广，这主要得益于以下三个方面。

① 诞生于 1956 年的电力电子技术经 20 年的发展进入了现代电力电子技术阶段，制造出高耐压、大功率，具有自关断全控型电力电子器件，并且具有驱动功率小，开关频率高的特点，应用在"逆变电路"中极大地提高了变频的性能。应该说高性能的电力电子器件为变频技术提供了良好的"硬件"条件。

② 1964 年，德国的 A.Schönung 等人率先提出了脉宽调制（PWM）变频的思想，就是把通信系统中的调制技术推广应用于交流变频，几十年来此项技术日臻完善，使变频器具有良好的输出波形，降低了噪声和谐波，提高了系统的性能。

③ 采用全数字微机控制技术，使变频器缩小了体积，降低了成本，提高了效率，增强了功能。

以上三项技术的应用，一举打破了制约变频技术发展的"瓶颈"，即在"逆变"电路中由全控制电力电子器件组成"逆变桥"，甩掉了复杂的"强迫换流电路"，使结构紧凑合理；在异步电动机的定子和转子的气隙间重现了频率可调、按正弦分布的旋转磁场，使电动机基本上能够运行平稳、无噪声、无抖动。自此以后，变频调速技术（变频器控制技术）的发展日新月异。随着新型的电力电子器件、大容量微处理器和先进的控制理论的应用，交流变频调速的综合性能已经赶上并在某些方面超过了直流调速，已经上升为电气调速传动的主流。变频器传动已成为实现工业自动化的主要手段之一，在各种生产机械中，如风机、水泵、生产装配线、机床、纺织机械、轻工包装机械、造纸机械、食品、化工、矿山、冶金、轧钢等工程设备及家用电器中得到广泛的应用。采用变频调速技术可获得提高自动化水平，提高机械性能，提高生产效率，提高产品质量和节约能源等综合效益。其中，最主要的技术特征是可以充分地与现代网络技术结合，发挥智能控制的优势，实现分布式网络控制系统。这是工业企业自动化的重要发展方向，并已取得很成功的经验。实践证明，变频器在各种设备上的应用，已成为节能、改造传统工业、提高产品质量、改善环境、推动技术进步、提高自动化水平的主要手段之一，是国民经济普遍需要的新技术，也是发展最快的新技术之一，在国际上称其为"绿色技术"。

当前，工业自动化正向着网络化方向发展，现代工业生产自动化的核心是生产过程信息化、网络化，呈现开放性、智能性、分散控制性的特点。在这一系统中，计算机控制技术充当了极为重要的角色，而支持这一系统的则是那些具有通信功能的智能化设备，例如可编程序控制器、变频器、智能化仪器仪表和传感器等，它们为计算机控制技术在工业自动化方面的应用提供了坚实的"硬件"基础。现代控制理论的应用、全数字化技术及网络通信功能的增强，使变频器技术日新月异地发展，使它在网络化控制技术方面起到了举足轻重的作用。目前，网络控制技术取代单机控制已成事实，现代交流电动机的传动控制已不再仅局限于单一的调速控制要求，而更多的要求是系统化、网络化应用，以获得更强的控制功能。因此，当今的变频调速控制技术已成为高科技领域的综合性技术之一。

我国从 20 世纪 80 年代后期引进交流变频技术，推广使用变频器，目前已广泛应用在各行业，取得了巨大的经济效益和社会效益，但是在变频器应用上仍有巨大的空间。我国在交流电动机上使用变频调速运行的仅占 6%左右，而世界上工业发达国家已达到 60%~70%。变频器最主要应用领域是节能调速和工艺调速，单从节能调速方面来讲，我国现运行的风机、水泵、空调类负载在 4 200 万台以上，占全国用电量的 1/3，其中 60%适合调速。而仅在风机、泵类负载中，70%仍采用挡板、阀门来调节流量，这样电动机在运行中会长期处于空载或轻载状态，造成能源的浪费。因此变频调速的重要性日益得到了国家的重视，1998 年 1 月 1 日开始实施的《中华人民共和国节约能源法》第 39 条将变频调速列入了通用节能技术加以推广。可以说，在我国推广变频器调速技术有着非常重大的现实意义及巨大的经济价值和社会价值。

1.1.2　变频器新技术及其发展方向

1. 变频器新技术

伴随着变频器应用的日益广泛，其性能和技术也在飞速发展，主要体现在：

（1）模块化

新型变频器的模块化已经取得了很大进展，例如，日立公司的通用变频器专用集成功率模块（ISPM）将整流电路、逆变电路、逻辑控制、驱动和保护、电源回路全部集成在一个模块内，使整机的元器件数量比原来减少了 40%以上。西门子公司在 2010 年推出的 G 系列、S系列变频器全部组件均模块化，不仅结构紧凑，可靠性也得到很大提高。

（2）专用化

新型变频器为更好地发挥其控制技术的独特功能，并尽可能满足现场控制的需要，派生了许多专用机型，例如，风机、水泵、空调专用型，注塑机专用型，电梯专用型，纺织机械专用型，中频驱动专用型，机车牵引专用型等。

（3）软件化

新型变频器功能的软件化已进入实用阶段，通过内置软件编程可实现所需的功能。变频器内置多种可选的应用软件，以满足现场过程控制的需要，如 PID 控制软件、张力控制软件、同步控制软件、速度跟随软件、变频器调试软件、通信软件等。

（4）网络化

新型变频器内装 RS-485 接口，可提供多种兼容的通信接口，支持多种不同的通信协议，可由计算机控制和操作变频器，通过选件可与 Lonworks、InterBus、DeviceNet、Modbus、Profibus、Ethernet、CAN 等多种现场总线联网通信，并可通过提供的选件支持上述几种或全部类型的现场总线。例如，西门子 MM4 系列通用变频器可以通过 USS 通信协议连接调试和控制多达 31 台变频器。

（5）低电磁噪声、静音化

新型变频器采用高频载波 SPWM 方式实现静音化。在逆变电路中，采用电流过零开关控制技术等，以改善波形，降低谐波，在电磁兼容性（EMC）方面符合国际标准，实现清洁电能变换。

（6）图形化用户界面

新型变频器的操作面板除了通常的下拉式菜单外，同时还提供图形工具、中文菜单等监控操作功能。

（7）引导式调试步骤

新型变频器机内固化"调试指南"，引导操作者按步骤调试，无须记忆参数，充分体现了易操作性。随着变频器技术的发展，变频器参数自调整将实用化。

（8）参数趋势图形

新型变频器的参数趋势图可显示实时运行状态，在调试过程中可随时监控和记录运行参数。

2. 变频器未来的发展方向

（1）进一步提高控制理论，发展控制策略

尽管矢量控制与直接转矩控制使交流调速系统的性能有了较大的提高，但是还有许多领域有待深入研究。未来的变频器控制技术将在现有的基础上进一步得到发展，将融入基于现代控制理论的模型参考自适应技术、多变量解耦控制技术、最优控制技术和基于智能控制技术的模糊控制、神经元网络、专家系统和过程自寻优、故障自诊断技术等，使变频器"傻瓜化"，更容易使用。

（2）高速全数字化控制

随着以 32 位高速微处理器为基础的数字控制器的应用，新型电力电子器件应用技术、Windows 操作系统以及各种 CAD 软件、通信软件被引入到变频器控制技术中，使其能够实现各种控制算法、参数自设定、自由设计控制功能、图形编程技术等数字化控制技术。

（3）新型电力电子器件应用技术

随着新型电力开关器件的发展，可关断驱动技术、双 PWM 逆变技术、柔性 PWM 技术、全数字自动化控制技术、静/动态均流技术、浪涌吸收技术、光控及电磁触发技术、导热与散热技术将得到迅速发展。

（4）变频器的大容量化和小体积化

随着新型电力电子器件的发展、智能型功率模块的应用，变频器的大容量化和小体积化（模块化）会逐步实现。

（5）更符合环境保护要求，成为真正的"绿色产品"

变频器电磁兼容技术越来越受到重视。人们在解决了变频器低频噪声的基础上，正在探索解决变频器的电磁辐射和谐波污染问题，并已取得了积极的成果。相信在不久的将来，"绿色产品"的变频器将会展示在人们面前。

1.2 电力电子器件在变频器中的应用

【知识目标】 了解电力电子器件发展概况。

掌握电力电子器件分类方法。

掌握常用的电力电子器件的基本特性和在使用中应注意的问题。

由于电力电子器件是变频器中的核心器件，其性能如何对变频器的内在品质起到至关重要的影响，所以必须对它们有所了解。

1.2.1 电力电子器件发展概况

通常认为，1956 年第一个普通晶闸管（SCR）发明之日即电力电子技术诞生之时，开创了利用半导体器件及电子技术控制电气运行的先河。1957—1980 年称为传统电力电子技术阶段，这一阶段，虽然电力电子器件已由普通晶闸管衍生出了快速晶闸管（KK）、逆导晶闸管（RCT）、双向晶闸管（TRIAC）、不对称晶闸管（ASCR）等，但是它们存在两个共同的缺陷：一是控制功能上的欠缺，它们通过门极只能控制开通而不能控制关断，所以成为"半控型"器件，如果要想关断，必须增加比较复杂的"强迫换流"电路，从而使电路"臃肿"而效率降低；二是工作频率低，一般晶闸管的工作频率均低于 400Hz，因而大大限制了它们的应用范围，这些电子器件无法应用在通用变频器中。由于大容量晶闸管制造工艺相对简单，并且具有较好的耐过流特性，现在主要应用在可控整流、大功率、低速的"交-交"变频装置中和交流串级调速装置中。

20 世纪 70 年代后期可关断晶闸管（GTO）和电力晶体管（GTR）相继产生并实用化，为通用变频器大规模普及应用带来了曙光。20 世纪 80 年代，绝缘栅双极型晶体管（IGBT）的开发成功及应用，真正使变频器产生了质的飞跃。它在许多性能上优于 GTR，并且逐步取代 GTR，可以说，IGBT 为变频调速的迅速普及和进一步提高奠定了基础。此后各种高频化全控型器件如雨后春笋般地不断问世，并得到迅速发展，而 IGBT 也逐步完成集成化、模块化过程。新型电力电子器件的产生使电力电子技术由传统阶段跨入了现代阶段。

现代电力电子技术在器件、电路及其控制技术方面有如下特点。

1. 集成化

几乎所有全控型器件都由许多单元胞管子并联而成，即一个器件是由许多子器件集成的。例如，一个 1000A 的 GTO 含有近千个单元 GTO，一个 40A 的功率场效应晶体管（MOSFET）由上万个单元并联而成。

2. 高频化

一般的 IGBT 工作频率均达到 20kHz，而功率 MOSFET 可达数百千赫兹，静电感应晶体管（SIT）工作频率可达 10MHz 以上。

3. 全控化

电力电子器件实现全控化，即自关断化，是现代电力电子器件在功能上的重大突破。无论双极型器件（如 GTR、GTO）或单极型器件（如 MOSFET），以及混合型器件（如 IGBT）、MOS 控制晶闸管（MCT），都实现了全控化，从而避免了传统电力电子器件关断时所需要的强迫换流电路。

4. 控制电路弱电化、控制技术数字化

全控型器件的高频化促进了电力电子控制电路的弱电化。许多弱电领域的电子技术可以应用到电力领域中来，例如 PWM 调制技术、谐振变流等。控制这些电路的技术也逐步数字化。

1.2.2 电力电子器件的简单分类

电力电子器件的分类方法很多，常见的分类有如下几种。

1. 根据不同的开关特性分

① 不控器件。这种器件通常为两端器件，一般只有整流的作用而无可控的功能，如整流二极管、肖特基势垒二极管等。

② 半控型器件。这种器件通常为三端器件，只能控制其开通而不能控制其关断，普通晶闸管（SCR）及其大部分派生器件属于这一类。

③ 全控型器件。这种器件也为三端器件，通过控制信号，既可以控制其开通，又可以控制其关断。这类器件主要有 GTR、GTO、IGBT 及大部分新型的电力电子器件。

2. 根据器件内参与导电的载流子情况分

① 双极型。凡由电子和空穴两种载流子参与导电的称为双极型器件，如普通晶闸管、电力晶体管等。

② 单极型。凡只有一种载流子参与导电的称为单极型器件。大部分场控器件属单极型，如功率 MOSFET。

③ 混合型。由单极型和双极型两种器件组成的复合型器件称为混合型器件，如 IGBT、MOS 控制晶闸管（MCT）等。

3. 根据控制信号不同分

（1）电流控制型

这类器件一般通过控制极的电流变化来控制器件的开通或关断，有时又称为电流驱动型。应用比较广泛的电流控制型器件可分为两大类：一类是晶体管类，如电力晶体管（GTR）、达林顿晶体管等，这类器件适用于 500kW 以下、380V 交流供电的领域；另一类是晶闸管类，如 SCR、GTO 等，这类器件适用于电压更高、电流更大的应用领域。

电流控制型器件的共同特点如下。

① 器件内有两种载流子导电，当管子由导通转向截止时，两种载流子在复合过程中产生热量，使器件结温升高。过高的结温限制了工作频率的提高。因此，电流控制型器件比电压控制型器件的工作频率要低。

② 电流控制型器件具有电导调制效应，使其导通压降很低，导通损耗较小，这是电流控制型器件的一大优势。

③ 此类器件的控制极输入阻抗较低，因此驱动电流和控制功率较大，其电路也比较复杂。

（2）电压控制型

这类器件的开通和关断是由电压信号进行控制的，如功率 MOSFET、IGBT 和 MOS 控制晶闸管（MCT）等。从广义上讲，一切用场控原理进行控制的电力电子器件均属电压控制型，因此，电压控制型器件也称为场效应电力电子器件或场控电力电子器件。

场控电力电子器件一般也分为两类：一类是结型场效应器件，如静电感应晶体管（SIT）、静电感应晶闸管（SITH）等，这类器件多为常开型器件，目前多用于高频感应加热系统；另一类是绝缘栅场效应器件，如绝缘栅双极型晶体管（IGBT）、MOS 控制晶闸管（MCT）等。由于 IGBT 的性能优于 GTR，因此近年来基本上取代了 GTR。而 MCT 是集高电压、大电流和高频化于一体的电压控制型器件，是未来与 SCR、GTO 相竞争的新型器件。

应该指出，所有电压控制型器件都是用场控原理对其通断状态进行控制的，但是它们不一定全是单极型器件，大部分混合型器件也属电压控制型器件，少量双极型器件如 SITH，也属电压控制型器件。

电压控制型器件的共同特点如下。

① 作为电压控制型器件，因为输入信号是加在门极的反偏结或是绝缘介质上的电压，输入阻抗很高，因此控制功率小，控制电路比较简单。

② 对单极型器件来说，因为只有一种载流子导电，没有少数载流子的注入和存储，其开关过程中不存在像双极型器件中的两种载流子的复合问题，因而工作频率很高，其工作频率可达几百、几千千赫兹。对于混合型器件来说，其工作频率也远高于双极型器件。因此可以说，工作频率高是电压控制型器件的另一共同特点。

③ 电压控制型器件的工作温度高，抗辐射能力也强。因此，这类器件的发展前景十分广阔。

1.2.3 变频器中常用的电力电子器件

电力电子器件在变频器的主电路中起核心作用，它的性能优劣标志着变频器档次的高低。从某种意义上说，变频器的发展过程正是电力电子器件发展过程的反映。变频器的发展刺激并调动了电力电子器件的研究与发展，而电力电子器件的发展则进一步推动了变频器发展和水平的提高。目前变频器市场新品不断涌现，而正在运行中的变频器，有的已经运行了十多年，有的也应进行维护或"换代"。在这里介绍一下多数变频器中常用的电力电子器件，帮助读者加深对变频器的了解。

1. 电力晶体管（又称大功率双极型晶体管 BJT 或 GTR）

电力晶体管（Bipolar Junction Transistor）或称为巨型晶体管（Giant Transistor），其研制、开发大约在 1974 年，大规模应用在 20 世纪 70 年代后期。它是电流控制型电力电子器件。

单个电力晶体管的放大系数很小，一般只有 10 左右，通常采用至少由两个晶体管按达林顿接法组成的单元结构。一个成品 GTR 要由许多这种单元结构并联而成。

表 1-1 中给出了由两个晶体管组成的两级达林顿 GTR 的等效电路图。当前应用的 GTR 均已模块化。图 1-1 所示为富士公司生产的 EV1298 型 GTR 的内部线路，它只相当于一个单元模块，电路中 VD$_1$ 为续流二极管，VD$_2$、VD$_3$ 为加速二极管，R$_1$、R$_2$、R$_3$ 均为电阻，电流增益可达 10 000 左右。单元模块可分为一单元、二单元、四单元和六单元模块。通常四单元模块可构成单相桥式电路，而六单元结构可构成三相桥式电路。不同单元的简化结构如图 1-2 所示。

表 1-1　各种电力电子器件的符号及等效电路

类型 结构	双极型器件		
名称	PN 结整流二极管	电力晶体管	达林顿晶体管
代号		GTR	Darlington
等效 电路	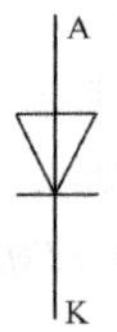	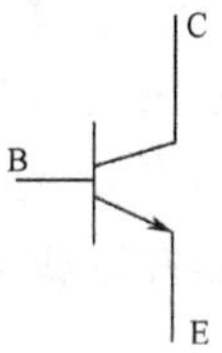	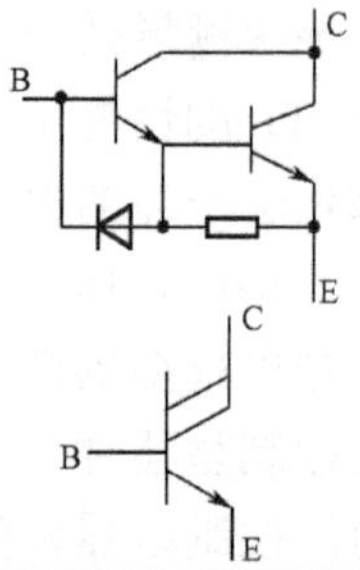
名称	普通晶闸管	可关断晶闸管	静电感应晶闸管
代号	SCR	GTO	SITH
等效 电路	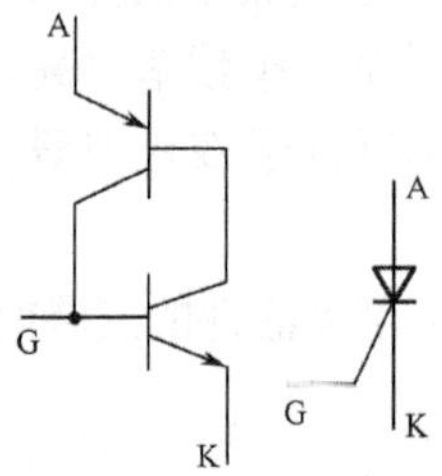	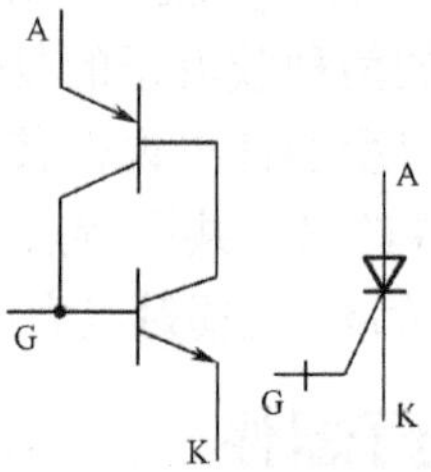	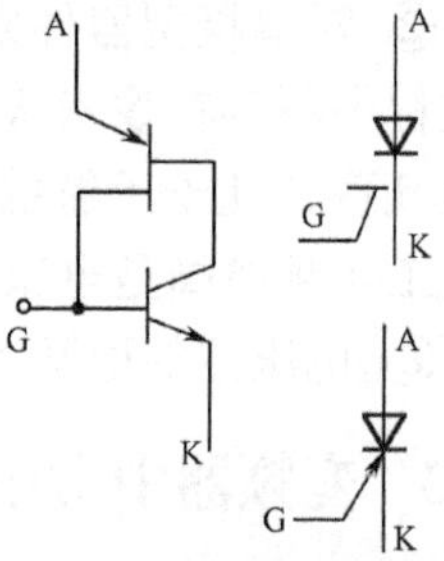
名称	功率场效应晶体管	静电感应晶体管	绝缘栅双极型晶体管	MOS 控制晶闸管
代号	功率 MOSFET	SIT	IGBT	MCT
等效 电路	N沟道 P沟道	N沟道　P沟道		

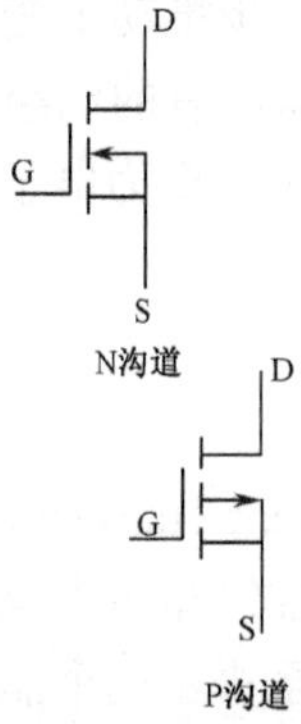

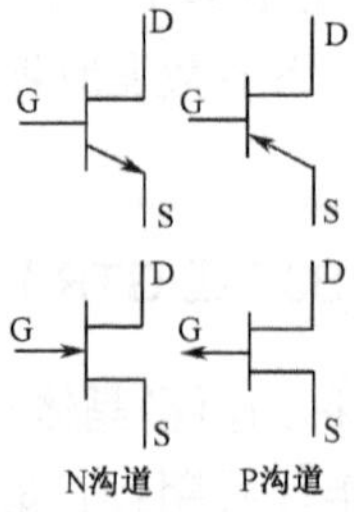

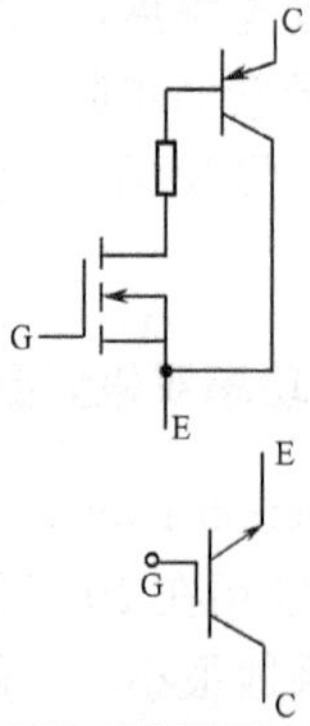

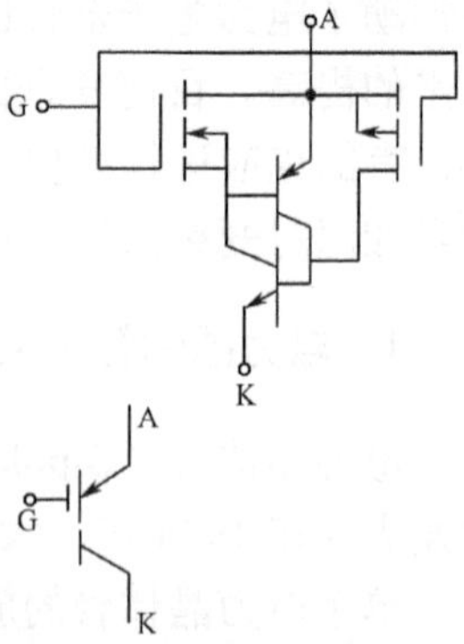

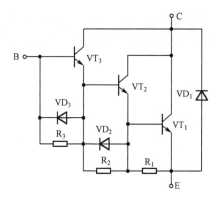

图 1-1 EV1298 型 GTR 的内部线路

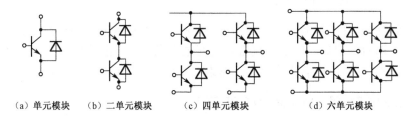

(a) 单元模块　　(b) 二单元模块　　(c) 四单元模块　　(d) 六单元模块

图 1-2 模块化 GTR 的内部简化结构

对 GTR 来说，最主要特性是耐压高、电流大、开关特性好，且如同其他电流控制型半导体开关器件一样，具有导通压降小、导通损耗低的优点。由于内部是达林顿结构且为双极型，必然开关时间较长，一般工作频率为 2kHz。GTR 的缺点是：电流波形较差；电动机的转矩略小；电动机内的电磁噪声较大；在开关期间可能发生局部过热的二次击穿，这是 GTR 最具破坏力的多发性故障。GTR 在早期的中小容量变频器中使用。20 世纪 90 年代后，GTR 逐步被 IGBT 取代，现在它只在较低档的、中小容量的变频器中应用。

2. 门极可关断晶闸管（GTO）

门极可关断晶闸管（Gate Turn Off Thyristor, GTO）如图 1-3 所示（其等效电路见表 1-1）。GTO 也是普通晶闸管的派生器件，在 20 世纪 50 年代末期，由于受到传统半导体生产工艺的限制，GTO 一直处于低电压、小功率的水平上。20 世纪 70 年代末，美国首先采用半导体微电子集成化工艺和高压技术工艺相结合，研制出高电压、大功率 GTO 器件样品，随后世界各大公司相继掌握了这项技术，并迅速发展为工业产品。到 1984 年就研制出 4 500V/2 500A 的 GTO 器件。近年来，先进水平的 GTO 已达 9 000V/1 000A 或 6 000V/ 3 000A。GTO 晶闸管具有门极控制的自关断性能，是比较理想的全控型电力电子器件之一。随着高电压、大功率 GTO 器件的迅速发展，它在牵引动力、大功率风机、泵类（水泵、油泵）和冶金轧钢的变频调速系统中获得了越来越广泛的应用。由于 GTO 开关频率的提高，变频器可采用如 PWM（脉宽调制）等先进技术控制，这既降低了谐波损耗及转矩脉动，又提高了系统快速性并改善了功率因数。这些优点在电力机车、内燃机车和电动车辆变频系统中应用时表现得更为突出。

GTO 应用中的问题主要有以下两个。

① 缓冲问题：当关断 GTO 时，阳极电流很快下降，而阳极电压 V_A 升高，电路中很小的电感都会引起尖峰电压，虽然尖峰电压的幅值未必很高，但却极为有害，因为它会使局部的

密集电流造成局部发热，导致所谓的二次击穿损坏。为抑制尖峰电压，减少功率损耗，必须设计合适的缓冲电路（见图1-4），其中 C_S 为缓冲电容，电阻 R_S 用来限制电容放电电流，二极管 VD_S 用于电阻旁路。

图 1-3　门极可关断晶闸管

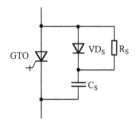

图 1-4　GTO 的缓冲电路

② 驱动问题：GTO 在导通时与普通晶闸管一样，只是在关断时门极要流过一个相当大的负电流。虽然关断时间很短，但负电流必须要有很大幅值，典型的数值为被关断阳极电流的三分之一。所以 GTO 的驱动电路体积大，也比较复杂，这是 GTO 的主要缺点。

3．功率场效应晶体管（Power MOSFET）

功率场效应晶体管（Power MOSFET—Power Metal Oxide Semiconductor Field Transistor，金属-氧化物-半导体场效应晶体管），又称为电力 MOSFET，有的资料中用 P-MOSFET 表示，其等效电路见表 1-1。根据结构形式不同，功率 MOSFET 分为 VVMOSFET 和 VDMOSFET 两种基本类型。其中 VDMOSFET 具有高集成度、高耐压、低结电容和高速等特点，使用更为广泛，VDMOSFET 简写为 VDMOS。

功率 MOSFET 是单极型电压控制型器件，具有工作频率高、输入阻抗高、驱动功率小、无热电反馈二次击穿和跨导线性度高等优点，在电力电子技术领域应用很广。功率 MOSFET 的一个主要缺点是通态电阻比较大，通态损耗也相应较大，当器件耐压提高后，通态电阻也随着提高。由于受这种限制，功率 MOSFET 的单管功率难以做得很大，一般在 10kW 以下的低压开关电源中应用。

4．绝缘栅双极型晶体管（IGBT）

绝缘栅双极型晶体管（Insulated Gate Bipolar Transistor）是 20 世纪 80 年代中期发展起来的一种新型复合器件。图 1-5 所示为 IGBT 管与模块，从表 1-1 中所示的等效电路上可以看到它由 MOSFET 与 GTR 组成达林顿结构，因此它综合了功率 MOSFET 和 GTR 的优点，具有驱动简单、保护容易、不用缓冲电路、开关频率高等特点。它应用在变频器中，使变频器具有以下优点：输出电流波形大为改善，电动机的转矩增大；电磁噪声极小，获得"静音式"美称；增强了对常见故障（过流、过压瞬间断电等）的自处理能力，故障率大为降低；变频器自身的损耗也大为减少。当前，世界上各大公司已把 IGBT 发展到第三代、第四代，IGBT 器件早已完成集成化、模块化，模块的简化电路与 GTR 模块相似，其驱动电路也已完成模块化。其导通压降可在 1.5～2.0V 范围，关断时间在 0.2～0.3μs，其额定电压和电流等级也在不断提高。在中小容量的变频器中 IGBT 已经取代了 GTR，在多电平如三电平，中、高电压的变频器中也广泛使用。可以说，IGBT 为变频调速的迅速普及和进一步提高奠定了基础。

图 1-5　IGBT 管与模块

为了安全使用 IGBT，应注意以下几点。

① 一般 IGBT 的驱动级正向驱动电压 U_{GE} 应保持在 15～20V，这样可使 IGBT 的 U_{GE} 饱和值较小，降低损耗，不致损坏管子。

② 使 IGBT 关断的栅极驱动电压–U_{GE} 应大于–5V，如果太小，可能因为集电极电压变化率 du/dt 的作用使管子误导通或不能关断。如图 1-6 所示，集电极 C 和栅极 G 之间相当于有一个等效电容，当管子从导通变为截止时，管子电压上升产生的 du/dt 使 C-G-E 间有一小的感应电流 I_d，它可能使管子误导通。如果–U_{GE} 能保证大于 5V，则感应电流通过电源放掉，可避免管子误导通。

③ 使用 IGBT 时，应该在栅极和驱动信号之间加一个栅极驱动电阻 R_G，如图 1-7 所示。这个电阻阻值的大小与管子的额定电流有关，可在 IGBT 的使用手册中查到推荐值。如果不加这个电阻，当管子导通瞬间，可能产生电流和电压颤动，会增加开关损耗。

④ 当设备发生短路时，I_C 电流会急剧上升，它的影响会使 U_{CE} 电压产生一个尖峰脉冲，这个尖峰脉冲会进一步增加电流 I_C，形成正反馈的效果。为了保护管子，在栅极-发射极间加稳压二极管，钳制 G-E 电压的突然上升。当驱动电压为 15V 时，二极管的稳压值可以为 16V，这样，能起到一定的电流短路保护作用。

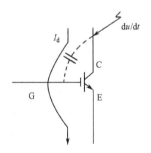
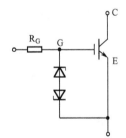

图 1-6　IGBT 的误导通　　　　　　　图 1-7　IGBT 栅极的稳压保护

普通晶闸管（SCR）由于制做工艺简单，便于制做高耐压、大电流的管子，在变频器系统中仍占有一席之地。当前，在中小功率范围内，变频器中的核心开关器件主要是 IGBT，600VA～4 000kVA 的中大功率范围内则以 GTO 为主，SCR 大多只在 4 000kVA 以上的大容量装置中使用。

1.2.4　其他电力电子器件

从历史上看，功率器件像颗燃起电力电子技术革命的火种。一代新型电力电子器件的出现，总是带来一场电力电子技术的革命。因为功率器件就好像现代电力电子装置的心脏，虽然它的价值通常不会超过整台装置总价值的 20%～30%，但是，它对装置的总价值，以及大小、重量和技术性能，却起着十分重要的作用。因此，对新型电力电子器件及相关新型半导体材料的研究一直极为活跃，新型的器件也层出不穷。

1. MOS 控制晶闸管（MCT）

MOS 控制晶闸管（Mos Controlled Thyristor，MCT）是 20 世纪 80 年代末出现的一种新型电力电子器件，它属于单极型和双极型器件组合而成的复合器件（等效电路见表 1-1）。它的输入侧为 MOSFET 结构，而输出侧为晶闸管结构，因此兼有 MOSFET 的高输入阻抗、低驱动功率和快速开关，以及晶闸管的高电压、大电流特性。同时，它又克服了晶闸管开关速度慢且不能自关断，以及 MOSFET 通态压降大的缺点，具有耐高温、di/dt 和 du/dt 的耐量大等一系列的优点。预计，MCT 将在诸多应用领域内取代 SCR 和 GTO，并与 IGBT 形成竞争。

2. 门极换流晶闸管（IGCT）

门极换流晶闸管（Integrated Gate Commutated Thyristor，IGCT）又称为门极换向晶闸管，这是一种改进型 GTO 和集成门极驱动器组成的新型 GTO 组件。它具有晶闸管的高电压、大电流、低导通损耗和 IGBT 的关断均匀、开关速度快的优点，以及无缓冲电路、可靠性好、紧凑、安全等特点。IGCT 实物图如图 1-8 所示，它目前已用于电压等级为 2.3kV、3.3kV、4.16kV、6.9kV，功率范围为 0.5～100MVA 的装置中，是一种新型的理想大功率电力半导体器件。

图 1-8 IGCT 实物图

3. 静电感应晶体管（SIT）

静电感应晶体管（Static Induction Transistor，SIT）具有工作频率高、输出功率大、线性度好、无二次击穿现象、热稳定性好、抗辐射能力强、输入阻抗高等一系列优点，在雷达通信设备、超声波功率放大、开关电源、脉动功率放大和高频感应加热等方面获得广泛的应用（等效电路见表 1-1）。这种静电感应型晶体管已发展为一个相当大的家族。各种专用型 SIT 晶体管性能优良，例如，功率 SIT 单管耗散功率已做到几千千瓦，相应的工作频率已做到 2～10MHz，电压、电流容量已达 2 000V/300A 水平。微波 SIT 的工作频率更高，已达到 GHz 数量级。

SIT 是常开型器件，目前，变频器中用得比较少。

4. 静电感应晶闸管（SITH）

静电感应晶闸管（Static Induction Thyristor，SITH）是由日本西泽润一于 1972 年提出并研制成功的（等效电路见表 1-1），由于制造工艺复杂、成本高，在其发展时曾一度受阻。随着半导体、微电子技术的不断发展和突破，SITH 的优良性能越来越受到人们的密切关注和青睐，因此，近年来 SITH 的发展很快，并逐步趋于成熟。

SITH 与 SCR 和 GTO 相比，具有许多独特的优点，例如，通态电阻小，正向压降低，允许电流密度大，耐压高；开关速度快，损耗小；di/dt 和 du/dt 耐量大，抗辐射能力强，工作温度高等；但更为突出的特点是 SITH 的工作频率可达 100kHz 以上，比 GTO 高出 1～2 个数量级。另外 SITH 的可控功率达 100kW 以上，因此，SITH 是一种继 GTO 以后发展起来的比较理想的高频率功率晶闸管。

SITH 现在也存在一定缺点，最主要的是 SITH 制造工艺比 GTO 复杂得多，因此成本高。另外，关断时，需要较大的门极驱动电流，关断电流增益也比 GTO 略低等。

5. 智能电力模块（IPM）

智能电力模块（Intelligent Power Module，IPM）就是电力集成电路（PIC），有的还称为智能集成电路（SPIC）。

在电力电子变流电路中，电力电子器件必须有驱动电路（或触发电路）、控制电路和保护电路的配合，才能按人们的要求实现一定的电力控制功能。以往，这些电路是分立器件或电路装置，而今半导体技术已可将电力电子器件及其配套的相关电路集成在一个半导体芯片上，形成所谓的功率集成电路。这种功率集成电路特别适应于电力电子技术高频化发展方向的需要。它不但提供一定的功率输出能力，而且具有逻辑、控制、传感、检测、保护和自诊断等功能，从而将智能赋予功率器件，通过智能作用，对功率器件状态进行监控。大多数功率集成电路的输入都是 TTL 或 CMOS 电平兼容，可以直接由微处理器控制，状态信息也可反馈至微处理器。由于高度集成化，结构十分紧凑，避免了由于分布参数、保护延迟等所带来的一系列技术难题。现在，以 IGBT 为主开关器件的 IPM 在小容量变频器中开始采用。IPM 以其高可靠性、使用方便等优势，占有越来越大的市场份额，尤其适合制作驱动交流电动机的变频器。

1.2.5 各种电力电子器件的比较

各种电力电子器件各具特色，为使读者有一个更清晰的概念，现将已经或正在商品化的电力电子器件的特性和应用范围做一简略比较。

1. 参数和特性的比较

为了说明电压控制型器件与电流控制型器件的不同，表 1-2 给出了常用的全控型器件的基本参数和各种性能的比较。由于 MCT 的资料不全，故未列入表内，另外 MOSFET 中主要选择 VDMOSFET，故用 VDMOS 表示。从表中可以看出，电流控制型器件制造相对容易，但使用难度较大；相反，电压控制型器件制造较难，而使用比较方便。

表 1-2 全控型电力电子器件比较

器件名称	GTR	GTO	IGBT	VDMOS	SIT	SITH
控制方式	电流	电流	电压	电压	电压	电流
常态	阻断	阻断	阻断	阻断	导通/关断	导通/关断
反向电压阻断能力（V）	<50	500～6 500	200～2 500	0	0	500～4 500
正向电压阻断能力（V）	100～1 400	500～9 000	200～2 500	50～1 000	50～1 500	500～4 500

续表

器件名称	GTR	GTO	IGBT	VDMOS	SIT	SITH
正向电流范围（A）	400	3 500	100~400	12~100	200	2 200
正向导通电流密度（A/cm^2）	30	40	60	6	30	100~500
浪涌电流耐量	3 倍额定量	10 倍额定量	5 倍额定量	5 倍额定量	5 倍额定量	10 倍额定量
最大开关速度（kHz）	5	10	50	20 000	200 000	100
门栅极驱动功耗	高	中等	很低	低	低	中等
du/dt	中等	低	高	高	高	高
di/dt	中等	低	高	高	高	中等
最高工作结温（℃）	150	125	200	200	200	200
抗辐射能力	差	很差	中等	中等	好	好
制造工艺	复杂	复杂	很复杂	很复杂	很复杂	很复杂
典型线宽（μm）	20	50	10	5	5	5
使用难易程度	较难	难	中等	很容易	容易	容易

图 1-9 给出了常用电子电力器件的单个器件输出功率与工作频率的关系。从图上看，IGBT 各项指标已超过 GTR 因此已逐步取代 GTR。随着 MCT 逐步成熟，也将在大部分应用领域中取代 SCR 和 GTO。

2. 应用范围比较

电力电子技术几乎应用于从发电厂设备至家用电器的所有电气工程领域。在这些应用中，容量最大者可达 1GW，而最小者只有数瓦；工作频率最高者可达 100MHz。电力电子技术在各个应用领域中功率和频率的覆盖曲线如图 1-10 所示。

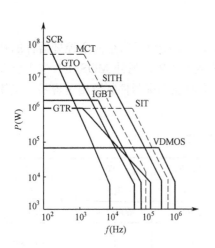
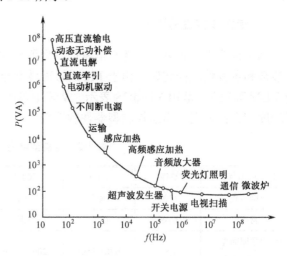

图 1-9 单个器件输出功率与工作频率的关系　图 1-10 电力电子技术在各个应用领域中功率和频率的覆盖曲线

由图可知，应用领域不同，所需的功率容量、工作频率也不同，与此相应的电力电子器件也不同。除了直流输电、特大容量电动机的传动装置外，其他各个应用领域都被全控型器件所占领，而各种全控型器件又有自己的不同适用范围。

全控型器件的应用领域大体可以划分为两种类型：一是用量很大的各类电动机的传动装置；二是种类很多的各类静止电源。图 1-11 所示为几种电力电子器件的输出容量和工作频率及其在上述两类应用领域的示意图。

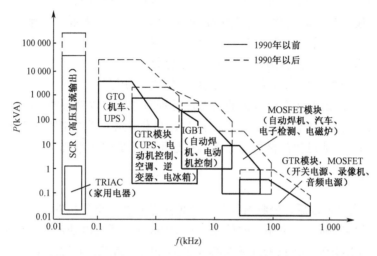

图 1-11　电力电子器件的输出容量和工作频率及其在上述两类应用领域的示意图

从图上可以看出，GTO 主要用于机车牵引、大容量的不间断电源，IGBT 取代了 GTR 用于中等容量的电动机传动装置等领域。功率 MOSFET 适用于频率更高、容量较小的电动机控制、开关电源、汽车电子化等应用领域。应该指出，这种布局不是一成不变的，随着新型器件的产生，旧器件不断被淘汰，而且电力电子器件应用领域在不断扩展。例如，长期以来，通信、微波、高频加热等应用领域一直被电子管所占领，但是随着功率 MOSFET、SIT 和 SITH的大容量化和实用化，它们将逐步占领这些领域。例如，日本用全控型器件 SIT 已批量生产全固态化的 200kW、200kHz 高频加热设备。为此，在一些高频设备的领域内，电力电子器件将取代电子管，并结束这些设备大容量耗电的历史。

1.3　全数字微机控制的应用

微处理器的进步使变频器达到全数字微机控制水平，变频器主控制电路的中心是一个高性能的微处理器。微处理器不断进步的轨迹反映了变频器的发展历程。

1. 控制手段的发展

电力电子器件的产生，使电子控制技术广泛参与电气运行领域，电力电子装置成为弱电控制强电的纽带。常用的电子控制分为两类：由模拟电子电路构成的模拟控制和由数字电子电路构成的数字控制，前者用于连续控制，后者用于逻辑控制。早期的 SCR 变流电路，大部分采取的是模拟控制电路。在此期间，数字电路飞速发展，结构复杂而功能齐全的数字控制系统逐渐发展为控制专用的计算机，而各种控制规律软件化的实施又使通用计算机走进自动控制领域。在此基础上，大规模集成电路微机处理器的出现，把电子控制推进了一个崭新的阶段，以微机处理器为核心的数字控制已成为现代自动控制系统中控制器的主要形式。

2. 微机数字控制的优越性

以微机处理器为核心的数字控制的优越性表现在以下几个方面。

① 控制器的硬件电路集成化、标准化程度高，体积小，成本低，可靠性高。

② 控制软件可以按需要更换、修改或移植，灵活性大。

③ 消除了模拟控制中温度漂移的影响，稳定性好。

④ 信息存储、监控、故障诊断以及分级控制能力不断提高。

⑤ 随着 CPU 运算速度和存储容量的发展，各种新型的比较复杂的控制方案都能够实现。数字控制所面临的问题，如模拟量数字化时产生的量化误差，数据按采样周期离散后影响了控制的实时性，均可以通过提高微处理器的运行速度和增加位数来解决。

3. 单片机的应用

20 世纪 70 年代中期以后，变频器控制广泛使用单片机。单片机的最大优点是，用同一芯片可以进行种种条件判断，做出相应的处理。8XC196 Mx 系列微处理器是新型通用变频器中广泛应用的芯片，8XC196 Mx 系列处理器芯片包括 80C196MC/80C196MD/ 80C196MH 等，是 Intel 公司生产的三相电动机变频器调速控制专用高性能 CHMOS 16 位微处理器。8XC196 Mx 采用规则采样法产生 PWM 波形，属双极调制，三相脉宽调制由软件编程计算并分别送到其内部的三相 SPWM 发生器的比较输出寄存器进行控制。因为 8XC196 Mx 是把 CPU 与 PWM 波发生器等功能集成在一起，硬件电路大大简化，进一步提高了系统的抗干扰能力和可靠性，它除具有 16 位 CPU 的通用功能和 SPWM 波形直接输出能力外，芯片内部还有独特的外部设备传输服务器 PTS（Peripheral Transaction Server）、事件处理阵列 EPA（Event Processor Array）等，这些功能使其容易用编码器、速度传感器等作为反馈检测元件构成速度环和纯数字电流环，省去了一些硬件处理电路，提高了响应速度。

由于采用了单片机控制，出现了更小型化、可靠性更高的廉价变频器。随着单片机产品的增加，其质量也在不断得到改进，性能不断提高，主要表现在指令执行周期的缩短和 CPU 位数的增加上。

4. 数字信号处理器（DSP）

为了提高运算速度，在 20 世纪 80 年代初期出现了数字信号处理器，其中采取了一系列措施，包括改变集成电路结果，提高时钟频率，支持浮点运算，采用指令列排队方式以提高运行效率，集成了硬件乘法器使乘法运算也能在一个指令周期内完成等。因此，它可以采用先进的控制算法来估计系统参数，以适应电动机加载、温度及能耗的变化。利用 DSP 芯片可以构成数字电流环，以有效地减小电动机转矩波动，其运算功能可以用于功率因数校正，从而更有效地实现电能与机械能的转换，减少电动机消耗的总能量。在 DSP 芯片中还集成了为电动机控制而优化的事件管理器，可同时完成采样的双工 A/D 转换器，并行的电动机电流读数转换与通信接口，外围传感器及快闪存储器或 ROM，从功能上看，它提供的脉宽调制 PWM

及 I/O 接口可以用于驱动各种类型的电动机。开始时，DSP 只用做提高运算的协处理器，本身的 I/O 接口很少，不适于单独做控制器的单片机使用。随着产品性能的提高，其控制能力逐步扩大，已经成为一类高速的单片机了。表 1-3 中列出了美国 TEXAS 仪器公司开发的 TMS320 系列 DSP 的相关信息。

表 1-3　TEXAS 仪器公司生产的 TMS320 系列 DSP 的相关信息

推出年份	TMS320 系列 DSP	CPU 位数	指令执行时间
1982	TMS320-10	16	160ns（含 16 位乘法）
1986	TMS320C25	16（定点）	100ns（含乘法）
1987	TMS320C30	32（浮点）	60ns（含乘法）
	TMS320 C40		40～50ns（含乘法）
1988	TMS320 C50	32（定点）	35ns（含乘法）

5. 简指令集计算机（RISC）

RISC 在 20 世纪 80 年代后期问世，是计算机体系结构上的一次革命，使微处理器在运行性能上获得了质的飞跃。在 RISC 以前，微处理器的进步往往只靠改进硬件的工艺，来提高时钟频率和处理速度。RISC 则把着眼点放在经常使用的基本指令的执行效率上，依靠硬件与软件的优化组合来提高速度。在 RISC 中，摒弃了某些运算复杂而用处不大的指令，省出这些指令所占用的硬件资源，以提高简单指令的运行速度，提高软件运行的总体效率。此外，RISC 是一种矢量处理器，在一个给定周期内，能并行执行多条指令，因而不能再简单地用指令执行时间来衡量运算速度，而改为"每秒百万条指令"（Mega Instructions Per Second，MIPS），以往的微处理器当指令执行时间为 $1\mu s$ 时，其速度就是 1MIPS。早先用的 MCS 系列单片机的速度在 10 年内提高了 10 倍，TMS320 系列的 DSP 在 6 年内提高了近 5 倍，而自 RISC 诞生以来，在不到 10 年内，其工作速度已从 2～3MIPS 上升到 1 000MIPS（1995 年），即相当于每秒 10 亿次，从根本上改变了微机处理器所包含的意义和应用的范围。表 1-4 所示为部分公司生产的几种 RISC 芯片的特点和性能。

表 1-4　几种 RISC 芯片的特点和性能

公司	型号	推出年代和年份	体系结构	时钟主频/MHz	位数	流水线级数	工作速度
Intel	80860（i860）	20 世纪 80 年代末	超长指令（VLIW）	25/40/50	32 64 浮点	4	40 MHz 时，可达 80MFLOPS（每秒浮点操作百万次数）
Intel	80960（i960）		超标量	16/25/33/40	32 80 浮点	3	33MHz 时，可达 66MIPS
IBM	RS/6000	1982	超标量	33	32	5	

续表

公 司	型 号	推出年代和年份	体系结构	时钟主频/MHz	位 数	流水线级数	工 作 速 度
DEC	Alpha	1992	超标量超级流水线	200（内部）	64	7	工作周期5～6.6ns 峰值速度理论上可达 300～400MIPS
Motorola	88110		超标量	50	32	4	

6. 高级专用集成电路（ASIC）

能完成特定功能的初级专用集成电路早已商品化，20 世纪 90 年代以来新开发的现代高级专用集成电路，其功能往往能够包括一种特定的控制系统。例如，德国 IAM（应用微电子研究所）1994 年推出的 VECON，是一个交流伺服系统的单片机矢量控制器，包含控制器、能完成矢量运算的 DSP 协处理器、PWM 定时器及其他外围和接口电路，都集成在一个芯片之内，使可靠性大为提高，而成本大为降低。开发各种新一代的 ASIC 已成为世界上各大电气公司竞争的热点。

【实训项目1】 用万用表对门极可关断晶闸管进行检测

如图 1-12 所示，介绍利用万用表判定 GTO 电极、检查 GTO 的触发能力和关断能力，估测关断增益 β_{off} 的方法。

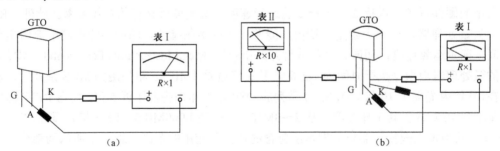

图 1-12　用万用表检测 GTO

1. 判定 GTO 的电极

将万用表拨至 $R \times 1$ 挡，测量任意两脚间的电阻，仅当黑表笔接 G 极，红表笔接 K 极时，电阻才呈低阻值，其他情况时电阻值均为无穷大。由此可判定 G、K 极，剩下的就是 A 极。

2. 检查触发能力

如图 1-12（a）所示，首先将表 I 的黑表笔接 A 极，红表笔接 K 极，电阻值为无穷大；然后用黑表笔尖也同时接触 G 极，相当于加上正向触发信号，表针向右偏转到低阻值即表明 GTO 已经导通；最后脱开 G 极，只要 GTO 维持导通（通态），就说明被测管具有触发能力。

3. 检查关断能力

现采用双表法检查 GTO 关断能力，如图 1-12（b）所示，表 I 的挡位及接法保持不变，将表 II 拨至 $R \times 10$ 挡，红表笔接 G 极，黑表笔接 K 极，施以负向触发信号，如果表 I 的指针向左摆到无穷大的位置，则证明 GTO 具有关断能力。

4. 估测关断增益 β_{off}

进行到第 3 步时，先不接入表 II，记下在 GTO 导通时表 I 的正向偏转格数 n_1（即 V/A 挡线性格数）；再接上表 II 强迫 GTO 关断，记下表 II 的正向偏转格数 n_2。

按下式估算 β_{off} 值：

$$\beta_{off} \approx 10 n_1 / n_2$$

5. 注意事项

① 在检查大功率 GTO 器件时，建议在 $R \times 1$ 挡外边串联一节 1.5V 电池，以提高测试电压和测试电流，使 GTO 可靠地导通。

② 要准确测量 GTO 关断增益 β_{off}，必须有专用测试设备。但在业余条件下可用上述方法进行估测。由于测试条件不同，测量结果仅供参考。

【实训项目 2】 用万用表对功率 MOSFET 进行测试

1. 栅极 G 的判定

用万用表 $R \times 100$ 挡，测量场效应管任意两引脚之间正、反向电阻值，其中有一次测量时，两引脚电阻值为数百欧，此时两表笔所接的引脚是漏极 D 与源极 S，则另一引脚为 G 极。

2. 漏极 D、源极 S 及沟道类型的判断

用万用表 $R \times 10k$ 挡，测量 D 极与 S 极之间正、反向电阻值，正向电阻值为几十千欧姆左右，反向电阻值为 $500k\Omega \sim \infty$。在测反向电阻时，红表笔所接的引脚不变，黑表笔脱离所接引脚后，与 G 极触碰一下，然后黑表笔去接原引脚，此时会出现两种可能：

① 若万用表读数由原来的较大阻值变为零（在 $R \times 10k$ 挡），则此时红表笔所接为 S 极，黑表笔所接为 D 极；用黑表笔触碰 G 极万用表读数变为零，则该场效应管为 N 沟道场效应管。

② 若万用表读数仍为较大值，则黑表笔接回原引脚，用红表笔与 G 极触碰一下，此时万用表读数由原来较大阻值变为 0，则此时黑表笔所接为 S 极，红表笔所接为 D 极；触碰 G 极万用表读数仍为零，该场效应管为 P 沟道型场效应管。

3. 场效应管好坏的判断

用万用表 $R \times 1k$ 挡测量场效应管的任意两引脚之间的正、反向电阻值，如果出现两次或两次以上电阻较小，则该场效应管已损坏。

思考题与习题

一、填空题

1. 交流变频技术得以广泛普及和推广，主要得益于_____、_____、_____三项技术、理论的发展。

2. 电力电子器件是变频器中的_____，其性能如何对变频器的_____起到至关重要的影响。

3. 变频调速技术可获得提高_____，提高_____，提高_____，提高_____和节约能源等综合效益。

4. 现代电力电子技术在器件、电路及其控制技术方面有_____、_____、_____以及控制电路弱电化和控制技术数字化的特点。

二、选择题

1. 当前，各类型号的中小功率通用变频器中，大多数使用的电力电子器件是（　　）。

A. SCR　　　　　　　　B. IGBT　　　　　　　　C. GTR　　　　　　　　D. GTO

2. 电流型电力电子器件的最大优势是（　　）。

A. 适用于 500kW 以下中小功率的变频器

B. 驱动电流大、控制功率较大

C. 导通压降很低、导通损耗小

D. 结温较高、工作频率低

3. 连续控制技术由数字逻辑控制技术替代后，所面临的问题：如模拟量数字化时产生的量化误差；数据按采样周期离散后而影响实时控制等。均可以通过微处理器的哪些性能来解决？（　　）

A. 增加存储容量　　　　　　　　　　　B. 改善输入方式

C. 提高稳定性　　　　　　　　　　　　D. 提高运行速度和增加位数

三、简答题

1. 交流异步电动机采用变频调速技术可以产生哪些经济效益？

2. 电力电子器件有哪些分类方法？

3. GTO 在应用时有哪些问题？

4. IGBT 在使用时应注意什么问题？

5. 当前变频器有哪些新技术？发展方向是什么？

掌握变频器的电路结构及工作原理

【项目任务】

- 理解变频调速的基本控制方式。
- 了解变频器的基本构成。
- 了解变频器的分类方式。
- 理解正弦脉宽调制基本原理。
- 了解变频器的控制方式并掌握其应用范围。
- 了解高性能通用变频器的基本性能。
- 了解高压变频器的基本性能及应用范围。

【项目说明】

本项目主要使读者初步了解变频理论并掌握通用变频器的电路结构、控制方式和变频器分类；介绍当前新型高性能通用变频器和高压变频器的工作特点及其应用。

2.1 变频调速的基本控制方式

【知识目标】 理解变压变频控制方式的原理。

掌握恒转矩调速和恒功率调速的概念。

在异步电动机调速时，一个重要的因素是希望保持电动机的电磁转矩不变。若要保持电磁转矩不变，只有保持主磁通量Φ_m为额定值不变。磁通太弱，铁芯利用不充分，同样的转子电流下，电磁转矩小，电动机负载能力下降；磁通太强，则处于过励磁状态，使励磁电流过大，这就限制了定子电流的负载分量，为使电动机不过热，负载能力也要下降。

异步电动机的气隙磁通（主磁通）是定、转子合成磁动势产生的。下面说明如何才能使气隙磁通保持恒定。

由电动机理论可知，三相异步电动机定子每相电动势的有效值为

$$E_1 = 4.44 \, f_1 N_1 k_{\omega 1} \Phi_m \tag{2-1}$$

式中 E_1——定子每相由气隙磁通感应的电动势的方均根值（V）；

f_1——定子频率（Hz）；

N_1——定子绕组有效匝数；

$k_{\omega 1}$——定子基波绕组系数

Φ_m——每极磁通量（Wb）。

由式（2-1）可知，N_1 和 $k_{\omega1}$ 是电动机的结构参数，当电动机制成后它们是不变的。电气参数中只要控制 E_1 和 f_1，便可达到控制磁通 Φ_m 的目的。对此，需考虑基频（额定频率）以下和基频以上两种情况。

1. 基频以下的恒磁通变频调速

由式（2-1）可知，要保持 Φ_m 不变，当频率 f_1 从额定值向下调节时，必须降低 E_1，使

$$\frac{E_1}{f_1} = 常数 \tag{2-2}$$

即采用恒定电势频率比的控制方式。这种控制又称为恒磁通变频率调速，属于恒转矩调速方式。

然而，绕组中的感应电动势是难以直接检测和直接控制的，当电动势值较高时，可以忽略定子绕组的漏磁阻抗压降，而认为定子相电压 $U_1 \approx E_1$，则得 U_1/f_1=常数。这就是恒压频比的控制方式，是近似的恒磁通控制。

低频时，U_1 和 E_1 都比较小，定子阻抗压降就比较显著起来，不能再忽略了。这时，可以人为地把电压 U_1 抬高一些，以便近似地补偿定子压降，使气隙磁通基本保持不变，如图 2-1 所示。

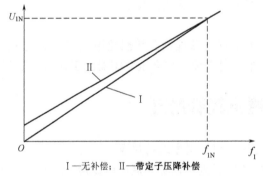

I—无补偿；II—带定子压降补偿

图 2-1 恒压频比控制特性

图中，I 为 U_1/f_1=C 时的电压频率关系；II 为有电压补偿时（近似 E_1/f_1=C）的电压、频率关系。

2. 基频以上的弱磁变频调速

在基频以上调速时，频率可以从 f_{1N} 往上增高，但是电压 U_1 却不能增加得比额定电压 U_{1N} 还要大。这是由于受到电源电压的制约，最多只能保持 $U_1 = U_{1N}$ 不变。这样，必然会使主磁通随着 f_1 上升而减小，相当于直流电动机弱磁调速的情况，属于近似的恒功率调速方式。

综合上述两种情况，异步电动机变频调速的基本控制方式如图 2-2 所示。

由前面讨论得知，异步电动机的变频调速必须按照一定的规律同时改变其定子电压和频率，即必须通过变频装置获得电压、频率均可调节的供电电源，实现所谓的 VVVF（Variable Voltage Variable Fregency）调速控制。选用变频器可适应这种异步电动机变频调速的基本要求，用 VVVF 变频器对异步电动机进行变频控制时的机械特性如图 2-3 所示。图 2-3（a）所示为

在 $U_1/f_1=C$ 的条件下得到的机械特性。在低速时由于定子电阻压降的影响使机械特性向左移动，这是由于主磁通减小的缘故。图 2-3（b）表示了采用定子电压补偿时的机械特性。图 2-3（c）则表示了端电压补偿的 U_1 与 f_1 之间的函数关系。

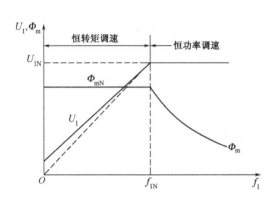

图 2-2 异步电动机变压变频调速控制特性

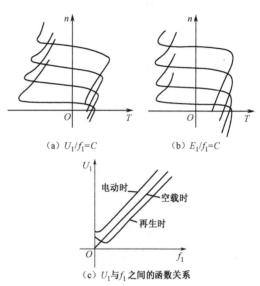

（a）$U_1/f_1=C$ （b）$E_1/f_1=C$

（c）U_1 与 f_1 之间的函数关系

图 2-3 异步电动机变频调速的机械特性

2.2 变频器的基本构成

【知识目标】 了解交-交变频器和交-直-交变频器的基本构成。

变频器分为交-交和交-直-交两种形式。交-交变频器可将工频交流电直接变换成频率、电压均可控制的交流电，又称直接式变频器。而交-直-交变频器则先把工频交流电通过整流器变成直流电，然后再把直流电变换成频率、电压均可控制的交流电，它又称为间接式变频器。

1. 直接变频装置（交-交变频装置）

直接变频装置的结构如图 2-4 所示，它只用一个变换环节就可以把恒压恒频（CVCF）的交流电源变换成 VVVF 电源，因此又称交-交变频装置或周波变换器。单相输出的交-交变频器如图 2-5 所示。

它实质上是一套三相桥式无环流反并联的可逆整流装置。装置中工作晶闸管的关断通过电源交流电压的自然换相实现，如果触发装置的控制信号 u_{st} 是直流信号，则变频器的输出电压也是直流；若 u_{st} 是交流信号，则相应变频器的输出电压也是交流，因而实现变频。图 2-6 所示为输出端接有感性负载的交-交变频器的输出电压和电流波形。

三相输出的交-交变频器由三套输出电压彼此差 120° 的单相输出交-交变频器组成。若三个触发控制信号是一组频率和幅值可调的三相正弦信号，则变频器输出相应的三相交流电压，实现变频。该变频器的特点如下。

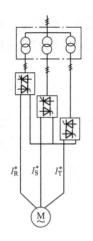

图 2-4　交-交直接变频器

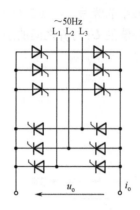

图 2-5　单相输出交-交变频器

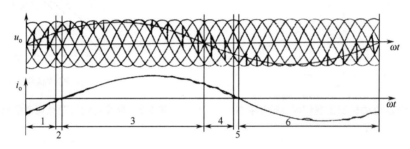

图 2-6　单相输出交-交变频器的输出电压和电流波形

① 原理基于可逆整流，工作可靠，可以直接套用成熟的直流可逆调速技术、经验及装置。

② 流过电动机的电流近似于三相正弦，附加损耗小，脉动转矩小，电动机属普通交流电动机类，价格较便宜。

③ 当电源频率为 50Hz 时，最大输出频率不超过 20Hz，电动机最高转速小于 600r/min（对应于 4 极电动机），只能在工频以下调速，调速范围窄。

④ 主回路较复杂，器件多（桥式线路需 36 个晶闸管），小容量时不合算。

交-交变频器一般只用于低转速、大容量的调速系统，例如轧钢机、球磨机、水泥回转窑拖动机等。

2.　间接变频装置（交-直-交变频装置）

当前最广泛使用的就是这种交-直-交变频器（简称变频器），也正是这种变频器发展得最快，技术性能最完善，而且在绝大部分应用领域已实现了通用化。在本书中主要讲述此类变频器。

变频器的基本结构如图 2-7 所示，由主电路（包括整流器、中间直流环节、逆变器）和控制电路组成，分述如下。

（1）整流器

整流器又称电网侧变流器。它的作用是把三相（也可以是单相）交流电整流成直流电，常见的有用二极管构成的不可控三相桥式电路和用晶闸管构成的可控三相桥式电路。

（2）逆变器

逆变器又称负载侧变流器。最常见的结构形式是利用六个半导体主开关器件组成三相桥式逆变电路，有规律地控制逆变器中主开关器件的通与断，可以得到任意频率的三相交流电输出。

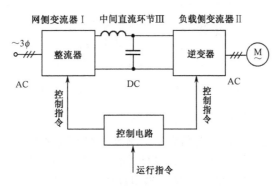

图 2-7 变频器的基本结构

（3）中间直流环节

由于逆变器的负载为异步电动机，属于感性负载，因此，在中间直流环节和电动机之间总会有无功功率的交换。这种无功能量要靠中间直流环节的储能元件（电容或电抗）来缓冲，所以又常称中间直流环节为中间直流储能环节。

（4）控制电路

控制电路常由运算电路、检测电路、控制信号的输入/输出电路和驱动电路等构成。其主要任务是完成对逆变器的开关控制，对整流器的电压控制以及完成各种保护功能等。控制方法可以采用模拟控制或数字控制。高性能的变频器目前已采用嵌入式微型计算机进行全数字控制，采用尽可能简单的硬件电路，主要靠软件来完成各种功能，由于软件的灵活性，数字控制方式常可以完成模拟控制方式难以实现的功能。

2.3 变频器的分类

【知识目标】 熟悉变频器的各种分类方法。
　　　　　　了解各类变频器的特点和应用条件。

变频器的分类方式很多，对应用者来说，必须对其分类有一个基本的了解，这样才能选到最适合的变频器。

下面主要对交-直-交变频器按不同角度进行分类。

2.3.1 按直流电源的性质分类

变频器中间直流环节用于缓冲无功功率的储能元件可以是电容或电感，据此，变频器可分成电压型变频器和电流型变频器两大类。

1. 电流型变频器

电流型变频器主电路的典型构成方式如图 2-8 所示。

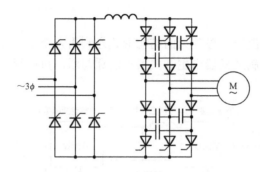

图 2-8　电流型变频器主电路的典型构成方式

其特点是中间直流环节采用大电感作为储能元件。无功功率将由该电感来缓冲。由于电感的作用，直流电流 I_d 趋于平稳，电动机的电流波形为方波或阶梯波，电压波形接近于正弦波。直流电源的内阻较大，近似于电流源，故称为电流源型变频器或电流型变频器。

电流型变频器的一个较突出的优点是，当电动机处于再生发电状态时，回馈到直流侧的再生电能可以方便地回馈到交流电网，不需要在主电路内附加任何设备。

这种电流型变频器可用于频繁急加、减速的大容量电动机的传动，在大容量风机、泵类节能调速中也有应用。

2. 电压型变频器

电压型变频器的逆变电路半导体开关器件经历了三个阶段，即晶闸管阶段、电力晶体管（GTR）和绝缘栅晶体管（IGBT）阶段。当前市场上的变频器其逆变器件基本上均是 IGBT，其性能远优于前两种器件，电路结构如图 2-9 所示。这是早期的电压变频器，电路的特点是中间直流环节的储能元件采用大电容，负载的无功功率将由它来缓冲。由于大电容的作用，主电路直流电压 E_d 比较平稳，电动机端的电压为方波或阶梯波。直流电源内阻比较小，相当于电压源，故称为电压源型变频器或电压型变频器。

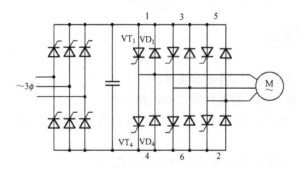

图 2-9　电压型变频器的主电路

对负载而言，变频器是一个交流电压源，在不超过容量限度的情况下，可以驱动多台电动机并联运行，具有不选择负载的通用性。缺点是电动机处于再生发电状态时，回馈到直流侧的无功能量难于回馈给交流电网。要实现这部分能量向电网的回馈，必须采用可逆变流器。

2.3.2 按输出电压调节方式分类

变频调速时，需要同时调节逆变器的输出电压和频率，以保证电动机主磁通的恒定。对输出电压的调节主要有两种方式：PAM 方式和 PWM 方式。

1. PAM 方式

脉冲幅值调节方式（Pulse Amplitude Modulation）简称 PAM 方式，是通过改变直流电压的幅值进行调压的方式。在变频器中，逆变器只负责调节输出频率，而输出电压的调节则由相控整流器（见图 2-8）或直流斩波器（见图 2-10）通过调节直流电压 E_d 去实现。采用此种方式其输出的波形是阶梯式矩形波（六拍逆变器波形），它与正弦波差距很大，当输出电压的周期较短（频率较高），电动机运行还算较平稳；当系统在低速运行时，谐波与噪声都比较大，甚至电动机的轴会发生抖动，所以当前几乎都不采用，只在与高速电动机配套的高速变频器中才采用。

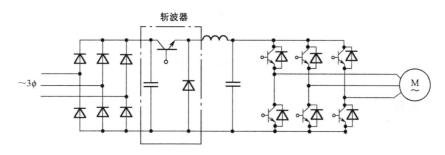

图 2-10 采用直流斩波器的 PAM 方式

2. PWM 方式

脉冲宽度调制方式（Pulse Width Modulation）简称 PWM 方式。它就是把通信系统中的调制技术推广应用于交流变频中，最常见的主电路如图 2-11（a）所示，变频器中的整流电路采用不可控的二极管整流电路，即直流侧不必控制，变频器的输出频率和输出电压的调节均由逆变器按 PWM 方式来完成，因此可以大大简化电路。调压时的波形如图 2-11（b）所示，利用参考电压波 u_R 与载频三角波 u_c 互相比较来决定主开关器件的导通时间而实现调压。利用脉冲宽度的改变来得到幅值不同的正弦基波电压。这种参考信号为正弦波，输出电压平均值近似为正弦波的 PWM 方式，称为正弦 PWM 调制，简称 SPWM（Sinusoidal Pulse Width Modulation）方式。通用变频器中，采用 SPWM 方式调压，这是一种最常采用的方案。

3. 高载波变频率的 PWM 方式

此种方式与上述的 PWM 方式的区别仅在于调制频率有很大的提高。主开关器件的工作频率较高，常采用 IGBT 或 MOSFET 作为主开关器件，开关频率可达 10～20kHz，可以大幅度地降低电动机的噪声，达到所谓的"静音"水平。图 2-12 所示为以 IGBT 为逆变器开关器件的变频器主电路图。

当前此种高载波变频器已成为中小容量通用变频器的主流，性能价格比也能达到较满意的水平。

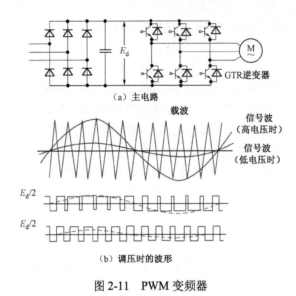

（a）主电路

（b）调压时的波形

图 2-11　PWM 变频器

2.3.3　按控制方式分类

1. *U/f* 控制

U/f 方式又称为 VVVF 控制方式，其原理框图如图 2-13 所示，主电路中逆变器采用 IGBT，用 PWM 方式进行控制。逆变器的控制脉冲发生器同时受控于频率指令 f^* 和电压指令 U，而 f^* 和 U 之间的关系是由 *U/f* 曲线发生器（*U/f* 模式形成）决定的。经过 PWM 控制之后，变频器的输出频率 f、输出电压 U 之间的关系，就是 *U/f* 曲线发生器所确定的关系。由图可见，转速的改变是靠改变频率的设定值 f^* 来实现的。电动机的实际转速要根据负载的大小，即转差率的大小来决定。负载变化时，在 f^* 不变的条件下，转子转速将随负载转矩变化而变化，故它常用于速度精度要求不十分严格或负载变动较小的场合。

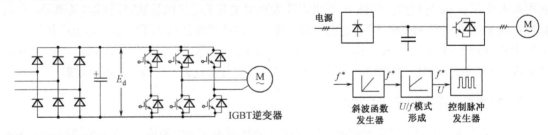

图 2-12　高载波频率 PWM 变频器（IGBT 变频器）主电路图　　图 2-13　*U/f* 控制方式原理框图

U/f 控制是转速开环控制，无须速度传感器，控制电路简单，负载可以是通用标准异步电动机，所以通用性好、经济性好，是目前通用变频器产品中使用较多的一种控制方式。

2. 转差频率控制

如果没有任何附加措施，在 U/f 控制方式下，如果负载变化，转速也会随之变化，转速的变化量与转差率成正比。显然，U/f 控制的静态调速精度较差，为了提高调速精度，采用转差频率控制方式。

根据速度传感器的检测，可以求出转差频率 Δf，再把它与速度设定值 f^* 相叠加，以该叠加值作为逆变器的频率设定值 f_1^*，就实现了转差补偿。这种实现转差补偿的闭环控制方式称为转差频率控制方式。与 U/f 控制方式相比，其调速精度大为提高。但是，使用速度传感器求取转差频率，要针对具体电动机的机械特性调整控制参数，因而这种控制方式的通用性较差。

转差频率控制方式的原理框图如图 2-14（a）所示。对应于转速的频率设定值为 f^*，经转差补偿后定子频率的实际设定值则为 $f_1^*=f^*+\Delta f$。由图 2-14（b）可见，由于转差补偿的作用，调速精度提高了。

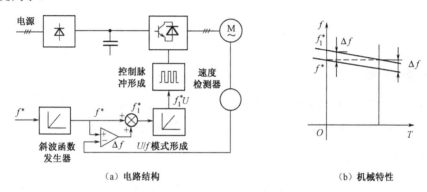

（a）电路结构   （b）机械特性

图 2-14 转差频率控制方式

3. 矢量控制

上述的 U/f 控制方式和转差频率控制方式的控制思想都建立在异步电动机的静态数学模型上，因此，动态性能指标不高。对于轧钢、造纸设备等对动态性能要求较高的应用，可以采用矢量控制变频器。

采用矢量控制方式的目的，主要是为了提高变频器调速的动态性能。根据交流电动机的动态数学模型，利用坐标变换的手段，将交流电动机的定子电流分解成磁场分量电流和转矩分量电流，并分别加以控制，即模仿自然解耦的直流电动机的控制方式，对电动机的磁场和转矩分别进行控制，以获得类似于直流调速系统的动态性能。

在矢量控制方式中，磁场电流 i_{m1} 和转矩电流 i_{t1} 可以根据可测定的电动机定子电压、电流的实际值经计算求得。磁场电流和转矩电流再与相应的设定值相比较，并根据需要进行必要的校正。高性能速度调节器的输出信号可以作为转矩电流（或称有功电流）的设定值，其结构框图如图 2-15 所示。动态频率前馈控制 df/dt 可以保证快速动态响应。

2.3.4 按电压等级分类

变频器按电压等级分两类：一类是变频器电压等级为 380～460V，属低压型变频器；第二类是高压型变频器，电压等级为 3kV、6kV、10kV。

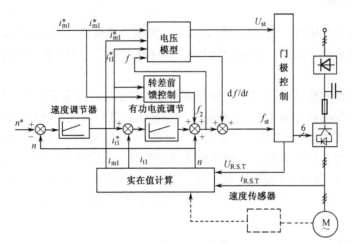

图 2-15　矢量控制原理框图

1. 低压型变频器

常见的中小容量通用变频器均属此类，单相变频器额定输入电压为 220～240V，三相变频器额定输入电压为 220V 或 380～400V，容量为 0.2～280～500kW。

2. 高压大容量变频器

通常高（中）压（3kV、6kV、10kV 等级）电动机多采用变极或电动机外配置机械减速器方式调速，综合性能不高，在此领域节能及提高调速性能潜力巨大。随着变频技术的发展，高（中）压变频传动也成为自动控制技术中的"热点"，本章专设一节论述。

2.3.5　按用途分类

前面介绍的变频器分类方式，基本上是根据工作原理对其分类，然而对一个变频器的用户来说，他更关心的是变频器的用途及其性能而不是其他。下面，就变频器的用途来进行分类。

目前，变频器按用途分类也有许多方式，因为变频器在各行各业应用很多，一种分类方式是根据各行各业应用的特点来分，例如有轧钢机用变频器、空调用变频器、电梯用变频器、机车用变频器等，如此分类内容复杂。另一种分类方式是根据变频器性能及应用范围进行分类，本书按后一种分类方式，将变频器分为以下几种类型。

1. 通用变频器

本书主要讲述通用变频器，凡述及变频器，只要没有特殊说明，均是指通用变频器。

顾名思义，通用变频器的特点是其通用性，可以对通用标准异步电动机进行传动，应用于工业生产及民用各个领域。随着变频器技术的发展和市场需要的不断扩大，通用变频器也在朝着两个方向发展：低成本的简易型通用变频器和高性能多功能的通用变频器。

简易型通用变频器是一种以节能为主要目的而削减了一些系统功能的通用变频器。它主要应用于水泵、风扇、鼓风机等对于系统的调速性能要求不高的场所，并且有体积小、价格低等方面的优势。

为适应竞争日趋激烈的变频器市场的需要，目前，世界上一些大的厂家已经推出了采用矢量控制方式的高性能多功能通用变频器。此类变频器在性能上已经接近以往高端的矢量控制变频器，但在价格上与普通 U/f 控制方式的通用变频器相差不多。本章另设一节论述。

2. 高性能专用变频器

同通用变频器相比，高性能专用变频器基本上采用了矢量控制方式，而驱动对象通常是变频器厂家指定的专用电动机，并且主要应用于对电动机的控制性能要求比较高的系统。此外，高性能专用变频器往往是为了满足某些特定产业或区域的需要，使变频器在该区域中具有最好的性能价格比而设计生产的。例如，在专用于驱动机床主轴的高性能变频器中，为了便于和数控装置配合完成各种工作，变频器的主电路、回馈制动电路和各种接口电路等被做成一体，从而达到了缩小体积和降低成本的要求。而在纤维机械驱动方面，为了便于大系统的维修保养，变频器则采用了可以简单进行拆装的盒式结构。

3. 高频变频器

在超精密加工和高性能机械中，常常要用到高速电动机。为了满足这些高速电动机驱动的需要，出现了采用 PAM 控制方式的高速电动机驱动用变频器。这类变频器的输出频率可以达到 3kHz，在驱动两极异步电动机时，电动机最高转速可以达到 180 000r/min。

4. 小型变频器

为适应现场总线控制技术的要求，变频器必须小型化，与异步电动机结合在一起，组成总线上一个执行单元。现在市场上已经出现了"迷你"型变频器，其功能比较齐全，而且通用性好。例如，安川公司生产的 VS-mini-J7 型变频器，高度只有 128mm，三垦公司的 SAMCO-ES、EF、ET 系列，也是这种小型变频器。

2.4 正弦波脉宽调制（SPWM）逆变器

【知识目标】 理解正弦脉宽调制技术的基本原理。

熟悉正弦脉宽调制技术中的基本概念。

了解正弦脉宽调制的控制技术和采样方式。

在 VVVF 控制技术发展的早期均采用 PAM 方式，即脉冲幅值调制方式，这是由于当时的主开关器件是普通的晶闸管等半控器件，其开关频率低，所以逆变器输出的交流电压波形只能是方波、谐波成分多，而且 VV 与 VF 分开完成，网侧整流电路采取相控整流器，致使电路复杂，电动机在低频区转矩脉动、谐波损耗及噪声均很大。随着全控型快速半导体器件如 GTR、IGBT、GTO 等的应用，VVVF 控制才有可能发展为 PWM 方式。

1964 年，德国的 A.Schönung 等人率先提出了脉宽调制变频的思想，他们把通信系统中的载波调制技术推广应用于交流变频器。利用 PWM 控制技术，既可以控制逆变器输出电压的频率，也可以控制输出电压的波形及其基波的幅值，从而同时实现变压和变频。

2.4.1　正弦脉宽调制原理

在采样控制理论中有一个重要的结论，即冲量相等而形状不同的窄脉冲加在具有惯性的环节上，其效果基本相同。冲量即指窄脉冲的面积。上述结论是 PWM 控制的重要理论基础。

所谓的正弦脉宽调制（SPWM）波形，就是与正弦波等效的一系列等幅不等宽的矩形脉冲波形，如图 2-16 所示。等效的原则是每一区间的面积相等。如果把一个正弦半波分为 n 等分（在图 2-16（a）中 $n=12$），然后把每一等分的正弦曲线与横轴所包围的面积都用一个与此面积相等的矩形脉冲来代替，矩形脉冲的幅值不变，各脉冲的中点与正弦波每一等分的中点相重合（见图 2-16（b））。这样，由 n 个等幅不等宽的矩形脉冲所组成的波形就与正弦波的半周等效称做 SPWM 波形。同样，正弦波的负半周也可用相同的方法与一系列负脉冲等效。这种正弦波正、负半周分别用正、负脉冲等效的 SPWM 波形称为单极式 SPWM。图 2-17 所示是 SPWM 变压变频器主电路的原理图，图中 VT$_1$～VT$_6$ 是逆变器的六个全控式功率开关器件，它们各与一个续流二极管反向并联。整个逆变器由三相不可控整流器供电，所提供的直流恒压为 U_S（E_d）。异步电动机定子绕组采用 Y 形连接，其中点 O 与整流器输出端滤波电容器中点 O' 相连，因而当逆变器任一相导通时，电动机绕组上所获得的相电压为 $U_S/2$（$E_d/2$）。

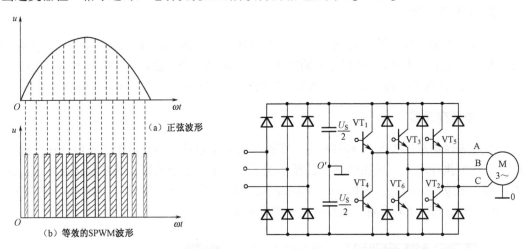

图 2-16　与正弦波等效的等幅不等宽矩形脉冲序列波形　　图 2-17　SPWM 变压变频器主电路原理图

图 2-18 所示为单极式 SPWM 电压波形，它是由逆变器上桥臂中一个电力开关器件反复导通和关断形成的。其等效正弦波为 $U_m\sin\omega_1 t$，而 SPWM 脉冲序列波的幅值为 $U_S/2$，各脉冲不等宽，但中心间距相同，都等于 π/n，n 为正弦波半个周期内的脉冲数。δ_i 表示第 i 个脉冲的宽度，理论证明：

$$\delta_i \approx \frac{2\pi U_m}{nU_S}\sin\theta_i \tag{2-3}$$

式中　U_m——等效正弦波的幅值；

　　　U_S——整流电路提供的直流电压；

　　　θ_i——第 i 个脉冲的中心点相位角。

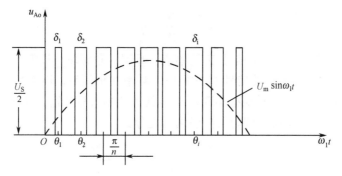

图 2-18 单极式 SPWM 电压波形

公式证明，第 i 个脉冲的宽度与该处正弦波值近似成正比。因此，与半个周期正弦波等效的 SPWM 波是两侧窄，中间宽，脉宽按正弦规律逐渐变化的序列脉冲波。

最初的脉冲宽度调制方法是利用正弦波作为基准的调制波（Modulation Wave），受它调制的信号为载波（Carrier Wave），在 SPWM 中常用等腰三角波作为载波。如图 2-19 所示，当调制波与载波相交时，由它们的交点确定逆变器开关器件的通断时刻。具体的做法是，当 A 相的调制波电压 U_{ra} 高于载波电压 u_t 时，使相应的开关器件 VT_1 导通，输出正的脉冲电压（见图 2-19（b））；当 U_{ra} 低于 U_t 时，使 VT_1 关断，输出电压为零。在 U_{ra} 的负半周中，可用类似的方法控制下桥臂的 VT_4，输出负的脉冲电压序列。改变调制波的频率时，输出电压基波的频率也随之改变；降低调制波幅值时，如图 2-19（a）中的 U'_{ra}，各段脉冲的宽度都将变窄，从而使输出电压基波的幅值也相应减小。

单极式 SPWM 波形在半周内的脉冲电压只在"正"（或"负"）和"零"之间变化，主电路每相只有一个开关器件反复通断。如果让同一桥臂上、下两个开关器件交替地导通与关断，则输出脉冲在"正"和"负"之间变化，就得到双极式的 SPWM 波形。图 2-20 所示为三相双极式的正弦脉宽调制波形，其调制方法和单极式相似。图 2-20（b）所示是 A 相电压 $U_{AO}=f(t)$ 以 $\pm U_S/2$ 为幅值做正、负跳变时的脉冲波形。

同理，图 2-20（c），图 2-20（d）则表示 B 相和 C 相 U_{BO} 和 U_{CO} 的脉冲波形，图 2-20（e）则表示由 U_{AO} 和 U_{BO} 相减，得到逆变器输出的线电压 $U_{AB}=f(t)$ 的脉冲波形，其幅值为 $\pm U_S$。

采用 SPWM 的变频器其输出电压波形是等幅不等宽的矩形波，由于开关频率很高，这些矩形波均属窄脉冲，而变频器的负载是电动机（感性负载），是大的惯性系统，SPWM 波加在电动机的三相定子绕组上，绕组中则产生按正弦规律变化的三相电流，而定子磁场（电动机的主磁场）是按定子电流的变化规律分布的，因此电动机的主磁场又重现了直接接通三相正弦交流电时的旋转磁场，但此时电流的频率是可控的。于是在满足电动机稳定运行条件下，实现了变频调速。

2.4.2 同步调制与异步调制

SPWM 逆变器的性能与两个重要参数有关，它们是调制比 M 和载频比（载波比）N，其定义分别为

$$M = \frac{U_{rm}}{U_{tm}} \tag{2-4}$$

$$N = \frac{f_t}{f_r} = \frac{W_t}{W_r} = \frac{T_r}{T_t} \qquad (2\text{-}5)$$

式中 　U_{rm}、f_r（W_r、T_r）——调制信号 U_r 的幅值、频率（角频率、周期）；

　　　　U_{tm}、f_t（W_t、T_t）——载波信号 U_t 的幅值、频率（角频率、周期）。

在 SPWM 方式中，U_{tm} 值常保持不变，M 值的改变由改变 U_{rm} 来实现。在调速过程中，视载频比 N 的变化与否，有同步调制与异步调制之分。

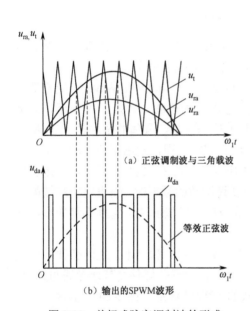

图 2-19　单极式脉宽调制波的形成

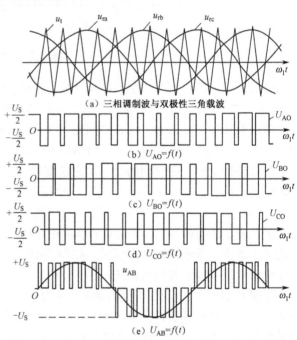

图 2-20　三相双极式正弦脉宽调制波形

1. 同步调制

在同步调制方式中，N 为常数，变频时三角载波的频率与正弦调制的频率同步改变，因而输出电压半波内的矩形脉冲数是固定不变的。如果取 N 等于 3 的倍数，则同步调制能保证输出波形的正、负半波始终保持对称，并能严格保证三相输出波形间具有互差 120° 的对称关系。但是，当输出频率较低时，由于相邻两脉冲间的间距增大，谐波会显著增加，使负载电动机产生较大的脉动转矩和较强的噪声，这是同步调制方式的主要缺点。

2. 异步调制

为了清除上述同步调制的缺点，可以采用异步调制方式。在异步调制方式中，在改变调制波频率 f_r 时保持三角载波频率 f_t 不变，因而提高了低频时的载频比。这样输出电压半波内的矩形脉冲数可随输出频率的降低而增加，相应地可减小负载电动机的转矩脉动与噪声，改善系统的低频工作性能。

有一利必有一弊，异步调制方式在改善低频工作性能的同时，又失去了同步调制的优势。当载频比 N 随着输出频率的降低而连续变化时，它不可能总是 3 的倍数，势必使输出电压波形及其相位都发生变化，难以保持三相输出的对称性，因而引起电动机工作不平稳。但是，如果电力器件开关频率能满足要求，使得 N 值足够大，这个问题就不很突出了。采用 IGBT 作为主开关器件的变频器，市场上已有采用全速度范围内异步调制方案的机种，此种变频器还能克服分段同步调制的关键弱点。

3. 分段同步调制

为了扬长避短，可将同步调制和异步调制结合起来，成为分段同步调制方式。分段同步调制的具体方式是，把整个变频范围划分成若干频段，在每个频段内都维持载频比 N 恒定，而对不同的频段取不同的 N 值，频率低时，N 值取大些，一般大致按等比级数安排。表 2-1 给出了一个实际系统的频段和载频比分配，以资参考。图 2-21 所示为与表 2-1 相应的 f_1 和 f_s 的关系曲线。由图可见，在输出频率 f_1 的不同频段内用不同的 N 值进行同步调制，可使各频段开关频率的变化范围基本一致。

表 2-1　分段同步调制的频段和载波比

输出频率 f_1/（Hz）	载波比 N	开关频率 f_s/（Hz）
41～62	18	738～1 116
27～41	27	729～1 107
17～27	42	714～1 134
11～17	66	726～1 122
7～11	102	714～1 122
4.6～7	159	731.4～1 113

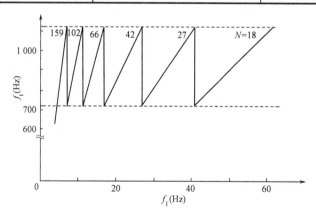

图 2-21　分段同步调制时输出频率与开关频率的关系曲线

分段同步调制比较关键的弱点是在 N 值切换时可能出现电压突变乃至振荡。为此要注意两个问题：一是 N 值切换不出现电压突变；二是应在临界点处造成一个滞后点，以避免不同 N 值之间出现振荡。

*2.4.3　谐波分析与输出电压调节

对于交-直-交变频器，不论电压型还是电流型，其输出电压都不是正弦波而是矩形波。

此矩形波可分解成正弦基波与一系列的高次谐波。

1. SPWM 变频器输出的谐波分析

SPWM 变频器虽然以输出波形接近正弦波为目的，但其输出电压中仍然存在着谐波分量。产生谐波的主要原因是：

① 在工程应用中对 SPWM 波形的生成统统采用规则采样方法或专用集成电路器件，并不能保证脉宽调制序列波的波形面积与各段正弦波面积完全相等。

② 在实现控制时，为了防止逆变器同一桥臂上、下两器件的同时导通而导致直流侧短路，当同一桥臂内上、下两器件作互补工作时，设置了一个导通时滞环节。时滞的出现不可避免地造成逆变器输出的 SPWM 波形有所失真。

2. 关于谐波含量得出的结论

① 只要载频比 N 足够大，较低次谐波（通常对电动机的转矩脉动影响较大）就可以被有效地抑制。特别是深调节时更是如此。

② 深调节时，较高次谐波反而增加。即当 M 较小时，高次谐波的幅值增加，这是由于 M 接近于零时，$U_{rm} \ll U_{tm}$，U_r 和 U_t 的交点贴近横轴，各调制脉冲的宽度近于不变，导致与 N 的数值相近次数的高次谐波幅值很大。

③ 用于三相对称系统中时，3 的整数倍次谐波可以自行消失，不必考虑。

3. 关于输出电压调节得到的结论

① 只要控制 U_{rm} 不大于 U_{tm}，即 $M<1$ 时，输出电压的基波幅值与调制比 M 成线性关系，说明 SPWM 具有良好的调压性能。

② PWM 逆变器输出电压的基波方均根值将低于普通的方波逆变器，或者说，为了得到同样的输出方均根值，PWM 逆变器需要更高的直流输入电压 U_S。

③ 对于 SPWM 而言，常控制 U_{rm}，使 $M<1$。也可以使 $M>1$，这时电压利用率将提高，但调压灵敏度下降且低次谐波成分有增加的趋势。

由上述可见，SPWM 方式下，谐波较小，特别是低次谐波的影响显著减小，基波电压与 M 基本成正比。改变 U_r 的幅值 U_{rm}，即可调节输出电压，在 $M<1$ 的情况下，输出电压与 U_{rm} 成正比。

*2.4.4 脉宽调制的控制方法

1. SPWM 的模拟控制

原始的 SPWM 是由模拟控制来实现的。图 2-22 所示是 SPWM 变压变频器的模拟控制电路原理框图。三相对称的参考正弦电压调制信号 u_{ra}、u_{rb}、u_{rc} 由参考信号发生器提供，其频率和幅值均可调。三角载波信号 u_t 由三角波发生器提供，各相共用。它分别与每相调制信号在比较器上进行比较，给出"正"或"零"的输出，产生 SPWM 脉冲序列波 u_{da}、u_{db}、u_{dc}，作为变压变频器功率开关器件的驱动信号。SPWM 的模拟控制由于精度差，已经很少应用，但它的原理仍是其他控制方法的基础。

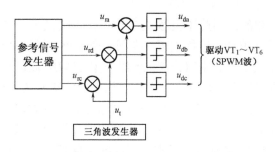

图 2-22 SPWM 变压变频器的模拟控制电路原理框图

2. SPWM 的数字控制

数字控制是 SPWM 目前常用的控制方法。可以采用微机存储预先计算好的 SPWM 数据表格，控制时根据指令调出；或者通过软件实时生成 SPWM 波形；也可以采用大规模集成电路专用芯片产生 SPWM 信号。常用的方法有以下几种。

① 等效面积算法：正弦脉宽调制的基本原理就是按面积相等的原则构成与正弦波等效的一系列等幅不等宽的矩形脉冲波。按照已给出的脉冲宽度计算公式，根据已知数据和正弦数值可以依次算出每个脉冲的宽度，用于查表或实时控制。

② 自然采样法：移植模拟控制方法，计算正弦调制波与三角载波的交点，从而求出相应的脉宽和脉冲间歇时间，生成 SPWM 波形，如图 2-23 所示。

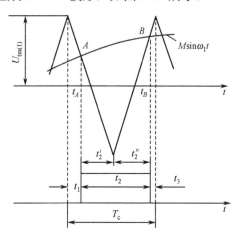

图 2-23 生成 SPWM 波形的自然采样法

③ 规则采样法：自然采样法的主要问题是，SPWM 波形每一个脉冲的起始和终了时刻对三角波的中心线不对称，因而求解困难。工程上实用的方法要求算法简单，只要误差不太大，允许做一些近似处理，于是就提出了各种规则采样法。常用的一种方法是根据三角载波每一周的正峰值找到正弦调制波上对应点求得基准电压值，然后对三角波进行采样，取得脉宽时间。此种方法误差较大。另一种方法与上述方法相似，只不过所取的不是三角载波的正峰值，而是其负峰值，其误差就减小了许多，所得的 SPWM 波形也就更准确了，如图 2-24 所示。

规则采样法的实质是用矩形波来代替正弦波，从而简化了算法。只要载波比足够大，不同的矩形波都很逼近正弦波，所造成的误差就可以忽略不计了。

实用的变频器多是三相的，因此还应形成三相的 SPWM 波形。三相正弦调制波在时间上互差 $2\pi/3$。而三角载波是共用的，这样就可以在同一个三角载波周期内获得如图 2-25 所示的三相 SPWM 脉冲波形。在数字控制中用计算机实时产生 SPWM 波形正是基于上述的采样原理和计算公式。一般可以离线先在通用计算机上算出相应的脉宽 t_2 或 $(T_c/2) \cdot M\sin\omega_1 t_e$，然后写入 EPROM，由调速系统的微机通过查表和加减运算求出各相脉宽时间和间歇时间，这就是查表法。也可以在内存中存储正弦函数和 $T_c/2$ 值，控制时先取出正弦值与调速系统所需的调制度 M 作乘法运算，再根据给定的载波频率取出对应的 $T_c/2$ 值，与 $M\sin\omega_1 t_e$ 作乘法运算，然后运用加、减移位即可算出脉宽时间 t_2 和间歇时间 $t_1 \cdot t_3$，此即为实时计算法。按查表或实时计算法所得的脉冲数据都送入定时器，利用定时中断向接口电路送出相应的高、低电平，以实时产生 SPWM 波形的一系列脉冲。对于开环控制系统，在某一给定转速下其调制度 M 与频率 ω_1 都有确定值，所以宜采用查表法。对于闭环控制的调速系统，在系统运行中调制度 M 值须随时被调节（因为有反馈控制的调节作用），所以用实时计算法更为适宜。

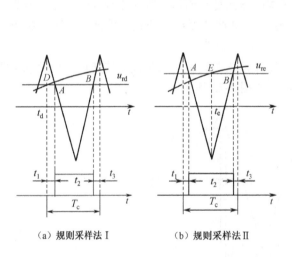

（a）规则采样法Ⅰ　　　（b）规则采样法Ⅱ

图 2-24　生成 SPWM 波形的规则采样法

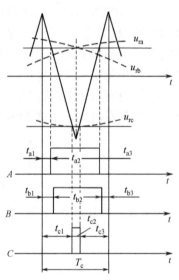

图 2-25　三相 SPWM 波形的生成

上述所讨论的 SPWM 生成方法可以用单片机实现。旧式的 8 位机，由于受系统时钟频率和计算能力的限制，所得 SPWM 波形的精度不是很高。当前多采用 16 位机，或双 16 位机，尤其近年来采用嵌入式 32 位单片机，其控制功能和波形精度均达到极高的程度。

④ SPWM 专用集成电路芯片：当前逆变器中高频电力电子器件广泛采用，载波频率均采用高频。完全依靠软件生成 SPWM 波的方法实际上很难适应高开关频率的要求。世界上一些大的生产厂家开发出一些专门用于发生 SPWM 控制信号的集成电路芯片，应用这些芯片比用微机生成 SPWM 信号要方便得多。例如，Mullard 公司的 HEF4752，Philips 公司的 MKⅡ，Siemens 公司的 SLE4520，以及日本 Sanken 公司的 MB63H110 等。由于技术的迅速发展，新的芯片层出不穷，时常给我们带来一些新奇，读者需要时可参看有关资料或手册。

3. 电流跟踪控制

PWM 变压变频器一般都是电压源型，可以方便地按需要控制输出电压。但在交流变频调速系统中实际需要保证的是正弦波电流，在电动机绕组中通以三相平衡的正弦波电流才能使合成的电磁转矩恒定，不含脉动分量。因此，若能对电流实行闭环控制，并保证其正弦波形，显然会比仅仅用开环控制电压能够获得更好的性能。

电流跟踪控制的脉宽调制变频器由通常的 PWM 电压源型变频器和电流控制环组成，使变频器输出可控的正弦波电流，如图 2-26 所示。

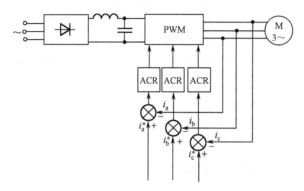

图 2-26　电流跟踪控制的脉宽调制变频器

其基本控制方法是，给定三相正弦电流信号 i_a^*、i_b^*、i_c^*，并分别与由电流传感器实测的变频器三相输出电流 i_a、i_b、i_c 相比较，以其差值通过电流控制器 ACR 控制 PWM 逆变器相应的功率开关器件。若实际电流值大于给定值，则通过逆变器开关器件的动作使之减小；反之，则使之增大。这样，实际输出电流将基本按照给定的正弦波电流变化。与此同时，变频器输出的电压仍为 PWM 波形。当开关器件具有足够高的开关频率时，可以使电动机的电流得到高品质的动态响应。

4. 磁链跟踪控制

经典的 SPWM 控制主要着眼于使逆变器输出电压尽量接近正弦波，或者说希望输出 PWM 电压波形的基波成分尽量大，谐波成分尽量小。至于电流波形，则还会受负载电路参数的影响，控制上就不再过问了。电流跟踪控制则直接着眼于输出电流是否按正弦变化，这比只考查输出电压波形是进了一步。然而异步电动机需要输入三相正弦电流的最终目的是在空间产生圆形旋转磁场，从而产生恒定的电磁转矩。如果对准这一目标，把逆变器和异步电动机视为一体，按照跟踪圆形旋转磁场来控制 PWM 电压，效果一定会更好。这样的控制方法就叫做"磁链跟踪控制"，磁链的轨迹是靠电压空间矢量相加得到的，所以又称为"电压空间矢量控制"。

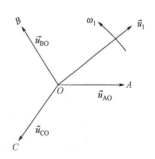

图 2-27　电压空间矢量

所谓电压空间矢量，它是按照电压所加绕组的空间位置来定义的，在图 2-27 中，A、B、C 分别表示空间静止不动的电动机定子三相绕组的轴线，它们在空间互差 120°，三相定子电压 U_{AO}、U_{BO}、U_{CO} 分别加在三相绕组上，可以定义三个电压空间矢量 $\vec{u}_{AO}$、$\vec{u}_{BO}$ 和 $\vec{u}_{CO}$，它们的方向始终在各相的轴线上，而大小则随时间按正弦规律作脉动式变化，时间相位互差120°。与电动机原理中三相脉动磁动势相加产生合成的旋转磁动势相仿，可以证明，三相电压空间矢量相加的合成空间矢量 $\vec{U}_1$ 是一个旋转的空间矢量，它们幅值不变，是每相电压值的3/2倍；当频率不变时，它以电源角频率 ω_1 为电气角速度作恒速同步旋转。合成电压矢量 $\vec{U}_1$ 与各相电压空间矢量的关系为

$$\vec{U}_1 = \vec{U}_{AO} + \vec{U}_{BO} + \vec{U}_{CO} \tag{2-6}$$

同理，定义电流和磁链的空间矢量 $\vec{I}$ 和 $\vec{\psi}$。

异步电动机的三相对称绕组由三相平衡正弦电压供电时，用合成空间矢量表示定子的电压方程式为

$$\vec{U}_1 = R_1 \vec{I}_1 + \frac{\mathrm{d}\vec{\psi}_1}{\mathrm{d}t} \tag{2-7}$$

式中　$\vec{U}_1$——定子三相电压合成空间矢量；

　　　$\vec{I}_1$——定子三相电流合成空间矢量；

　　　$\vec{\psi}_1$——定子三相磁链合成空间矢量。

当转速不是很低时，定子电阻压降较小，可忽略不计，则定子电压与磁链的近似关系为

$$\vec{U}_1 \approx \frac{\mathrm{d}\vec{\psi}_1}{\mathrm{d}t} \tag{2-8}$$

上式表明，电压空间矢量 $\vec{U}_1$ 的大小等于 $\vec{\psi}_1$ 的变化率，而其方向则与 $\vec{\psi}_1$ 的运动方向一致。

在由三相平衡正弦电压供电时，电动机定子磁链幅值恒定，其空间矢量以恒速旋转。磁链矢量顶端的运动轨迹形成圆形的空间旋转磁场，简称为磁链圆。当磁链幅值一定时，电压空间矢量 $\vec{u}_1$ 的大小与 ω_1（或供电电压频率 f_1）成正比，其方向为磁链圆形轨迹的切线方向。当磁链矢量在空间旋转一周时，电压矢量也连续地按磁链圆的切线方向运动 2π 弧度，其轨迹与磁链圆重合，如图2-28所示。这样，电动机旋转磁场的形状问题就可转化为电压空间矢量运动轨迹的形状问题。

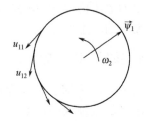

图2-28　旋转磁场与电压空间
矢量运动轨迹的关系

在变频调速系统中，异步电动机由三相PWM逆变器供电，这时供电电压和三相平衡正弦电压有所不同，由于变频器输出的是脉冲波，其电压空间矢量的运动轨迹是由一段一段直线连接成的多边形而不是圆形。例如异步电动机在六拍阶梯波逆变器供电时，所产生的是正六边形旋转磁场，而不是圆形旋转磁场。如果想获得更多边形或逼近圆形旋转磁场，就必须增加逆变器的开关状态，以形成更多的电压空间矢量，最终构成一组等幅不同相的电压空间矢量，从而形成尽可能逼近圆形的旋转磁场。增加逆变器的开关状态，使之输出一系列等幅不等宽的脉冲波，这就形成了电压空间控制的PWM逆变器。由于它间接控制了电动机的旋转磁场，所以也可称做磁链跟踪（或磁链轨迹）控制的PWM逆变器。

*2.5 变频器的控制方式与性能

【知识目标】 掌握变频器 U/f 控制方式的应用。

了解变频器矢量控制方式的应用。

了解变频器直接转矩控制方式的应用。

异步电动机调速传动时，变频器可以根据电动机的特性对供电电压、电流、频率进行适当的控制，不同的控制方式所得到的调速性能、特性以及用途是不同的。

控制方式大体可分为两种：开环控制和闭环控制。后者进行电动机速度反馈。开环控制有 U/f 控制方式，闭环控制有转差频率控制、矢量控制和直接转矩控制等方式。

从发展历史看，各种控制方式是按 U/f 控制、转差频率控制、矢量控制、直接转矩控制的顺序发展起来的。因此，在电动机控制性能方面，越是后来的控制方式性能越优良，特别是矢量控制，具有与直流电动机电枢电流控制相媲美的传动性能。

为实现通用变频器——交流异步电动机系统的转速闭环控制，速度传感器是必不可少的。然而，采用高分辨率的速度传感器，不仅会增加系统成本，而且会提高系统的故障率，甚至在某些特殊场合还不允许电动机外接速度传感器。因此，研究无速度传感器的通用变频器具有实际意义。

德国鲁尔大学 Depenbrock 教授在 1985 年提出直接转矩控制技术，用空间矢量的分析方法，直接在定子坐标系下计算与控制交流电动机的转矩，采用定子磁场定向，借助于离散的两点式调节产生 PWM 信号，直接对逆变器的开关状态进行最佳控制，以获得转矩的高动态性能。它很大程度上解决了矢量控制中计算控制复杂、特性易受电动机参数影响等一些重大问题。直接转矩控制系统的转矩响应迅速，限制在一拍之内，且无超调，是一种具有高静动态性能的交流调速方法。

下面分别介绍变频器调速的各种控制方式及控制特性等。

2.5.1 变频器的 U/f 控制

作为变频器调速控制方式，U/f 控制比较简单，多用于通用变频器、风机、泵类机械的节能运行及生产流水线的工作台传动等。另外，一些家用电器也采用 U/f 控制的变频器。

图 2-29 所示为一种典型的全数字 U/f 控制 IGBT——SPWM 变频调速系统原理图。它包括主电路、驱动电路、控制电路、保护信号采集与综合电路。

变频器的主电路由不可控整流器 UR、SPWM 逆变器 UI 和中间直流电路三部分组成，一般都是电压源型采用大电容 C 滤波，同时对感性负载电流衰减起储能作用。由于电容容量较大，突加电源时相当于短路，势必产生很大的充电电流，容易损坏整流二极管。为了限制充电电流，在整流器和滤波电容之间串入限流电阻（或电抗）R_0。合上电源以后，延时用开关将 R_0 短路，以免造成附加损耗。

由于二极管整流器不能为异步电动机再生制动提供反向电流的途径，所以除特殊情况外，通用变频器一般都用电阻（如图 2-29 中的 R_b）吸收制动能量。制动时，异步电动机进入发电状态，首先通过逆变器的续流二极管向电容 C 充电，当中间直流回路电压（通称泵升电压）

升高到一定限制值时，通过泵升限制电路使开关器件 V_b 导通，将电动机释放的动能消耗在制动电阻 R_b 上。为了便于散热。制动电阻器常作为附件单独装在变频器机箱外边。

整流器 UR 采用三相桥式全波整流，由于其输出端接有滤波的大电容，其导通角必定小，因此，输入电流呈脉冲波形，这样的电流会有较大的谐波成分，使电源受到污染。为了抑制谐波电流，对于容量较大的 SPWM 变频器，都应在输入端设置进线电抗器 L_{in}，有时也可以在整流器和电容器之间串接直流电抗器。L_{in} 也可用来抑制电源电压不平衡的影响。

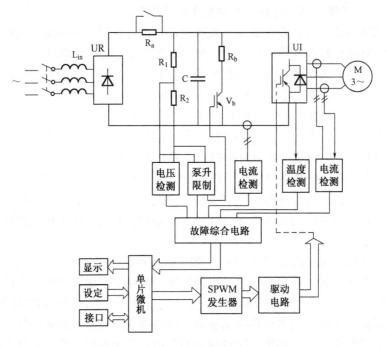

图 2-29　SPWM 变频调速系统原理图

现代 SPWM 变频器的控制电路基本上都是以微处理器为核心的数字电路，其功能主要是接收各种设定信息和指令，再根据它们的要求形成驱动逆变器工作的 SPWM 信号。微机芯片主要采用 16 位的单片机或 32 位的 DSP，有一些变频器采用 RISC。

在市场上，U/f 控制变频器分为两大类，一类是价格比较便宜的普通功能型 U/f 控制通用变频器，另一类则是新一代的高功能型 U/f 控制通用变频器。

普通功能型的 U/f 控制通用变频器属于第一代产品，近似的恒磁通控制方式，是一种频率开环控制系统。定子频率和电压之间的关系曲线的形状，即 U/f 模式，可以在控制面板上进行设定或选择。U/f 模式是普通功能型通用变频器的核心功能。为了保证通用变频器的性能，通常还有瞬停再启动功能，变频器和电网间的自动切换功能，控制信号的设定、调整功能，联锁信号的输入和输出功能，以及对变频器、电动机的保护功能，对故障信息的存储和显示功能等。

这种控制方式虽属普通功能型，但由于全数字控制方式软件的灵活性，也表现出较优异的功能和性能，有较强的通用性，得到广泛的应用。

此类变频器的主要缺点是：由于是人为选定 U/f 曲线模式的方法，很难根据负载转矩的变化恰当地调整电动机的转矩。负载冲击或启动过快，有时会引起过电流跳闸。由于定子电流不总是与转子电流成正比，所以根据定子电流调节变频器电压的方法，并不反映负载转矩。因此，定子电压也不能根据负载转矩的改变而恰当地改变电磁转矩。特别是在低速下，定子电压的设定值相对较低，实行准确的"电压补偿"很困难，这是第一个缺点。采用 U/f 控制方式，无法准确地控制电动机的实际转速，这是因为设定频率值是定子电流的频率而电动机的转速由转差率（负载）决定，所以 U/f 控制方式的静态稳定性不高，这是它的第二个缺点。转速很低时，转矩不足，这是它的第三个缺点。

上述的普通功能型 U/f 控制通用变频器的缺点，都是由于变频器没有转矩控制功能引起的。为了提高变频器的性能，人们采取了一系列的措施，其着眼点都在于实现转矩控制功能。

新一代高功能型通用变频器，是指具有转矩控制功能的（无速度传感器）U/f 控制式通用变频器。富士公司的 FRENIC5000G7/P7，G9/P9，三垦公司的 SAMCO-L 系列均属于此类，它们采用 32 位 DSP 或双 16 位 CPU 进行控制，运算速度大幅度提高；采用了磁通补偿器、转差补偿器和电流限制控制器，用以实现转矩控制功能。

采用这种控制方式，可使极低速度下的转矩过载能力达到或超过 150%；频率设定范围达到 1:30；电动机的静态机械特性的硬度高于在工频电网上运行的自然机械特性的硬度，具有"挖土机"特性和"无跳闸"能力。

具有转矩控制功能的高功能型通用变频器，其原理图如图 2-30 所示。控制电路中包括实现转矩控制和对逆变器进行 PWM 控制两部分。后一部分没有特殊的变化，要求此部分电路保证输出正弦波形，且具有足够的响应速度。

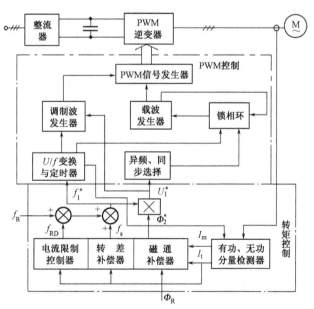

图 2-30　具有转矩控制功能的高功能型通用变频器原理图

转矩控制部分包括有功、无功分量检测器，磁通补偿器，转差补偿器和电流限制控制器。后三者的作用是根据定子电流的有功分量 I_t 和无功分量 I_m 去计算变频器的频率参考值和电压参考值，即图中的 f_1^* 和 U_1^*，以保证转子磁场的恒定，并在负载出现冲击的情况下，适当地补偿 Φ_2^*，以防止过电流跳闸。

这种控制方式除需要定子电流传感器外，不再需要任何传感器，通用性强，适用于各种型号的通用异步电动机。

2.5.2　转差频率控制

转差频率控制需要检测出电动机的转速，构成速度闭环，速度调节器的输出为转差频率，然后以电动机速度与转差频率之和作为变频器的给定输出频率。由于通过控制转差频率来控制转矩和电流，与 U/f 控制相比，其加、减速特性和限制过电流的能力得到提高。另外，它有速度调节器，利用速度反馈进行速度闭环控制，速度的静差小，适用于自动控制系统。此种控制方式通常用于单机运转。

由电动机理论可知，如果保持电动机的气隙磁通一定，则电动机的转矩及电流由转差角频率决定，因此，如果增加控制电动机转差角频率的功能，那么异步电动机产生的转矩就可以控制。

转差频率是施加于电动机的交流电压频率与电动机速度（电气角频率）的差频率，在电动机轴上安装测速发电动机（TG）等速度检测器可以检测出电动机的速度。检测出的转子速度加上转差频率（与产生所要求的转矩相对应）就是逆变器的输出频率。在电动机允许的过载转矩 T_{em}（额定转矩的 150%～200%）以下，即在 T_{em}-ω_{sm} 范围以内，大体上可以认为产生的转矩与转差频率成比例，如图 2-31 所示。另外，电流随转差频率的增加而单调增加。所以，如果我们给出的转差频率不超过允许过载时的转差频率，那么就可以具有限制电流的功能。

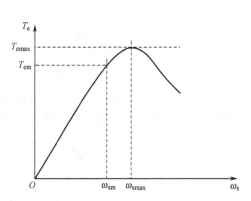

图 2-31　按恒 Φ_m 值控制的 $T_e=f(\omega_s)$ 特性

1. 转差频率控制系统的特点

一种实现上述转差频率控制的转速闭环变压变频调速系统结构原理图如图 2-32 所示，该系统有以下特点。

① 采用电流源型变频器，使控制对象具有较好的动态响应，而且便于回馈制动，实现四象限运行。这是提高系统动态性能的基础。

② 和直流电动机双闭环调速系统一样，外环是转速环，内环是电流环。转速调节器 ASR 的输出是转差频率给定值 $U_{\omega s}^{*}$，代表转矩给定。

③ 转差频率信号分两路分别作用在可控整流器 UR 和逆变器 CSI 上，前者通过定子电流（$I_1=f(\omega_s)$）函数发生器 GF，按 $U_{\omega s}^{*}$ 的大小产生相应的 U_{i1}^{*} 信号，再通过电流调节器 ACR 控制定子电流，以保持气隙磁通 Φ_m 为恒值。另一路按 $\omega_s+\omega=\omega_1$（转差频率+转子频率=定子频率）的规律产生对应于定子频率 ω_1 的控制电压 $U_{\omega 1}$，决定逆变器的输出频率。这样就形成了在转速外环内的电流频率协调控制。

④ 转速给定信号 U_ω^{*} 反向时，$U_{\omega s}$、U_ω、$U_{\omega 1}$ 都反向。用极性鉴别器 DPI 判断 $U_{\omega 1}$ 的极性，以决定环形分配器 DRC 的输出相序，而 $U_{\omega 1}$ 信号本身则经过绝对值变换器 GAB 决定输出频率的高低。这样就很方便地实现了可逆运行。

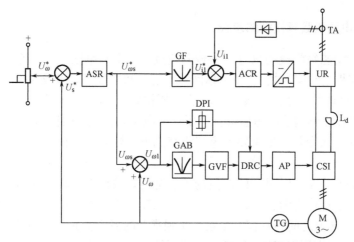

UR—整流器；CSI—逆变器；ACR—电流调节器；GF—函数发生器；
ASR—转速调节器；GAB—绝对值变换器；DPI—极性鉴别器；
GVF—压频变换器；DRC—环形分配器；AP—脉冲放大器

图 2-32 转差频率控制的变压变频调速系统结构原理图

转差频率控制系统的突出优点就在于频率控制环节的输入频率信号是由转差信号和实测转速信号相加后得到的，即 $U_{\omega 1}= U_{\omega s}^{*}+ U_{\omega}$。这样，在转速变化过程中，实际频率 ω_1 随着实际转速 ω 同步上升或下降。与转速开环系统中频率给定信号与电压成正比的情况相比，加、减速更平滑，且容易稳定。

2. 转差频率控制系统的不足之处

一般来说，转速闭环转差频率控制的频率调速系统基本上具备了直流电动机双闭环控制系统的优点，是一个比较优越的控制策略，结构也不算复杂，有广泛的应用价值。然而，如果认真考查一下它的静、动态性能，就会发现一些不完善之处，主要有以下几个方面。

① 在分析转差频率控制规律时，重要的理论根据是"保持气隙磁通 Φ_m 恒定"。实际上这只有在电动机稳态的情况下才能成立，而在动态情况下，Φ_m 肯定不会恒定，这将会影响系统的实际动态性能。

② 电流调节器 ACR 只控制了定子电流的幅值，并没有控制到电流的相位，而在动态中电流相位如果不能及时赶上去，将延缓动态转矩的变化。

③ 以模拟运算放大器为核心组成的函数发生器 GF 存在一定的误差，如果搞得过细则又增加了调试的难度。

④ 在频率控制环节中，测速环节、反馈环节如果存在误差和干扰，都会以正反馈形式毫无衰减地传递到频率控制信号上来。

2.5.3 矢量控制

采用转速闭环、转差频率控制的变频调速系统，在动态性能上仍赶不上直流双闭环调速系统，这主要是因为直流电动机与交流电动机有着很大的差异，而在数学模型上有着本质上的区别。

1. 交、直流电动机数学模型的差异

直流电动机的动态数学模型只有一个输入变量——电枢电压，一个输出变量——转速，在控制对象中含有机电时间常数 T_m 和电枢回路电磁时间常数 T_1，以及晶闸管的滞后时间常数 T_s，在工程上能够允许的一些假定条件下，可以描述成单变量（单输入、单输出）的三阶线性系统。异步电动机在变频调速时需要进行电压（或电流）和频率的协调控制，有电压（电流）和频率两种独立的输入变量，如果要考虑三相交流电，则实际的输入变量数目还要多。在输出变量中，除转速外，磁通也得算一个独立的输出变量。因为电动机只有一个三相电源，磁通的建立和转速的变化是同时进行的，但为了获得良好的动态性能，还希望对磁通施加某种控制，使它在动态过程中尽量保持恒定，才能产生较大的转矩。在异步电动机中，电压（电流）、频率、磁通、转速之间相互都有影响，是强耦合的多变量系统。另外，磁通乘电流产生转矩，转速乘磁通得到旋转感应电动势，它们都是同时变化的，在数学模型中就含有两个变量的乘积项，这样一来，即使不考虑磁饱和等因素，数学模型也是非线性的。再考虑三相异步电动机定子有三个绕组，转子也可等效为三个绕组，每个绕组产生磁通时都有自己的电磁惯性，再加上运动系统的机电惯性，因此，至少也是一个七阶系统。总之，异步电动机的数学模型是一个高阶、非线性、强耦合的多变量系统，以它为对象的变频调速系统可以用如图2-33 所示的多变量系统来表示。

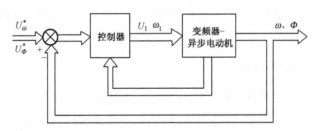

图 2-33 多变量的异步电动机变压变频调速系统控制结构图

2. 交、直流电动机物理模型的比较

我们在研究交流异步电动机的物理模型时，常将下述条件理想化，即：

① 忽略空间谐波，设三相绕组对称（在空间互差120°电角度），所产生的磁动势沿气隙圆周按正弦规律分布。

② 忽略磁路饱和，各绕组的自感和互感都是恒定的。

③ 忽略铁芯损耗。

④ 不考虑频率和温度变化对绕组电阻的影响。

无论电动机转子是绕线型的还是笼型的，都将它等效成绕线转子，并折算到定子侧，折算后的每相绕组匝数都相等。这样，实际电动机绕组就等效成如图 2-34 所示的三相异步电动机的物理模型。图中，定子三相绕组轴线 A、B、C 在空间是固定的，以 A 轴为参考坐标轴；转子绕组轴线 a、b、c 随转子旋转，转子 a 轴和定子 A 轴间的电角度 θ 为空间角位移变量。规定各绕组电压、电流、磁链的正方向符合电动机惯例和右手螺旋定则。

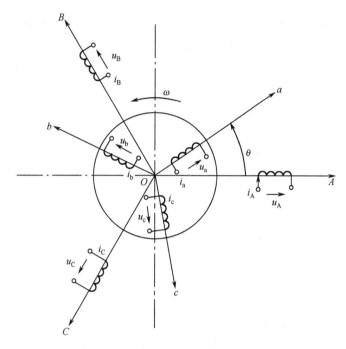

图 2-34 三相异步电动机的物理模型

直流电动机的物理模型则比较简单，图 2-35 所示为二极直流电动机的物理模型，图中 F 为励磁绕组，A 为电枢绕组，C 为补偿绕组。F 和 C 都在定子上，只有 A 在转子上。把 F 的轴线称做直轴或 d 轴，主磁通 $\varPhi$ 的方向就在 d 轴上；A 和 C 的轴线则称为交轴或 q 轴。虽然电枢本身是旋转的，但是电枢磁动势的轴线始终被电刷限定在 q 轴位置上，同一个在 q 轴上静止绕组的效果一样。但它实际上是旋转的，会切割 d 轴的磁通而产生旋转电动势，这又和真正的静止绕组不一样，通常把这种等效的静止绕组叫做"伪静止绕组"。电枢磁动势的作用可以用补偿绕组磁动势抵消，或者由于其作用方向与 d 轴垂直而对主磁通影响甚微，所以直流电动机的主磁通基本上唯一地由励磁电流决定，这是直流电动机的数学模型及控制系统比较简单的根本原因。

3. 坐标变换

异步电动机的动态数学模型十分复杂，不要说求解，仅要求画出很清晰的结构也并非易事。如果能将交流电动机的物理模型等效地变换成类似直流电动机的模式，分析和控制问题就可以大为简化。坐标系变换正是按照这条思路进行的。在这里，不同电动机模型彼此等效的原则是在不同的坐标下所产生的磁动势完全一致。

众所周知，交流电动机三相对称的静止绕组 A、B、C，通过三相平衡的正弦电流 i_a、i_b、i_c 时，

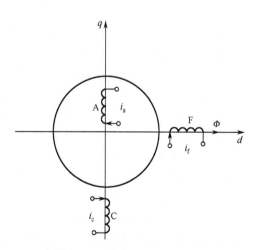

F—励磁绕组；A—电枢绕组；C—补偿绕组

图 2-35 二极直流电动机的物理模型

所产生的合成磁动势是旋转磁动势 F，它在空间呈正弦分布，以同步转速 ω_1（电流的角频率）顺着 A-B-C 的相序旋转。这样的物理模型如图 2-36（a）所示，它就是图 2-34 中的定子部分。产生同样的旋转磁动势 F 不一定非要三相，用图 2-36（b）所示的两个互相垂直的静止绕组 α 和 β，通入两相对称电流同样可以产生相同的旋转磁动势 F。可以认为图 2-36（b）所示的两相绕组与图 2-36（a）所示的三相绕组等效。

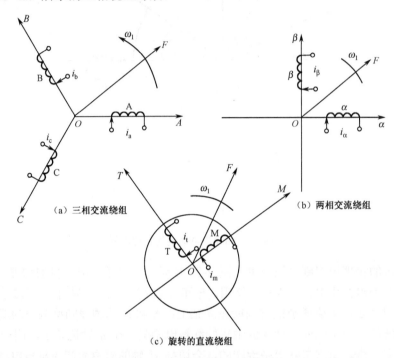

图 2-36　等效的交流电动机绕组和直流电动机绕组物理模型

再看图 2-36（c）中的两个匝数相等且互相垂直的绕组 M 和 T，其中分别通以直流电流 i_m 和 i_t，产生合成磁动势 F，其位置相对于绕组来说是固定的。如果让包含两个绕组在内的整个铁芯以同步转速 ω_1 旋转，则磁动势 F 自然也随之旋转起来，成为旋转磁动势。把这个旋转磁动势的大小和转速也控制成与图 2-36（a）和图 2-36（b）中所示的磁动势一样，那么这套旋转的直流绕组也就和前两套固定的交流绕组等效了。当观察者也站到铁芯上和绕组一起旋转时，在他看来，M 和 T 是两个通以直流电而相互垂直的静止绕组。如果控制磁通 Φ 的位置在 M 位置上，就和图 2-35 所示的直流电动机物理模型没有本质上的区别了。这时，绕组 M 相当于励磁绕组，绕组 T 相当于伪静止的电枢绕组。

这真是一种奇思妙想，一举突破了交流异步电动机数学模型化简的难题。以产生同样的旋转磁动势为准则，图 2-36（a）所示的三相交流绕组，图 2-36（b）所示的两相交流绕组和图 2-36（c）中所示的整体旋转的直流绕组彼此等效。或者说，在三相坐标系下的 i_a、i_b、i_c，在两相坐标下的 i_α、i_β 和在旋转两相坐标系下的直流磁动势 i_m、i_t 是等效的。它们能产生相同的旋转磁动势。就图 2-36（c）中的 M、T 两个绕组而言，当观察者站在地面看上去，它们是与三相交流绕组等效的旋转直流绕组；如果跳到旋转着的铁芯上看，它们就的的确确是一个直流电动机的物理模型了。这样，通过坐标系的变换，可以找到与交流三相绕组等效的直流电动机模型。至于如何解出 i_a、i_b、i_c 与 i_α、i_β 和 i_m、i_t 之间准确的等效关系，那是纯数学问题，是坐标变换的任务，解决的难度也减轻了许多。

4. 矢量控制系统

1971 年德国西门子公司的 F.Blaschke 等人提出的"感应电动机磁场定向的控制原理"和美国 P.C.Custman 和 A.A.Clark 申请的专利"感应电动机定子电压的坐标变换控制"这两项科研成果，奠定了矢量控制的理论基础，此后在实践中经过不断改进，形成目前最常用的按转子磁场定向的矢量控制系统。

如前所述，以产生同样的旋转磁动势为准则，通过坐标变换，可将三相坐标系下的交流电动机等效为两相旋转坐标系下的直流电动机，其坐标变换结构图如图 2-37 所示。从图上我们可以得到这样的认识，即从整体上看，输入为 A、B、C 三相电压，输出为转速 ω，是一台异步电动机。而从内部看，经过 3/2 变换和同步旋转变换，变成一台由 i_{m1}、i_{t1} 输入，ω 输出的直流电动机。

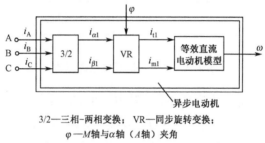

3/2—三相-两相变换；VR—同步旋转变换；
φ—M轴与 α 轴（A轴）夹角

图 2-37 异步电动机的坐标变换结构图

既然异步电动机经过坐标变换可以等效成直流电动机，那么模仿直流电动机的控制方法，求得直流电动机的控制量，经过相应的坐标反变换，就能控制异步电动机了。由于进行坐标变换的是电流（代表磁动势）的空间矢量，所以此种控制系统称做矢量变换控制系统或矢量控制系统。

矢量控制系统的结构如图 2-38 所示。图中给定信号和反馈信号经过类似直流调速系统所用的控制器，产生励磁电流的给定信号 i_{m1}^* 和电枢电流给定信号 i_{t1}^*，经过反转变换 VR^{-1} 得到 $i_{\alpha1}^*$ 和 $i_{\beta1}^*$，再经过 2/3 变换得到 i_A^*、i_B^* 和 i_C^*。把这三个电流控制信号和由控制器直接得到的频率控制信号 ω_1 加到带电流控制的变频器上，就可以输出异步电动机调速所需的三相变频电流。

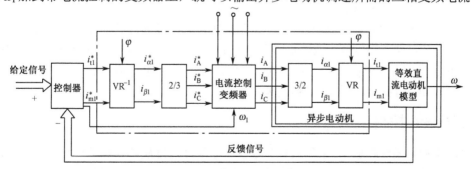

图 2-38 矢量控制系统的结构

5. 采用 PWM 变频器的矢量控制系统

图 2-39 所示为采用电压型 PWM 变频器所构成的转子磁场定向的矢量控制系统。图中点画线框①、②为矢量变换部分。

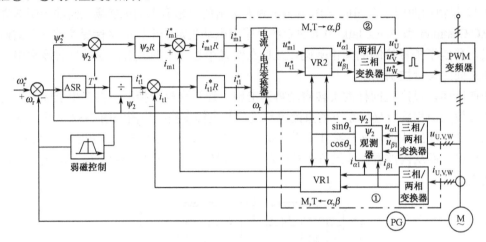

图 2-39　矢量控制系统原理框图

点画线框①相当于直流电动机模型部分。其中三相交流系统分别用 U、V、W 表示（代替 A、B、C），三相/两相变换器实现 $\dot{I}_U$、$\dot{I}_V$、$\dot{I}_W$ 到 $\dot{I}_{\alpha 1}$、$\dot{I}_{\beta 1}$ 之间的变换，矢量旋转变换器 VR1，实现 $\dot{I}_{\alpha 1}$、$\dot{I}_{\beta 1}$ 到 $\dot{I}_{m1}$、$\dot{I}_{t1}$ 之间的变换。点画线框②部分是给定参考值构成部分，为适应电压型 PWM 逆变器的需要，增加了电流/电压变换器。矢量变换器 VR2，实现由 U_{m1}^*、U_{t1}^* 到 $U_{\alpha 1}^*$、$U_{\beta 1}^*$ 的变换。两相/三相变换器，实现由 $U_{\alpha 1}^*$、$U_{\beta 1}^*$ 到 U_U^*、U_V^*、U_W^*（U、V、W 代替 A、B、C）之间的变换。ψ_2 为转子全磁链，为在动态过程中瞬时调节 ψ_2，设置了 ψ_2 调节器 $\psi_2 R$，它们输出作为定子电流励磁分量的给定值 $\dot{I}_{m1}^*$。速度调节器 ASR 的输出是电磁转矩的给定值 T^*，T^*/ψ_2 则是定子电流转矩分量的给定值 $\dot{I}_{t1}^*$。经过 $\dot{I}_{m1}^* R$ 和 $\dot{I}_{t1}^* R$ 调节器后的输出（仍用 $\dot{I}_{m1}^* R$ 和 $\dot{I}_{t1}^* R$ 表示）送给电流/电压变换器，以控制 PWM 变频器的电压与频率，实现转子磁场定向的矢量控制。

在图 2-39 中点画线框以外，可以看成带有磁通闭环和弱磁控制的直流双环（外环为速度环，内环为电流环）调速系统。

按转子磁场定向的矢量控制系统是 20 多年来实际应用最为普遍的、高性能交流调速系统，其调节设计方便，动态性能好，调速范围变化采用一般的转速传感器时可达 1:100。但控制性能受电动机参数变化的影响是其主要缺点。为此，许多高性能变频器增加了"参数识别"和"自适应控制"的功能，使其性能日臻完善。

2.5.4　直接转矩控制

直接转矩控制系统是近 10 余年来继矢量控制系统之后发展起来的另一种高动态性能的交流变频调速系统。一般认为它是由德国鲁尔大学 Depenbrock 教授于 1985 年发明的，其实磁链一转矩直接调节的思想早在 1977 年就由 A.B.Plunket 首先提出来了，只不过当时需要直接检测定子磁链，这是很困难的，未能获得实际应用。Depenbrock 教授提出的直接转矩控制系统采用了现在已获推广应用的主要技术措施，取得成功。其后，国际上又开发了一些不同的具体控制方案，但基本特点没有改变。

1. 直接转矩控制系统的原理和特点

图 2-40 所示为定子磁场控制的直接转矩控制系统原理框图。和矢量控制系统一样，它也分别控制异步电动机的转速和磁链，而且采用在转速环内设置转矩内环的方法，以抑制磁链变化对转子系统的影响，因此，转速与磁链子系统也是近似独立的。

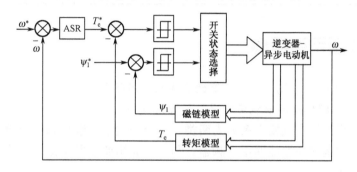

图 2-40　定子磁场控制的直接转矩控制系统

当前推广应用的直接转矩控制系统还具有以下特点。

① 转矩和磁链都采用直接反馈的双位式砰—砰控制（继电器控制），从而不必将定子电流分解成转矩和励磁分量，省去旋转坐标变换，简化了控制器的结构。缺点是带来了转矩脉动，因而限制了调速范围。

② 选择定子磁链作为被控制的磁链，而不像矢量控制系统那样选择转子磁链。这样一来，稳态的机械特性虽然差一些，却使控制性能不受转子参数变化的影响，这是它优于矢量控制系统的主要方面。

③ PWM 逆变器采用磁链跟踪控制方式，性能优越。

2. 直接转矩控制系统和矢量控制系统的比较

直接转矩控制系统和矢量控制系统都是已经获得实际应用的高性能异步电动机调速系统，两者都采用转矩和磁链分别控制，这是符合异步电动机数学模型所需要的控制要求的。但两者在性能上各有千秋。矢量控制系统强调转矩 T_e 与转子磁链 ψ_2 的解耦，有利于分别设计转速与磁链调节器；实行连续控制，调速范围宽，可达 1:100 以上；但按 ψ_2 定向时受电动机转子参数影响，降低了适应性。直接转矩控制系统则直接进行转矩砰—砰控制，避开了旋转坐标交换；控制定子磁链 ψ_1，而不是转子磁链 ψ_2，不受转子参数的影响；但不可避免地产生转矩脉动，降低了调速性能，因此，它只适用于风机、水泵以及牵引传动等对调速范围要求不高的场合。

表 2-2 列出了两种系统的特点与性能比较。

表 2-2　直接转矩控制系统和矢量控制系统的特点与性能比较

特点与性能	直接转矩控制系统	矢量控制系统
磁链控制	定子磁链	转子磁链
转矩控制	砰—砰控制，脉动	连续控制，平滑
旋转坐标变换	不需要	需要
转子参数变化影响	无	有
调速范围	不够宽	较宽

*2.6　高性能通用变频器

【知识目标】　了解高性能通用变频器的分类及适用范围。

了解使用高性能变频器时的注意事项。

目前，市场上流行的变频器大多分为两类：一类是适于一般负载的一般通用变频器；另一类是适于高精度控制的高性能通用变频器。与一般通用变频器相比，高性能变频器具有以下几个方面良好的性能。

① 宽的调速范围：1:100 以上。

② 良好的低频启动特性。

③ 额定电压下的全范围恒转矩输出。

④ 变频器系统具有良好的静态特性和动态特性。

⑤ 完整和快速的故障诊断、保护和报警功能。

⑥ 具有网络通信功能。

⑦ 变频器及其驱动的电动机噪声低。

具有这些性能指标的变频器主要有西门子公司的 6SE70 系列变频器，ABB 公司的 ACS600 系列变频器，施耐德公司的 Altivor66 系列变频器，罗克韦尔公司的 A-B1336FORCE 系列变频器等。

2.6.1　高性能通用变频器的类型

高性能通用变频器的类型主要有三种：第一种是有速度传感器的矢量控制变频器；第二种是无速度传感器的矢量控制变频器；第三种是无速度传感器的直接转矩控制变频器。这三种高性能变频器中，第一种控制精度高且性能好，但变频器系统价格昂贵；第二种和第三种控制精度和性能稍逊一筹，但变频器系统简单，价格便宜。

1. 高性能通用变频器结构特点

高性能通用变频器为了满足不同的工程需要，在硬件结构上有三种类型：独立式变频器、公共直流母线式变频器和带能量回馈单元的变频器。

独立式变频器将整流单元和逆变单元放置在一个机壳内，是目前应用最多的变频器，一般只驱动一台电动机，用于一般的工业负载。

公共直流母线式变频器将变频器的整流单元和逆变单元分离开来，分别装置在各自的机壳内。整流单元的功能是将电压和频率不变的交流电转换成电压恒定的直流电，形成公共直流母线；逆变单元挂到公共直流母线上，其功能是将电压恒定的直流电转换成电压和频率均可调的交流电，用于驱动电动机。公共直流母线式变频器的最大特点是一个整流单元下可挂多个逆变单元，驱动多台电动机，特别适用于生产线上的辊道传动。

高性能通用变频器驱动电梯、升降机、可逆轧机等负载时，都要求四象限运行，所以必须配置能量回馈单元。能量回馈单元的功能是将电动机制动时产生的能量回馈给电网。能量回馈单元不单独使用，必须接到变频器上才能运行。

西门子公司 6SE70 系列变频器是一种工程型高性能变频器，有以下四种控制模式，如图2-41 所示。

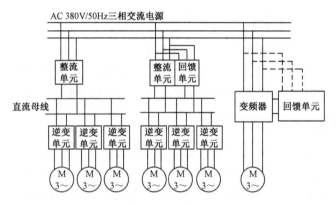

图 2-41　直流母线式变频器、独立式变频器及回馈单元

① 一台独立的变频器驱动一台电动机，适用于一般工业负载。

② 一台独立的变频器带一个能量回馈单元，驱动一台电动机，适用于电梯、升降机等四象限运行的负载。

③ 一个整流单元下挂多个逆变单元，驱动多台电动机，适用于生产线等辊道传动的负载。

④ 一个整流单元带一台能量回馈单元，下挂多个逆变单元驱动多台电动机，适用于四象限运行的负载。

2. 有速度传感器的矢量控制变频器

高性能变频器的主要控制方法是矢量控制，它的基本思想是，根据电动机的动态模型，将用于产生转矩的电流和用于产生磁场的电流进行解耦，然后分别控制。有速度传感器的矢量控制变频器的原理图如图 2-42 所示，S_1、S_2 为软件开关。西门子公司 6SE70 系列变频器组成这种控制模式的主要特点如下。

① 调速范围宽，可达到 1:100 以上。

② 转速控制精度高，在 $n>10\%$ 额定转速时，为 0.0005%；在 $n<5\%$ 额定转速时，为 0.001%；在弱磁工作区间约为 0.001%。

③ 在全速度设定范围内，转矩上升时间约为 5ms，转矩波动小于 2% 额定转矩。

④ 转矩控制精度，在恒磁通工作区间小于 2.5%，在弱磁工作区间小于 5%。

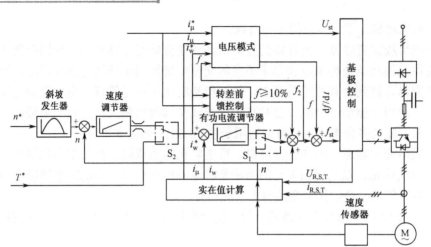

图 2-42　有速度传感器的矢量控制变频器的原理图

以上这些性能指标需要 1 024 脉冲/转以上的脉冲编码器。利用有速度传感器的矢量控制变频器驱动电动机时，一般适用于单机传动及较低转速时有较高的动态特性和较高的转速控制精度的场合，如轧钢机传动控制、货物运输控制、升降机控制和位置控制等。

3. 无速度传感器的矢量控制变频器

无速度传感器的矢量控制变频器的控制模式是在有速度传感器矢量控制模式的基础上，去掉速度检测环节，通过计算来估测电动机速度的反馈值。无速度传感器的矢量控制变频器的原理图如图 2-43 所示。此种控制方式的特点是：在额定频率的 10%范围内，采用带电流闭环控制的转速开环控制。当工作频率高于 10%额定频率时，软件开关 S_1、S_2 置于图中所示的位置，进入矢量控制状态。转速的实在值可以利用由微机支持的对异步电动机进行模拟的仿真模型来计算。对于低速范围，频率在 0～10%额定频率的范围内，开关 S_1、S_2 切换到与图示相反的位置。这种情况下，斜坡发生器被切换到直接控制频率的通道。电流的闭环控制或者说电流的施加将同时完成。

两种电流的设定值（I_{Stat} 和 I_{Accel}）可根据需要设定：稳定值必须设定得适合于有效负载转矩；附加设定值只在加、减速过程中有效，可以设定得与加速或制动转矩相适应。

西门子 6SE70 系列变频器组成这种控制模式的主要特点如下。

① 调速范围可达 1:10。

② 转速控制精度，在 n>10%额定转速时，为 20%f_s；在 n<5%额定转速时，为 f_s（f_s 为额定转差频率）。

③ 转矩控制精度，在恒磁通工作区间，n>5%额定转速时，小于 2.5%；在弱磁工作区间，小于 5%。

④ 在全速度设定范围内转速上升时间，在 n>10%额定速度时，约为 5ms，转矩波动小于 2%额定转矩。

无速度传感器的矢量控制变频器一般用于单机传动，且调速范围及低速转矩要求不高的场合，如风机、泵类和移动装置。虽然控制精度、系统的动态性能和带速度闭环的矢量控制相比有所下降，但变频器系统简单、操作方便、价格便宜。

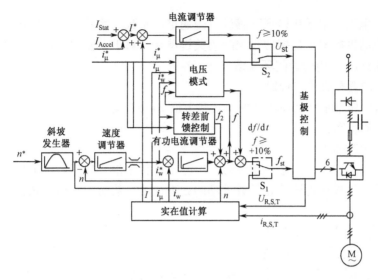

图 2-43 无速度传感器的矢量控制变频器的原理图

4. 直接转矩控制变频器

直接转矩控制（DTC）摒弃了矢量控制的解耦思想，通过实时检测磁通幅值和转矩值，分别与磁通和转矩给定值比较，由磁通和转矩调节器直接输出所需要的电压矢量。图 2-44 所示是 ABB 公司 ACS600 系列变频器直接转矩控制系统框图。

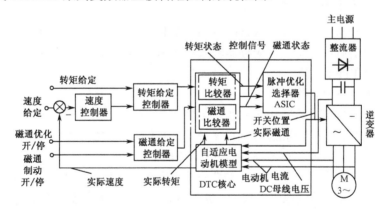

图 2-44 ACS600 系统变频器直接转矩控制系统框图

从图中可以看出，直接转矩控制系统由速度控制环和转矩控制环组成，其中转矩控制环是该系统的中心。转矩控制环由四部分组成：电压和电流检测环节、自适应电动机模型、转矩比较器和磁通比较器、脉冲优化选择器。

（1）电压和电流检测环节

电压和电流检测环节将变频器两相输出电流检测值、变频器直流侧电压检测值以及变频器开关位置信号，一并输入到自适应电动机模型单元。

（2）自适应电动机模型单元

自适应电动机模型单元的作用是通过检测输入电动机的电压和电流来自动识别电动机的

基本参数：定子电阻、定子和转子互感以及磁通饱和系数，然后直接输出电动机的转矩和磁场反馈值。该电动机模型是直接转矩控制的关键单元。对于大多数工业应用场合，如果转速控制精度大于 0.5%，可用转速闭环反馈。

（3）转矩比较器和磁通比较器

这类比较器的作用是将反馈值分别与其参考值 25ms 比较一次，通过两点式滞环调节器来输出转矩或磁场的状态。

（4）脉冲优化选择器

脉冲优化选择器是一个具有 ASIC 技术的 40MHz 数字信号处理器（DSP），所有控制信号均经过光电传输，这样使得该单元具有很高的处理速度，从而使驱动变频器脉冲信号得到优化。

DTC 控制模式的主要特点如下。

① 调速范围在无速度传感器时为 1:50。

② 速度控制精度，在无速度传感器时小于 0.5%，在速度闭环时为 0.001%。

③ 在全速度范围内，转矩波动为 2%额定转矩以下；无速度传感器时转矩上升时间小于 2ms，并且在 0.5Hz 以上，转矩可达到 100%额定转矩。

④ 无预置开关控制模式。

2.6.2　使用高性能变频器时的注意事项

1. 变频器选型时的注意事项

高性能变频器的选型主要应根据它所驱动的负载类型来选择，但是对于变频器来说，它所驱动的负载无论是何种类型，在变频器输入电压恒定的情况下，主要考虑变频器的额定输出电流、最大电流和最小电流。

（1）连续工作时的额定电流

不同厂家的变频器，其额定电流的定义也不相同。例如，西门子 6SE70 系列变频器的额定电流是以 400V 电源电压为基准，按西门子公司 6 极标准电动机的额定电流来定义的。另外，变频器主电路部分一般都通过 $I^2 \cdot t$ 监视器进行过载保护。

当变频器的输出电流等于或小于其定义的额定电流时，变频器可连续工作。如果变频器的输出电流超过其定义的额定电流，运行一定时间后，变频器将达到它的最大允许工作温度，因而不允许再过载或 $I^2 \cdot t$ 监视器将不允许再继续运行下去。所以在变频器选型时，其连续工作的额定电流必须大于或等于负载电流。高性能变频器为了降低电动机噪声和改善输出波形，一般都将变频器的调制频率设定得很高（西门子 6SE70 系列变频器为 0~16kHz），但这样就不可避免地造成了线路损耗过大和线间分布电容的产生，所以当调制频率设定值不同，针对不同容量的变频器选型时，要适当地减载。

（2）变频器的过载能力

西门子 6SE70 系列变频器将输出电流定义为额定电流、基本负载电流和过载电流。变频器的基本负载电流定义为额定电流的 0.91 倍；变频器的过载电流是指变频器驱动的电动机在短时工作时具有的过载电流，当变频器根据负载情况在短时工作且需要过载运行时，必须使变频器的输出电流在过载前为基本负载电流。如果定义变频器的工作周期为 300s，当过载时间小于或等于 60s 时，其过载倍数可达到额定电流的 1.36 倍；当过载时间小于或等于 30s 时，其过载倍数可达到额定电流的 1.6 倍。

（3）单电动机驱动

高性能变频器为使驱动系统获得良好的动态特性和静态特性，一般都采用矢量控制模式。变频器采用矢量控制模式时必须遵循以下原则。

① 一台变频器只允许驱动一台电动机。

② 变频器的额定电流必须大于或等于所驱动电动机的额定电流。

③ 电动机额定电流最小应为其所驱动变频器额定电流的 1/8。

④ 变频器应用矢量控制模式驱动普通电动机时，要对电动机在冷却状态下进行参数辨识。

（4）多电动机驱动

多电动机驱动有两种工作方式：一是一台变频器驱动多台电动机；二是使用一台整流/回馈单元带多台逆变器，每个逆变器各驱动一台电动机，如图 2-45 所示。

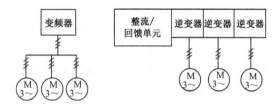

图 2-45　多电动机驱动的两种工作方式

当一台变频器驱动多台电动机时，应选择 U/f 控制模式，并且使变频器额定电流大于或等于所驱动多台电动机额定电流总和。当采用整流/回馈单元、逆变器组合驱动多台电动机时，应注意整流/回馈单元的容量，其余同"单电动机驱动"。

2. 变频器系统组态时的注意事项

高性能变频器进行简单应用时，使用固定设置或简单功能设定即可；但进行复杂应用时，必须进行系统组态。变频器系统组态时应注意以下问题。

（1）控制系统类型的选择

高性能变频器的系统组态是硬件系统选择完成后进行的软件编程。编程时，首先根据现场的工艺要求，确定控制系统的类型，然后才能进行详细的功能码设定。西门子 6SE70 系列变频器根据负载类型的不同，选择组成不同类型的控制系统。U/f 控制模式系统适用于控制精度一般、系统低频特性要求不高的调速场合；矢量控制模式系统适用于恒转矩负载的场合，特别是要求低频转矩大的场合。

（2）电动机参数的调整

变频器在出厂时，已对控制系统完成组态，它所使用的一般都是该变频器厂家自己生产的 4、6 极标准电动机。而实际上变频器所驱动的电动机不一定是该变频器厂家生产的电动机，有时电动机的极数也有所变化，这在一定程度上降低了高性能变频器的控制精度。所以系统组态时，必须对这部分参数进行调整，具体如下。

① 异步电动机的定子接线分为星形或三角形连接，连接不同，其输入电压也不一样，所以系统组态时，变频器额定输出电压值应根据电动机连接类型进行设定。

② 变频器驱动的电动机一般分为标准电动机和变频专用电动机。而对变频专用电动机，都进行强制通风，这样在电动机铭牌上有两个不同的额定电流值，系统组态时，应选择恒转矩输出的那个电流值。

③ 一台变频器驱动多台电动机进行成组传动时，变频器额定电流要设定为所有电动机额定电流的总和。

④ 如果已知电动机额定励磁电流，应将其输入到变频器中，这样变频器在对电动机的其他一些参数进行自动识别时，才能更精确。但大多数情况下，电动机额定励磁电流是不知道的，这时可以通过往变频器中输入电动机功率因数，计算得到电动机的额定励磁电流，然后对计算值进行适当的修正。根据经验，对于西门子6SE70系列变频器，当电动机功率大于800kW时，其计算值偏大；而当电动机功率小于800kW时，其计算值偏小。

⑤ 对于低频恒转矩电动机，当电动机额定频率低于8Hz时，则变频器中关于电动机额定频率的值一定要设为8Hz，电动机额定电压按 U/f=const 的比率作相应设定。

（3）组态软件的选择

对西门子6SE70系列变频器进行组态时，简单的组态应用操作单元OPIS即可完成，但对于复杂的系统组态，必须应用装有SIMOVIS的计算机编程单元。SIMOVIS组态软件是用于西门子公司传动产品的通用组态软件，它既能对西门子6SE70系列变频器进行组态，也能对其他的传动设备（如西门子6RA24系列直流调速器、西门子MDV系列变频器等）进行组态，所以用该组态软件时应首先选择产品系列，然后才能调出该产品系列的功能单元图。在计算机上，根据工艺要求，组成变频调速系统，完成系统的各项功能设定，最后将组态完成的系统下载到变频器中。

3. 使用变频器功能模板时的注意事项

高性能变频器的功能模板一般都很多，使用时应注意以下问题。

① 西门子6SE70系列变频器的功能模板按完成功能可分为三类：端子扩展功能模板、通信功能模板和完成复杂控制系统功能的工艺模板，应根据其需要完成的功能进行选择。

② 每种功能模板均为通用标准产品，可应用于同系列不同型号的变频器中。在电子箱中，每种功能模板都必须插入相对应的插槽中，不可互换位置，详见产品手册。

③ 每种功能模板在插入变频器电子箱后，必须经过单独的功能设定后才能使用。但是，在功能模板设定前，要通过功能码来显示各功能模板的编码，然后根据编码，确定功能模板类型，进行相应的功能设定。

高性能通用变频器由于功能齐全，软件非常丰富，所以其功能码、编码代码很多，而且不同厂家的变频器，这些编码代码的含义并不相同。用户在使用变频器前一定要仔细阅读产品说明书和使用手册，在变频器运行状态的设定和运行模式的选择上多下一些工夫，并做好编程记录，逐次调试，使系统达到最佳工作状态。

*2.7 高压变频器

【知识目标】　了解高压变频器的特点及其在工业生产中的适用范围。
　　　　　　　了解高压变频器的结构类型。

了解高压变频器的控制方式及应用。

变频调速以其优异的调速和启动性能、高效率、高功率因数和节电效果，应用范围广等诸多优点而被认为是最有发展前途的调速方式之一，在低压领域（380～690V）获得广泛应用。而在高压领域，近年来也在逐步得到推广。高压电动机广泛应用于冶金、钢铁、石油、化工、水处理等行业的大、中型厂矿中，用于拖动风机、泵类、压缩机及各种大型机械，功率一般在1 000kW以上，若能利用变频技术来实现风量和水量调节，则可以节约大量的电能。在大功率电力机车牵引传动和轧钢工业方面，采用高压变频技术，不但可以节约电能，而且可以显著改善系统的运行性能，提高产品的数量和质量。因而市场对具有一定性价比的高性能高压变频器的需求量比较大。需要说明的是，我们习惯称做高压变频器和高压电动机，实际上电压一般为3～10kV，国内主要为3kV、6kV和10kV，和电网电压相比，只能算做中压，所以有的国外资料将其称为中压变频器和中压电气设备。

2.7.1 功率开关器件

高压变频器的发展和应用离不开高电压、大电流的电力电子器件，与低压变频器中的功率开关器件相比，高压开关器件最重要的特性就是在阻断状态时能承受高电压。同时，还要求在导通状态下，具有高的电流密度和低的导通压降；在开关状态转换时具有足够短的导通时间和关断时间，并能承受高的 di/dt 和 du/dt。

目前在高压变频器中得到广泛应用的电力电子器件主要有GTO、IGBT、新型的集成门极换流晶闸管（IGCT）和对称门极换流晶闸管（SGCT）。GTO、IGBT和IGCT在第1章中均有介绍，在高压变频器中均有自身的优势，但也存在一定的缺陷。GTO是目前承受电压最高和流过电流最大的全控型器件，而且管压降低，导通损耗小，du/dt 耐量高，目前已达 6kV/6kA 的应用水平。但GTO具有驱动电路复杂且驱动功率大、关断时间长、容易发生局部过热等缺点，限制了它在高压领域中的应用。

IGBT是后起之秀，它输入阻抗高、开关速度快、电压驱动、驱动功率小、工作频率高、耐压高、流过电流大。它是目前功率电力电子装置中的主流器件，应用水平已经达到了3.3kV/1.2kA。其主要缺点是：高压IGBT内阻大，通态压降大，导致导通损耗大，应用于高压领域时，通常需要多个串联使用。

IGCT又称集成门极换相晶闸管，是在GTO的基础上发展起来的新型复合器件，是一种较为理想的兆瓦级高压开关器件。与MOSFET相比，IGCT通态压降更小，承受电压更高，流过电流更大；与GTO相比，通态压降和开关损耗进一步降低，同时触发电流和通态时所需的门极电流大大减小，有效地提高了系统的开关速度。IGCT采用低电感封装技术，使得其在感性负载下的开通特性得到显著改善。与GTO相比，IGCT的体积更小，便于和反向续流二极管集成在一起，这样就大大简化了电压型逆变器的结构，提高了装置的可靠性。其改进形式之一称为门极换流晶闸管（SGCT），两者的特性相似，不同之处是SGCT可以双向控制电压，主要应用于电流型高压变频器中。目前，两者的应用水平均已达到6kV/6kA。

2.7.2 主电路拓扑结构

目前，世界上的高压变频器不像低压变频器一样具有相同的拓扑结构，而是利用现有的功率器件，有各自的解决方案，主电路拓扑结构不尽相同，但都较为成功地解决了高电压、大容量这一难题。常见的主电路的拓扑结构有三种：高-低-高结构，高-低结构，高-高直接高压结构。

1. 高-低-高结构

图 2-46 所示是高-低-高变频器的结构示意图。该结构将输入高压经降压变压器变成 380V 的低电压，然后用普通变频器进行变频，再由升压变压器将电压升到高压。很明显，该类高压变频器利用了现有的低压变频技术来实现高压变频，但用降压和升压两台变压器，降低了节能效率，而且变压器需要相应的启停和保护装置，成本有所提高，设备占地面积也会增大，设备的增加必然会导致系统的可靠性降低。

2. 高-低结构

有的资料称高-低结构高压变频器为单元串联多重化电压源型变频器。图 2-47 所示是高-低结构高压变频器结构示意图。它由多个低压单元串联叠加而达到高压输出，各功率单元由一体化的输入隔离变压器的副边分别供电（以低压形式输出）。它是由若干个低压变频功率单元，以输出电压串联方式（功率单元为三相输入单相输出）来实现高压输出的方法。图 2-48 所示是高—低结构高压变频器的电气连接图。

图 2-46　高-低-高变频器的结构示意图

图 2-47　高-低结构高压变频器的结构示意图

功率单元单相桥式逆变电路采用四种不同的开关模式可输出 0 和±1 三种电平。每个单元采用多电平移相 PWM 控制，即同一项每个单元的调制信号相同，而载波信号互差一个电角度且正反相对，这样每个单元的输出便是同样形状的 PWM 波，但彼此相差一个角度。每个单元串联功率单元越多，输出越接近正弦波。美国的 ROBICON 公司和日本的日立公司都生产这种类型的高压变频器。现以美国 ROBICON 公司的高压变频器为例，此类高压变频器具有如下优点。

① 不会对电网造成有影响的谐波干扰，例如 6kV 变频器整流为 30 脉冲，可基本消除 25 次及其以下的谐波，而且可使功率因数达到 0.95 以上。

② 输出电流电压波形好，可与标准的鼠笼型电动机匹配，不需要降低额定功率使用，不因 du/dt 而增加电动机的绝缘强度。

③ 采用多重化 PWM 技术，输出波形好，不会引起电动机的转矩脉动。

正是由于以上原因，此类变频器又被称为"完美无谐波"变频器。但其缺点也较突出，主要有以下两点。

● 所用元器件多，因而出现故障的可能性增多。

● 串联元件主要以 IGBT、GTO 和 IGCT 等为主，因而这种类型变频器属于电压型，只能实现能量的单向流动，不能将电能反馈回电网。

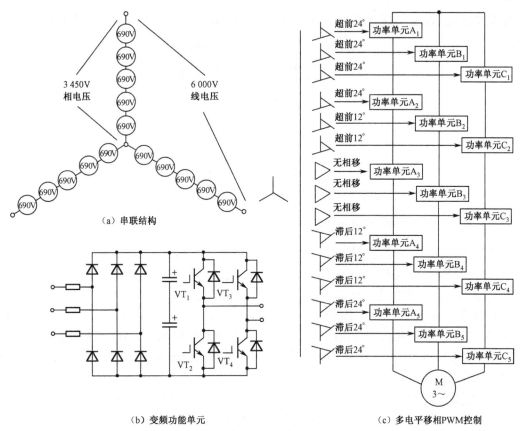

（a）串联结构

（b）变频功能单元

（c）多电平移相PWM控制

图 2-48 高−低结构高压变频器的电气连接图

3. 高−高直接高压结构

所谓直接高压方式，就是直接对高压进行整流后逆变输出，无须降压/升压变压器，可以选择隔离变压器或采用进线电抗器，整流部分可以采用 PWM 整流器或移相整流器，结构框图如图 2-49 所示。常见的高−高直接高压结构有以下几种：功率器件串联二电平电流型高压变频器；中性点钳位三电平 PWM 高压变频器；多电平高压变频器等。

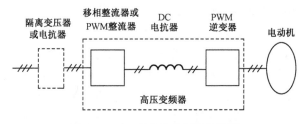

图 2-49 高−高直接高压结构框图

（1）功率器件串联二电平电流型高压变频器

这种类型的变频器多为电流源型变频器，采用大电感作为中间直流滤波环节。整流电路一般采用晶闸管作为功率元件，根据电源电压的不同，每个桥臂需由晶闸管串联，而逆变器则采用晶闸管或 GTO、SGCT 等功率元件串联。图 2-50 所示是此类变频器的结构示意图。

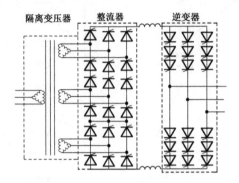

图 2-50　功率器件串联二电平电流型高压变频器的结构示意图

美国罗克韦尔（A-B）公司生产的中（高）压变频器 Bulletin1557 系列，其电路结构为交-直-交电流源型，是采用功率器件 GTO 串联的两电平逆变器。它采用无速度传感器直接矢量控制，电动机转矩可快速变化而不影响磁通，综合了脉宽调制和电流源结构优点，其运行效果近似直流传动装置。在 Bulletin1557 系列的基础上，A-B 公司又推出了 Powerflex7000 系列新型功率器件——对称门极换流晶闸管 SGCT 可用来代替原先的 GTO，使驱动和吸收电路简化，系统效率提高，6kV 系统每个桥臂采用三只耐压为 6500V 的 SGCT 串联。Powerflex7000 系列产品具有如下特点。

① 电流源变频器的优点是易于控制电流，便于实现能量回馈和四象限运行；缺点是变频器的性能与电动机的参数有关，不易实现多电动机联动，通用性差，电流的谐波成分大，污染和损耗较大，且共模电压高，对电动机的绝缘有影响。

② Powerflex7000 系列采用功率器件串联的二电平逆变方案，结构简单，使用的功率器件少，但器件串联带来均压问题，且二电平输出的 du/dt 会对电动机的绝缘造成危害，要求提高电动机的绝缘等级；且谐波成分大，需要专门设计输出滤波器，才能供电动机使用。

③ 输出端采用可控器件实现 PWM 整流，在方便地实现能量回馈和四象限运行的同时也使网侧谐波增大，需加进线电抗器滤波才能满足电网的要求，增加了成本。

④ 由于是直接高压变频，电网电压和电动机电压相同，便于实现旁路控制功能（即变频器—电网之间切换），以保证在变频装置出现故障时电动机能正常运行。

（2）中性点钳位三电平 PWM 高压变频器

在 PWM 电压型变频器中，当输出电压较高时，为了避免器件串联引起静态和动态均压问题，同时降低输出谐波及 du/dt 的影响，逆变器部分可以采用中性点钳位的三电平方式。这种结构相对简捷和成熟，研究也比较深入。逆变器的功率器件可采用高压 IGBT 或 IGCT，图 2-51 所示是中性点钳位三电平 PWM 高压变频器的结构示意图。ABB 公司生产的 ACS1000 系列变频器为采用新型功率器件——集成门极换流晶闸管 IGCT 的三电平变频器，输出电压等级有 2.2kV、3.3kV 和 4.16kV。西门子公司采用高压 IGBT 器件，生产了与此类似的变频器 SIMOVERT-MV。

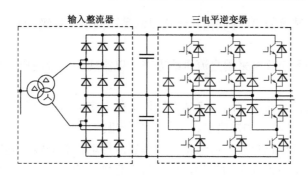

图 2-51　中性点钳位三电平 PWM 高压变频器的结构示意图

中性点钳位三电平 PWM 高压变频器除具有 SPWM 变频调速的各种优点外，还具有下述一些优点。

① 能有效地解决电力电子器件耐压不高的问题，它的每个主管承受的关断电压仅为直流环节电压的一半。

② 变频器输出的多级电压阶梯波形减小了 du/dt 对电动机绝缘的冲击，对于普通三相高压电动机来说，做一些绝缘加固即可；此外，du/dt 的减小，对变压器绕组、电力电缆和其他电力设备的影响都有所减小。

③ 三电平拓扑结构的单桥能输出三种电平（$+1/2U_d$，0，$-1/2U_d$）线（相）电压，有更多的阶梯波形使之更接近于正弦波，使输出波形的失真度减小，谐波减小。

④ 在同样的谐波含量下，开关频率下降了一半，因此开关损耗也降低了一半，所以通过降低调制频率来提高整个系统的效率。

⑤ 三电平逆变器的结构简单、体积小、成本低，使用功率器件数量最少（12 只），避免了器件的串联，提高了装置的可靠性指标。

（3）多电平高压变频器

随着现代拓扑技术的发展，采用多电平结构的变频调速系统得到了发展和应用。这种高压变频器的代表应是法国 AISTOM 公司生产的 AISPA VDM6000 系列高压变频器。图 2-52 所示是四电平高压变频器的结构示意图，由图中可以得到如下结论：系统采用模块结构，有效保证了功率元件的串联连接，它不是元器件的简单串联，而是结构上的串联，这样就保证了电压的安全和自然匹配。多电平电压变频器具有如下特点。

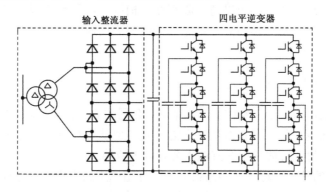

图 2-52　四电平高压变频器的结构示意图

① 通过整体单元装置的串、并联拓扑结构以满足不同电压等级（如 3.3kV、6.6kV 和 10kV）的需要。

② 这种结构可使系统普遍采用直流母线方案，以实现在多台高压变频器之间的能量互相交换。

③ 这种结构没有传统结构中的各级功率器件上的众多分压分流装置，消除了系统的可靠性低的因素，从而使系统结构非常简单、可靠，易于维护。

④ 输出波形非常接近正弦波，可适用于普通感应电动机和同步电动机调速，而无须降低容量，没有 du/dt 对电动机绝缘等的影响，电动机没有额外的温升，是一种技术比较先进的高压变频器。

⑤ ALSPA VDM6000 系列高压变频器可根据电网对谐波的不同要求采用 12 脉冲、18 脉冲的二极管整流或晶闸管整流；若要将电能反馈回电网，可用晶闸管整流桥；若要求控制电网的谐波功率因数，及实现四象限运行，可选择有源前端。

2.7.3 控制方式

高压变频器的控制方式和低压通用变频器的控制方式一样，主要有如下几种。

1. 恒 U/f 控制

在工业传动上，一般应用场合采用变压变频（VVVF），即 U/f 恒定的开环控制策略，这种方法的优点是实现简单，成本相对较低，比较适用于风机、水泵等大容量的拖动性工业负载。主要问题是系统的低速性能较差，不能保持磁通 ψ_m 恒定，需要电压补偿，同时异步电动机要强迫通风致冷。

2. 矢量控制

矢量控制可以获得很高的动、静态性能指标，由于异步电动机的参数对其影响比较大，因此，此类系统多配备专用电动机，对于诸如大型轧机类动态性能要求较高的场合，矢量控制双 PWM 结构的三电平电压源型高压变频器得到广泛的应用。

3. 直接转矩控制

直接转矩控制系统的转矩响应迅速，限制在一拍以内，且无超调，与矢量控制相比，不受转子参数变化的影响，是一种高静、动态性能的交流调速方法，三电平高压变频装置中经常采用。

4. 无速度传感器矢量控制

此种控制方式又称为直接矢量控制，罗克韦尔公司的 Powerflex7000 型变频器就是采用此种控制方式。实现无速度传感器控制的关键之一是如何从容易得到的定子电流、定子电压中计算出与速度有关的量。目前常用的方法主要有以下两种。

① 利用电动机的基本方程式（稳态或动态）导出速度的方程式进行计算。

② 根据模型参考自适应的理论选择合适的参考模型，利用自适应算法辩识速度。

矢量控制的核心内容是控制电动机的磁通，因而磁通的观测也是无速度传感器控制的关键之一。无论速度辩识还是磁通的观测，均离不开电动机的数学模型，模型参数的准确性直接影响到控制的精度，因而在无速度传感器控制中均有参考辩识系统。

2.7.4 高压变频器对电网与电动机的影响

1. 高压变频器对电网的影响

近年来，高压变频器的应用越来越广泛，由于高压变频器容量一般较大，占整个电网比重较为显著，所以高压变频器对电网的谐波污染的问题已经不容忽视。解决谐波污染有以下两种方法。

一是采取谐波滤波器，对高压变频器产生的谐波进行治理，以达到供电部门的要求，也就是通常所说的"先污染，后治理"的方法；二是采用谐波电流较小的变频器，变频器本身基本上不对电网造成谐波污染，即采用所谓的"绿色"电力电子产品，从本质上解决谐波污染问题。国际上对电网谐波污染控制的标准中，应用较为普遍的是 IEEE519—1992，我国也有相应的谐波控制标准，应用较为广泛的是 GB/T14549—1993《电能质量公用电网谐波》。

一般电流源型变频器，常用的 6 脉波晶闸管电流源型整流电路总的谐波电流失真约为30%，远高于 IEEE519—1992 标准所规定的电流失真小于 5%的要求，所以必须设置输入谐波滤波器；12 脉波晶闸管整流电路总谐波电流失真约为 10%，仍需安装谐波滤波装置。大多数PWM 电压源型变频器都采用二极管整流电路，如果整流电路也采用 PWM 控制，则可以做到输入电流基本为正弦波，谐波电流很低。当然系统的复杂性和成本也大大增加了。

单元串联多电平变频器采用多重化结构，输入脉波数很高。总的谐波电流失真可低于10%，不加任何滤波器就可以满足电网对谐波失真的要求。

高压变频器另一项综合性能指标是输入功率因数，普通电流源型变频器的输入功率因数较低，且会随着转速的下降而跟着线性下降，为了解决此问题，往往需要设置功率因数补偿装置。二极管整流电路在整个运行范围内都有较高的功率因数，一般不必设置功率因数补偿装置。采用全控型电力电子器件构成的 PWM 型整流电路，其功率因数可调，可以做到接近为1。单元串联多电平 PWM 变频器功率因数较高，实际功率因数在整个调速范围内可达到 0.95以上。

从以上两项指标来看，全控型电力电子器件的 PWM 型整流电路和单元串联多电平 PWM（高-低结构）变频器均属"绿色"电力电子产品，具有较广泛的应用前景。

2. 高压变频器对电动机的影响

高压变频器输出谐波会在电动机中引起谐波发热（铁芯）和转矩脉动，另外输出 du/dt、共模电压、噪声等方面也会对电动机有负面影响，综合起来是：电流源型变频器由于输出谐波和共模电压较大，电动机须降额使用和加强绝缘，且存在转矩脉动问题，使其应用受到限制。三电平电压源型变频器存在输出谐波和 du/dt 等问题，一般要设置输出滤波器，否则必须使用专用电动机。对风机和水泵等一般不要求四象限运行的设备，单元串联多电平 PWM 电压源型变频器在输出谐波、du/dt 等方面有明显的优势，对电动机没有特殊的要求，具有较大的应用前景。

思考题与习题

一、填空

1. 在异步电动机调速时，一个重要的因素是希望保持电动机的_____不变。若要保持_____不变，只有保持_____为额定值不变。

2. 要保持 Φ_m 不变，当频率 f_1 从额定值向下调节时，必须降低 E_1，使_____，即采用恒定_____的控制方式。这种控制又称为_____调速。

3. 当电动势值较高时，可以忽略定子绕组的漏磁阻抗压降，而认为定子相电压_____则得_____。这就是_____控制方式，是近似的恒磁通控制。

4. 低频时，_____和_____都比较小，定子_____就比较显著起来，不能再忽略了。这时，可以人为地把_____抬高一些，以便近似地补偿定子压降，使气隙磁通基本保持不变。

5. 在基频以上调速时，频率可以从 f_{1N} 往上增高，但是电压_____却不能增加得比额定电压 U_{1N} 还要大。这是由于受到电源电压的制约，最多只能保持_____不变。这样，必然会使主磁通随着_____上升而减小，相当于直流电动机_____的情况，属于近似的恒功率调速方式。

二、选择

1. 三相交流异步电动机最佳的调速方案是（　　）。
   A. 变磁极对数调速　　　B. 变频调速　　　C. 降压调速　　　D. 转子串电阻调速

2. 若使交流电动机在调速过程中负载能力不变，必须是（　　）。
   A. 主磁通不变　　　B. 主磁通变弱　　　C. 主磁通增强　　　D. 与主磁通变化无关

3. 满足什么条件才能使交流异步电动机恒转矩调速。（　　）
   A. 基准频率 f_{N1} 以下　　　　　　B. 基准频率 f_{N1} 以上
   C. 恒压频比　　　　　　　　　　　D. 基准频率 f_{N1} 以下，恒压频比

4. SPWM 调制方式即脉冲宽度调制方式输出的电压波形是（　　）。
   A. 矩形波　　　　　　　　　　　　B. 正弦波
   C. 等幅不等宽的矩形波　　　　　　D. 阶梯矩形波

5. 通常脉宽调制过程中比较常用的采样方法是（　　）。
   A. 等效面积算法　　　　　　　　　B. 规则采样法
   C. 自然采样法　　　　　　　　　　D. 随机采样法

三、判断

1. 在低速运行时，由于定子电压较低，所以要进行电压补偿。　　　　　　　　（　　）
2. 变频调速就是恒转矩调速。　　　　　　　　　　　　　　　　　　　　　（　　）
3. 面积相同、不同形状的窄脉冲，作用在任何负载上，效果都是一样的。　　（　　）
4. 矢量控制理论是通过坐标变换方式将交流异步电动机等效为直流电动机进行闭环控

制的。 （　　）

    5. 高压变频器的核心器件应该是高电压、大电流的电力电子器件。 （　　）

    6. 高压变频器运行时对电网的影响主要是输入功率因数太低。 （　　）

四、简答

    1. 什么是恒转矩调速？什么是恒功率调速？两者的分界点是什么？

    2. U/f 恒定的调速中为什么要进行电压补偿？电压补偿的条件是什么？

    3. 简述交—直—交变频器的结构特点。

    4. 简述变频器的分类方式。

    5. 什么是冲量定理？它的意义是什么？

    6. 简述脉冲宽度调制方法。

    7. 脉宽调制的控制方法有几种方式？

    8. 简述直接转矩控制方式的基本原理。

    9. 简述矢量控制系统与直接转矩控制系统之间的差别与各自的适用范围。

    10. 高性能变频器有几种？适用范围是什么？

    11. 高压变频器的结构有几种形式？

    12. 高压变频器的控制方式有几种？

    13. 高压变频器对电网和电动机有什么影响？

项目三

变频器的运行

【项目任务】
- 学习并掌握 MM440 变频器的面板操作。
- 学习并掌握变频器启动、制动及节能运行的功能原理。
- 掌握变频器运行参数和运行方式的设定及接线方法。

【项目说明】

通过 MM440 变频器基本操作知识的介绍，使读者掌握变频器的启动、制动及各种运行方式的参数设置、接线方式和操作方法。

3.1 MM440 变频器的面板操作

【知识目标】 学习 MM440 变频器的面板分类及基本操作，能通过状态显示板和基本操作板对变频器进行参数设置操作。

3.1.1 MM440 变频器的面板介绍

MM440 变频器在标准供货方式时装有状态显示面板（SDP，参看图 3-1（a）），对于很多用户来说，利用 SDP 和制造厂的默认设置值，就可以使变频器成功地投入运行。如果工厂的默认设置值不适合具体设备情况，还可以利用基本操作面板（BOP，参看图 3-1（b））或高级操作面板（AOP，参看图 3-1（c））修改参数，使之匹配起来。BOP 和 AOP 是作为可选件供货的。也可以用 "Drive Monitor" 或 "STARTER" 来调整工厂的设置值。注意，MM440 变频器只能用操作面板 BOP 或 AOP 进行操作。

（a）状态显示面板　　　　（b）基本操作面板　　　　（c）高级操作面板

图 3-1　操作面板

3.1.2　操作面板的基本操作方法及功能

1. 用状态显示面板（SDP）进行调试

SDP 上有两个 LED 指示灯，用于指示变频器的运行状态。

使用变频器上装设的 SDP 可进行以下操作。

① 启动和停止电动机（数字输入 DIN1 由外接开关控制）。

② 电动机反向（数字输入 DIN2 由外接开关控制）。

③ 故障复位（数字输入 DIN3 由外接开关控制）。

按图 3-2 所示连接模拟输入信号，即可实现对电动机速度的控制。

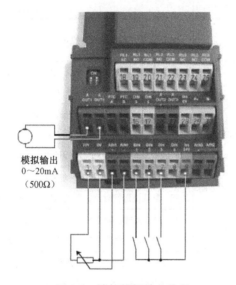

模拟输出
0～20mA
（500Ω）

图 3-2　连接模拟输入信号

采用 SDP 进行操作时，变频器的预设定必须与电动机的额定功率、电动机电压、电动机的额定电流、电动机的额定频率等电动机数据兼容。

用 SDP 进行操作的默认设置如表 3-1 所示。

表 3-1　用 SDP 进行操作的默认设置

项　　目	端　子　号	参数的设置值	默认的操作
数字输入 1	5	P0701= '1'	ON，正向运行
数字输入 2	6	P0702= '12'	反向运行
数字输入 3	7	P0703= '9'	故障确认
数字输入 4	8	P0704= '15'	固定频率
数字输入 5	16	P0705= '15'	固定频率
数字输入 6	17	P0706= '15'	固定频率
数字输入 7	经由 AIN 1	P0707= '0'	不激活
数字输入 8	经由 AIN2	P0708= '0'	不激活

2. 用基本操作面板（BOP）进行调试

利用基本操作面板（BOP）可以更改变频器的各个参数。为了用 BOP 设置参数，首先必须将 SDP 面板从变频器上拆卸下来，然后装上 BOP 面板。

BOP 具有五位数字的七段显示，用于显示参数的序号和数值，报警和故障信息，以及该参数的设定值和实际值。BOP 不能存储参数的信息。

（1）基本操作面板（BOP）上的按钮及其功能

基本操作面板（BOP）上的按钮及其功能如表 3-2 所示。

表 3-2　基本操作面板（BOP）上的按钮及其功能

显示/按钮	基 本 功 能	功能的说明
`r0000`	状态显示	LCD 显示变频器当前的设定值
I	启动电动机	按此键启动变频器。默认值运行时此键是被封锁的。为了使此键的操作有效，应设定 P0700=1
O	停止电动机	OFF1：按此键，变频器将按选定的斜坡下降速率减速停车。默认值运行时此键被封锁；为了允许此键操作，应设定 P0700=1。OFF2：按此键两次（或一次，但时间较长），电动机将在惯性作用下自由停车。此功能总是"使能"的
⟲	改变电动机的转动方向	此键可以改变电动机的转动方向。电动机的反向用负号（−）或闪烁的小数点表示。默认值运行时此键是被封锁的，为了使此键的操作有效，应设定 P0700=1
jog	电动机点动	在变频器无输出的情况下按此键，将使电动机启动，并按预设定的点动频率运行。释放此键时，变频器停车。如果变频器/电动机正在运行，按此键将不起作用
Fn	功能	此键用于浏览辅助信息。变频器运行过程中，在显示任何一个参数时按下此键并保持不动 2s，将显示以下参数值： 1 直流回路电压（用 d 表示，单位为 V） 2 输出电流（A） 3 输出频率（Hz） 4 输出电压（用 o 表示，单位为 V） 5 由 P0005 选定的数值（如果 P0005 选择显示上述参数中的任何一个（3、4 或 5），这里将不再显示） 连续多次按下此键，将轮流显示以上参数 跳转功能：在显示任何一个参数（rXXXX 或 PXXXX）时短时间按下此键，将立即跳转到 r0000，如果需要的话，可以接着修改其他参数。跳转到 r0000 后，按此键将返回原来的显示点 退出 在出现故障或报警的情况下，按此键可将操作面板上显示的故障或报警信息复位
P	访问参数	按此键即可访问参数
▲	增大数值	按此键即可增大面板上显示的参数数值
▼	减小数值	按此键即可减小面板上显示的参数数值

（2）用基本操作面板（BOP）更改参数的数值

下面以更改参数 P0004 的数值为例介绍操作步骤。

① 用 BOP 改变 P0004 参数过滤功能，见表 3-3。

表 3-3　用 BOP 改变 P0004 参数过滤功能

操 作 步 骤	操 作 内 容	显示的结果
1	按 P 访问参数	r0000
2	按 ▲ 直到显示出	P0004
3	按 P 进入参数数值访问级	0
4	按 ▲ 或 ▼ 达到所需要的数值	7
5	按 P 确认并存储参数的数值	P0004

② 以 P0719 为例修改下标参数，见表 3-4。

表 3-4　修改下标参数

操 作 步 骤	操 作 内 容	显示的结果
1	按 P 访问参数	r0000
2	按 ▲ 直到显示出	P0719
3	按 P 进入参数数值访问级	in000
4	按 P 显示当前设定值	0
5	按 ▲ 或 ▼ 达到所需要的数值	12
6	按 P 确认并存储参数的数值	P0719
7	按 ▼ 直到显示出 r0000	r0000
8	按 P 返回标准的变频器显示	

修改参数的数值时，BOP 有时会显示 ⏸ busy ，表明变频器正忙于处理优先级更高的任务。

③ 改变参数数值的一个数字。为了快速修改参数的数值，可以一个个地单独修改显示的每个数字，操作步骤如下：确信已处于某一参数数值的访问级（参看"用 BOP 修改参数"）。

a. 按 🆗（功能键），最右边的一个数字闪烁。

b. 按 🔼 或 🔽，修改这位数字的数值。

c. 再按 🆗（功能键），相邻的下一位数字闪烁。

d. 执行上面两步，直到显示出所要求的数值。

e. 按 Ⓟ，退出参数数值的访问级。

由于高级操作面板 AOP 是可选件，在这里不做详细介绍，如需要可参看随机使用手册。

3.2　运行参数

【知识目标】　掌握给定频率、输出频率、基准频率、上限频率和下限频率、点动频率、载波频率（PWM 频率）、启动频率、多挡转速频率、跳跃频率的概念和频率给定方式，以及最大频率、最大给定频率与上限频率的区别。

3.2.1　常用频率参数

1. 给定频率

用户根据生产工艺的需求所设定的变频器输出频率称为给定频率。例如，原来工频供电的风机电动机现改为变频调速供电，就可设置给定频率为 50Hz。其设置方法有两种：一种是用变频器的操作面板来输入频率的数字量 50；另一种是从控制接线端上用外部给定（电压或电流）信号进行调节，最常见的形式就是通过外接电位器来完成。

2. 输出频率

输出频率指的是变频器实际输出的频率。当电动机所带的负载变化时，为使拖动系统稳定，此时变频器的输出频率会根据系统情况不断地调整。因此，输出频率是在给定频率附近经常变化的。

3. 基准频率

基准频率也叫基本频率。一般以电动机的额定频率作为基准频率的给定值。

基准电压是指输出频率到达基准频率时变频器的输出电压，基准电压通常取电动机的额定电压。基准电压和基准频率的关系如图 3-3 所示。

4. 上限频率和下限频率

上限频率和下限频率是指变频器输出的最高、最低频率，常用 f_H 和 f_L 表示。根据拖动系统所带的负载不同，有时要对电动机的最高、最低转速予以限制，以保证拖动系统的安全和产品的质量。另外，由操作面板的误操作及外部指令信号的误动作引起的频率过高和过低，设置上限频率和下限频率可起到保护作用。常用的方法就是给变频器的上限频率和下限频率赋值。当变频器的给定频率高于上限频率，或者低于下限频率时，变频器的输出频率将被限制在上限频率或下限频率，如图 3-4 所示。

例如，设置 f_H=60Hz，f_L=10Hz，若给定频率为 50Hz 或 20Hz，则输出频率与给定频率一致；若给定频率为 70Hz 或 5Hz，则输出频率被限制在 60Hz 或 10Hz。

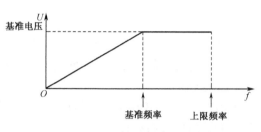

图 3-3　基准电压和基准频率的关系

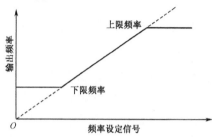

图 3-4　上限频率和下限频率

5. 点动频率

点动频率是指变频器在点动时的给定频率。生产机械在调试以及每次新的加工过程开始前常须进行点动，以观察整个拖动系统各部分的运转是否良好。为防止意外，大多数点动运转的频率都较低。如果每次点动前都须将给定频率修改成点动频率是很麻烦的，所以一般的变频器都提供了预置点动频率的功能。如果预置了点动频率，则每次点动时，只需要将变频器的运行模式切换至点动运行模式即可，不必再改动给定频率了。

6. 载波频率（PWM 频率）

PWM 变频器的输出电压是一系列脉冲，脉冲的宽度和间隔均不相等，其大小取决于调制波（基波）和载波（三角波）的交点。载波频率越高，一个周期内脉冲的个数越多，也就是脉冲的频率越高，电流波形的平滑性就越好，但是对其他设备的干扰也越大。如果载波频率预置不合适，还会引起电动机铁芯的振动而发出噪声，因此一般的变频器都提供了 PWM 频率调整的功能，使用户在一定的范围内可以调节该频率，从而使得系统的噪声最小，波形平滑性最好，同时干扰也最小。变频器载波频率与性能的关系见表 3-5。

表 3-5　变频器载波频率与性能的关系

载波频率	电磁噪声	噪声、泄漏电流	电流波形
1kHz	大	小	〜〜〜〜
8 kHz	中	中	介于两者之间
15kHz	小	大	〜〜〜〜

7. 启动频率

启动频率是指电动机开始启动时的频率。这个频率可以从 0 开始，但是对于惯性较大或是摩擦转矩较大的负载，需要加大启动转矩。此时可使频率加大至启动频率，此时启动电流也较大。一般的变频器都可以预置启动频率，一旦预置该频率，变频器对小于启动频率的运行频率将不予理睬。

给定启动频率的原则是：在启动电流不超过允许值的前提下，以拖动系统能够顺利启动为宜。

8. 多挡转速频率

由于工艺上的要求不同，很多生产机械在不同的阶段需要在不同的转速下运行。为方便这种负载，大多数变频器均提供了多挡频率控制功能。它通过几个开关的通、断组合来选择不同的运行频率。常见的形式是用 4 个输入端来选择 16 挡频率。

在变频器的控制端子中设置有 4 个开关 DIN1、DIN2、DIN3、DIN4，用其开关状态的组合来选择各挡频率，一共可选择 16 个频率挡。它们之间的对应关系见表 3-6。

表 3-6　DIN 状态组合与转速频率对应关系

状态 频率	DIN4 状态	DIN3 状态	DIN2 状态	DIN1 状态
OFF	0	0	0	0
FF1	0	0	0	1
FF2	0	0	1	0
FF3	0	0	1	1
FF4	0	1	0	0
FF5	0	1	0	1
FF6	0	1	1	0
FF7	0	1	1	1
FF8	1	0	0	0
FF9	1	0	0	1
FF10	1	0	1	0
FF11	1	0	1	1
FF12	1	1	0	0
FF13	1	1	0	1
FF14	1	1	1	0
FF15	1	1	1	1

开关状态的组合与各挡频率之间的关系如图 3-5 所示。

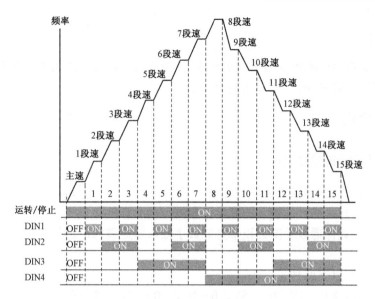

图 3-5 开关状态的组合与各挡频率之间的关系

9. 跳跃频率

跳跃频率也叫回避频率，是指不允许变频器连续输出的频率，常用 f_J 表示。由于生产机械运转时的振动是和转速有关系的，当电动机调到某一转速（变频器输出某一频率），机械振动的频率和它的固有频率一致时就会发生谐振，此时对机械设备的损害是非常大的。为了避免机械谐振的发生，应当让拖动系统跳过谐振所对应的转速，所以变频器的输出频率就要跳过谐振转速所对应的频率。

变频器在预置跳跃频率时通常预置一个跳跃区间，区间的下限是 f_{J1}，上限是 f_{J2}，如果给定频率处于 f_{J1}、f_{J2} 之间，则变频器的输出频率将被限制在 f_{J1}。为方便用户使用，大部分的变频器都提供了 2～3 个跳跃区间。跳跃频率的工作区间可用图 3-6 表示。

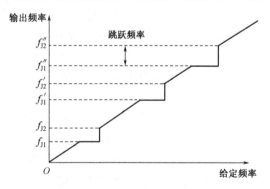

图 3-6 跳跃频率的工作区间

例如，当 f_{J1}=30Hz，f_{J2}=35Hz 时，若给定频率为 32Hz，则变频器的输出频率为 30Hz。当 f_{J1}=35Hz，f_{J2}=30Hz 时，若给定频率为 32Hz，则变频器的输出频率为 35Hz。

【技能实训】

器材准备：标配 MM440 变频器（小功率），与变频器适配的三相交流异步电动机，三相刀闸及按钮开关、导线若干，2W 以上的电位器。

3.2.2 频率的给定

1. 给定频率方式的选择功能

频率给定有以下三种方式可供用户选择。

① 面板给定方式：通过面板上的键盘设置给定频率。

② 外接给定方式：通过外部的模拟量或数字输入给定端口，将外部频率给定信号传送给变频器。

外接给定信号有以下两种。

电压信号：一般有 0～5V、0～±5V、0～10V、0～±10V 等几种。

电流信号：一般有 0～20mA、4～20mA 两种。

③ 通信接口给定方式：由计算机或其他控制器通过通信接口进行给定。

2. 频率给定线及其预置

（1）频率给定线的概念

由模拟量进行频率给定时，变频器的给定频率 f_x 与给定信号 X 之间的关系曲线 $f_x = f(X)$，称为频率给定线。

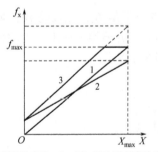

1—基本频率给定线；2—$G\% < 100\%$ 的频率给定线；

3—$G\% > 100\%$ 的频率给定线

图 3-7 频率给定线

（2）基本频率给定线

在给定信号 X 从 0 增大至最大值 X_{max} 的过程中，给定频率 f_x 线性地从 0 增大到最大频率给定线称为基本频率给定线。其起点为（$X=0$，$f_x=0$）；终点为（$X=X_{max}$，$f_x=f_{max}$），如图 3-7 中曲线 1 所示。

（3）频率给定线的预置

频率给定线的起点和终点坐标可以根据拖动系统的需要任意预置。

① 起点坐标（$X=0$，$f_x=f_{BI}$），f_{BI} 为给定信号 $X=0$ 时所对应的给定频率，称为偏置频率。

② 终点坐标（$X=X_{max}$，$f_x=f_{xm}$），f_{xm} 为给定信号 $X=X_{max}$ 时对应的给定频率，称为最大给定频率。

预置时，偏置频率 f_{BI} 是直接设定的频率值；而最大给定频率 f_{xm} 常常是通过预置"频率增益" $G\%$ 来设定的。

$G\%$ 是最大给定频率 f_{xm} 与最大频率 f_{max} 之比的百分数。

$$G\% = (f_{xm}/f_{max}) \times 100\%$$

如果 $G\% > 100\%$，则 $f_{xm} > f_{max}$。这时的 f_{xm} 为假想值，其中，$f_{xm} > f_{max}$ 的部分，变频器的实际输出频率等于 f_{max}。

预置后的频率给定线如图 3-7 中的曲线 2 与曲线 3 所示。

3. 最大频率、最大给定频率与上限频率的区别

最大频率 f_{max} 和最大给定频率 f_{xm}，都与最大给定信号 X_{max} 相对应，但最大频率 f_{max} 通常是根据基准情况决定的，而最大给定频率 f_{xm} 常常是根据实际情况进行修正的结果。

当 $f_{xm} < f_{max}$ 时，变频器能够输出的最大频率由 f_{xm} 决定，f_{xm} 与 X_{max} 对应；当 $f_{xm} > f_{max}$ 时，变频器能够输出的最大频率由 f_{max} 决定。

上限频率 f_H 是根据生产需要预置的最大运行频率，它并不和某个确定的给定信号 X 相对应。

当 $f_H < f_{max}$ 时，变频器能够输出的最大频率由 f_H 决定，f_H 并不与 X_{max} 对应；当 $f_H > f_{max}$ 时，变频器能够输出的最大频率由 f_{max} 决定。

如图 3-8 所示，假设给定信号为 0～10V 的电压信号，最大频率 f_{max}=50Hz，最大给定频率 f_{xm}=52Hz，上限频率 f_H=40Hz，则：

① 频率给定线的起点为（0，0），终点为（10，52）。

② 在频率较小（<40Hz）的情况下，频率 f_x 与给定信号 X 之间的对应关系由频率给定线决定。如 X=5V，则 f_x=26Hz。

③ 变频器实际输出的最大频率为 40Hz。在这里，与上限频率（40Hz）对应的给定信号 X_H 为多大并不重要。

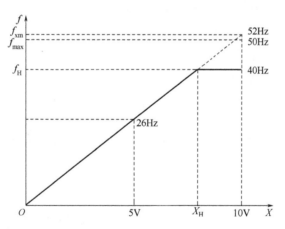

图 3-8　最大频率、最大给定频率与上限频率

4. 频率给定操作和参数设置

下面通过实训掌握变频器频率给定的方法和基本参数设置。

（1）频率给定操作

MM440 变频器为用户提供了两对模拟输入端口 AIN1+、AIN1–和端口 AIN2+、AIN2–，即端口 "3"、"4" 和端口 "10"、"11"，6 个数字输入端口（DIN1～DIN6），即端口 "5"、"6"、"7"、"8"、"16" 和 "17"（见图 3-9），每一个数字输入端口功能很多，可根据需要进行设置。从 P0701～P0706 为数字输入 1 功能至数字输入 6 功能，每一个数字输入功能设置参数值范围均为 0～99，默认值为 1。下面列出其中几个参数值，并说明其含义。

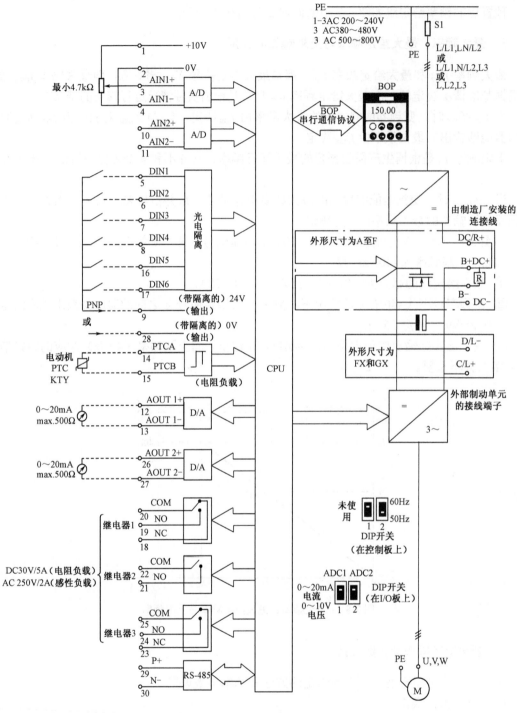

图 3-9　MM440 变频器接线电路

参数值为 0：禁止数字输入。

参数值为 1：ON/OFF1（接通正转/停车命令 1）。

参数值为 2：ON/OFF1（接通反转/停车命令 1）。

参数值为 3：OFF2（停车命令 2）按惯性自由停车。

参数值为 4：OFF3（停车命令 3）按斜坡函数曲线快速降速。

参数值为 9：故障确认。

参数值为 10：正向点动。

参数值为 1 1：反向点动。

参数值为 12：反转。

参数值为 13：MOP（电动电位计）升速（增大频率）。

参数值为 14：MOP 降速（减小频率）。

参数值为 15：固定频率设定值（直接选择）。

参数值为 16：固定频率设定值（直接选择+ON 命令）。

参数值为 17：固定频率设定值（二进制编码选择+ON 命令）。

参数值为 25：直流注入制动。

用自锁按钮 SB$_1$ 和 SB$_2$ 控制 MM440 变频器，实现电动机的正转和反转功能，由模拟输入端控制电动机转速的大小。DIN1 端口设为正转控制，DIN2 端口设为反转控制。

电路接线如图 3-10 所示，MM440 变频器的 "1"、"2" 输出端为用户的给定单元提供了一个高精度的+10V 直流稳压电源。转速调节电位器 RP$_1$ 串接在电路中，调节 RP$_1$ 时，输入端口 AIN1+给定模拟输入电压改变，变频器的输出量紧紧跟踪给定量的变化，平滑无级地调节电动机转速的大小。

（2）参数设置

① 检查电路接线正确后，合上主电源开关 QS。

② 恢复变频器工厂默认值：设定 P0010=30 和 P0970=1，按下 P 键，开始复位，复位过程大约为 3min，这样就保证了变频器的参数恢复到工厂默认值。

③ 设置模拟信号操作控制参数。模拟信号操作控制参数如表 3-7 所示。

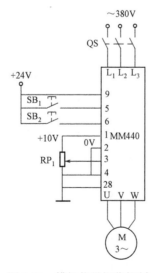

图 3-10　模拟信号操作控制

表 3-7　模拟信号操作控制参数

参数号	出厂值	设置值	说　明
P0003	1	1	设用户访问级为标准级
P0004	0	7	命令和数字 I/O
P0700	2	2	选择命令源：由端子排输入
P0003	1	2	设用户访问级为扩展级
P0004	0	7	命令和数字 I/O
P0701	1	1	ON 接通正转，OFF 停止
P0702	1	2	ON 接通反转，OFF 停止
P0003	1	1	设用户访问级为标准级
P0004	0	10	设定值通道和斜坡函数发生器
P1000	2	2	频率设定值选择为"模拟输入"
P1080	0	0	电动机运行的最低频率（Hz）
P1082	50	50	电动机运行的最高频率（Hz）

④ 操作控制。

a. 电动机正转。按下电动机正转自锁按钮 SB_1，数字输入端口 DIN1 为"ON"，电动机正转运行，转速由外接电位器 RP_1 来控制，模拟电压信号从 0～+10V 变化，对应变频器的频率从 0～50Hz 变化，对应电动机的转速从 0～2 800r/min 变化。

b. 当放开自锁按钮 SB_1 时，电动机停止。

c. 电动机反转。按下电动机反转自锁按钮 SB_2，数字输入端口 DIN2 为"ON"，电动机反转运行，与电动机正转相同，反转转速的大小仍由外接电位器 RP_1 来调节。

d. 当放开自锁按钮 SB_2 时，电动机停止。

3.3　启动

【知识目标】　掌握变频器升速特性和启动方式，根据不同负载情况选择正确的启动方式。

3.3.1　升速特性

不同的生产机械对加速过程的要求是不同的。根据各种负载的不同要求，变频器给出各种不同的加速曲线（模式）供用户选择。常见的曲线形式有线性方式、S 形方式和半 S 形方式等，如图 3-11 所示。

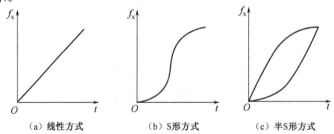

（a）线性方式　　　（b）S形方式　　　（c）半S形方式

图 3-11　变频器的加速曲线

（1）线性方式

线性方式指在加速过程中，频率与时间成线性关系，如图 3-11（a）所示。如果没有什么特殊要求，一般的负载大都选用线性方式。

（2）S 形方式

S 形方式的初始阶段加速较缓慢，中间阶段为线性加速，尾段加速逐渐减为零，如图 3-11（b）所示。这种曲线适用于带式输送机一类的负载。这类负载往往满载启动，传送带上的物体静摩擦力较小，刚启动时加速较慢，以防止输送带上的物体滑倒，到尾段加速减慢也是这个原因。

（3）半 S 形方式

半 S 形方式加速时一半为 S 形方式，另一半为线性方式，如图 3-11（c）所示。对于风机和泵类负载，低速时负载较轻，加速过程可以快一些；随着转速的升高，其阻转矩迅速增加，加速过程应适当减慢。反映在曲线上，就是加速的前半段为线性方式，后半段为 S 形方式。而对于一些惯性较大的负载，加速初期加速过程较慢，到加速的后期可适当加快其加速过程。反映在图上，就是加速的前半段为 S 形方式，后半段为线性方式。

3.3.2　启动方式

变频启动时，启动频率可以很低，加速时间可以自行给定，这样就能有效地解决启动电流大和机械冲击的问题。

加速时间是指工作频率从 0Hz 上升至基本频率所需要的时间，各种变频器都提供了在一定范围内可任意给定加速时间的功能。用户可根据拖动系统的情况自行给定一个加速时间。加速时间越长，启动电流就越小，启动也越平缓，但却延长了拖动系统的过渡过程，对于某些频繁启动的机械来说，将会降低生产效率。因此给定加速时间的基本原则是在电动机的启动电流不超过允许值的前提下，尽量地缩短加速时间。由于影响加速过程的因素是拖动系统的惯性，故系统的惯性越大，加速难度就越大，加速时间也应该长一些。但在具体的操作过程中，由于计算非常复杂，可以将加速时间先设置得长一些，观察启动电流的大小，然后再慢慢缩短加速时间。

下面通过实训掌握变频器控制电动机启动的方法和基本参数设置。

电动机启动须由参数 P0004 设定值通道和斜坡函数发生器，P1120 设定斜坡上升时间，P1080 设置电动机运行的最低频率，P1082 设置电动机运行的最高频率。

参数说明如下。

P0700：

0　工厂的默认设置；

1　BOP（键盘）设置；

2　由端子排输入；

4　BOP 链路的 USS 设置；

5　COM 链路的 USS 设置；

6　COM 链路的通信板（CB）设置下标。

P0701～P0708：

　　0　禁止数字输入；

1　ON/OFF1（接通正转停车命令 1）；

2　ON reverse/OFF1（接通反转/停车命令 1）；

3　OFF2（停车命令 2）按惯性自由停车；

4　OFF3（停车命令 3）按斜坡函数曲线快速降速；

9　故障确认；

10　正向点动；

11　反向点动；

12　反转；

13　MOP（电动电位计）升速（增大频率）；

14　MOP 降速（减小频率）；

15　固定频率设定值（直接选择）；

16　固定频率设定值（直接选择+ON 命令）；

17　固定频率设定值（二进制编码选择+ON 命令）；

25　直流注入制动；

29　由外部信号触发跳闸；

33　禁止附加频率设定值；

99　使能 BICO 参数化。

1. 按图接线

按图 3-12 所示电路进行接线。

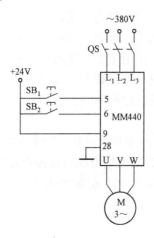

图 3-12　由外控数字输入端子控制点动线路

2. 参数设置

参数设置见表 3-8。

表 3-8　参数设置

参数号	出厂值	设置值	说　明
P0003	1	1	设用户访问级为标准级
P0004	0	7	命令和数字 I/O
P0700	2	2	选择命令源：由端子排输入
P0003	1	2	设用户访问级为扩展级
P0004	0	7	命令和数字 I/O
P0701	1	10	正向点动
P0004	0	10	参数过滤：设为 10，即设定值通道和斜坡函数发生器
P0003	1	2	设用户访问级为扩展级
P1058	5	5	正向点动频率（Hz）
P1060	10	5	点动斜坡上升时间（s）
P1080	0	0	电动机运行的最低频率（Hz）
P1082	50	50	电动机运行的最高频率（Hz）

3. 操作控制

电动机正向点动运行，按下 SB₁ 按钮，变频器数字输入端子 DIN1 为"ON"，电动机按照 P1058 所设的正向点动频率和 P1060、 P1061 所设的点动斜坡上升时间正向点动运行。

3.4　制动

【知识目标】　掌握变频器降速特性和制动方式，根据不同负载情况选择正确的制动方式。

3.4.1　降速特性

1. 降速过程

降速过程与升速过程相仿，拖动系统的降速和停止过程是通过逐渐降低频率来实现的。这时，电动机将因同步转速低于转子转速而处于再生制动状态，并使直流电压升高。如频率下降太快，也会使转差增大，一方面使再生电流增大；另一方面，直流电压也可能升高至超过允许值的程度。

2. 可供选择的降速功能

（1）降速时间
给定频率从基本频率下降至 0Hz 所需的时间称为降速时间。显然，降速时间越短，频率下降越快，越容易"过压"和"过流"。
（2）降速方式
降速方式和升速相仿，也有三种。

① 线性方式，在降速过程中，频率与时间成线性关系，如图 3-13 中的曲线 1 所示。

② S 形方式，在开始阶段和结束阶段，降速的过程比较缓慢；而在中间阶段，则按线性方式降速，如图 3-13 中的曲线 2 所示。

③ 半 S 形方式，降速过程呈半 S 形，如图 3-13 中的曲线 3 所示。

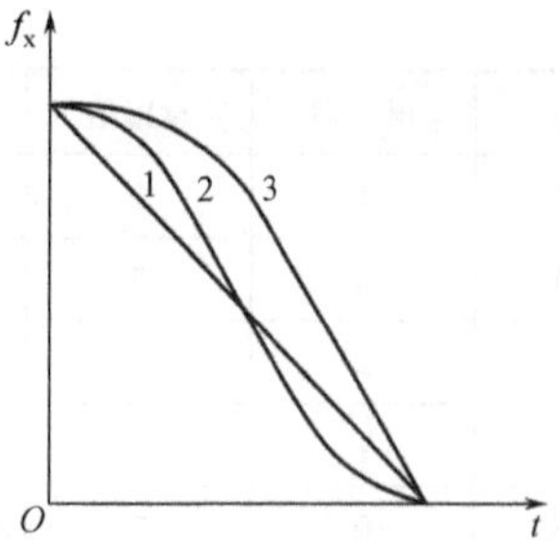

3.4.2 制动方式

电动机制动方式由 P0700 和 P0701～P0708 设置。

1—线性降速方式；2—S形降速方式；3—半S形降速方式

图 3-13 降速方式

1. 由外接数字端子控制

将 P0700 设为 2，P0701 设为 1，即可由外接数字端子 5（DIN1，低电平）控制电动机制动，制动时间可由参数 P1121 设置斜坡下降时间。

2. 由 BOP 上的 OFF 键控制

将 P0700 设为 1，P0701 设为 3，为 OFF2 方式，即按惯性自由停车。

用 BOP 上的 OFF（停车）按键控制时，按下 OFF 按键（持续 2s）或按两次 OFF（停车）按键即可。

3. 用 OFF3 命令使电动机快速地减速停车

将 P0701 设为 4，在设置了 OFF3 的情况下，为了启动电动机，二进制输入端必须闭合（高电平）。如果 OFF3 为高电平，电动机才能启动并用 OFF1 或 OFF2 方式停车。如果 OFF3 为低电平，电动机是不能启动的。OFF3 可以同时具有直流制动、复合制动功能。

4. 直流注入制动

变频调速系统在降速过程中，电动机是由于处于再生制动状态而迅速降速的。但随着转速的下降，拖动系统的动能在减小，电动机的再生能力和制动转矩也随之减小。所以，在惯性较大的拖动系统中，会出现低速时停不住的"爬行"现象。为了克服"爬行"现象，当拖动系统的转速下降到一定程度时，向电动机绕组中通入直流电流，以加大制动转矩，使拖动系统迅速停住。

在预置直流制动功能时，主要设定以下项目。

① 直流制动电压，即需要向电动机绕组施加的直流电压。拖动系统的惯性越大，直流制动电压的设定值也越大。

② 直流制动时间，即向电动机绕组施加直流电压的时间，可设定得比估计时间略长一些。

③ 直流制动的起始频率，即变频调速系统由再生制动状态转为直流制动状态的起始频率。拖动系统的惯性越大，直流制动的起始频率的设定值也越大。

直流注入制动可以与 OFF1 和 OFF3 同时使用。向电动机注入直流电流时，电动机将快速停止，并在制动作用结束之前一直保持电动机轴静止不动。

"使能"直流注入制动可由参数 P0701～P0708 设置为 25。

直流制动的持续时间可由参数 P1233 设置，直流制动电流可由参数 P1232 设置，直流制动开始时的频率可由参数 P1234 设置。

如果没有数字输入端设定为直流注入制动，而且 P1233≠0，那么，直流制动将在每个 OFF1 命令之后起作用，制动作用的持续时间在 P1233 中设定。

5. 复合制动

复合制动可以与 OFF1 和 OFF3 命令同时使用。为了进行复合制动，应在交流电流中加入一个直流分量。制动电流可由参数 P1236 设定。

6. 用外接制动电阻进行动力制动

用外接制动电阻（外形尺寸为 A～F 的 MM440 变频器采用内置的斩波器）进行动力制动，也就是按线性方式平滑和可控地降低电动机的速度。其接线见图 3-14。

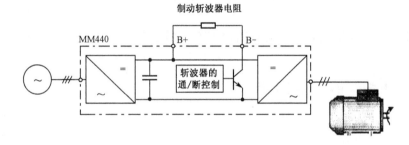

图 3-14　用外接制动电阻进行动力制动

下面通过实训掌握变频器控制电动机制动的方法和基本参数设置。

① 按图 3-12 所示电路进行接线。

② 参数设置见表 3-9。

表 3-9　参数设置

参数号	出厂值	设置值	说　　　明
P0003	1	1	设用户访问级为标准级
P0004	0	7	命令和数字 I/O
P0700	2	2	选择命令源：由端子排输入
P0003	1	2	设用户访问级为扩展级
P0004	0	7	命令和数字 I/O
P0701	1	10	正向点动
P0004	0	10	参数过滤：设为 10，即设定值通道和斜坡函数发生器
P0003	1	2	设用户访问级为扩展级
P1058	5	5	正向点动频率（Hz）
P1060	10	5	点动斜坡上升时间（s）
P1061	10	3	点动斜坡下降时间（s）

③ 操作控制。电动机正向点动运行，按下 SB₁ 按钮，变频器数字输入端子 DIN1 为"ON"，电动机按照 P1058 所设的正向点动频率和 P1060、P1061 所设的点动斜坡上升、下降时间正向点动运行。

3.5 变频器的运行方式

【知识目标】 通过学习掌握变频器点动运行、正/反转运行、同步运行、瞬停再启动运行、工频与变频运行、多速运行的运行特点和基本参数设置。

3.5.1 点动运行

变频器的点动运行又称寸动运行，即通过 BOP 上的"jog"按钮或外接数字端子来控制电动机按照预置的点动频率进行点动运行。

下面通过实训掌握变频器点动运行的控制方法和基本参数设置。

1. 通过 BOP 控制电动机点动运行

（1）按图接线

按图 3-15 所示电路进行接线。

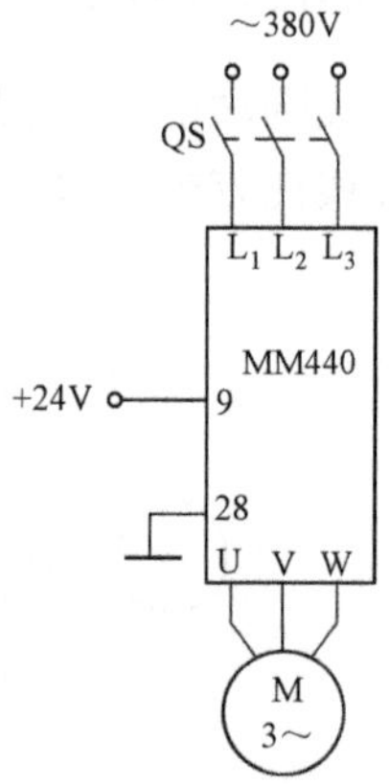

（2）参数设置

① 设置电动机参数。为了使电动机与变频器相匹配，需要设置电动机的相关参数。电动机选用型号为 YS-7112，具体参数设置见表 3-10。电动机参数设置完成后，设 P0010=0，变频器当前处于准备状态，可正常运行。

图 3-15 通过 BOP 控制电动机点动运行

表 3-10 电动机参数设置

参数号	出厂值	设置值	说　明
P0003	1	1	设用户访问级为标准级
P0010	0	1	快速调试：可快速对电动机参数和斜坡函数的参数进行设定
P0100	0	0	工作地区：功率以 kW 表示，频率为 50Hz
P0304	230	380	电动机额定电压（V）
P0305	3.25	0.95	电动机额定电流（A）
P0307	0.15	0.31	电动机额定功率（kW）
P0308	0	0.8	电动机额定功率因数（cosϕ）
P0310	50	50	电动机额定频率（Hz）
P0311	0	2800	电动机额定转速（r/min）

② 设置 BOP 面板基本参数，见表 3-11。

表 3-11 设置 BOP 面板基本参数

参数号	出厂值	设置值	说　明
P0003	1	1	设用户访问级为标准级
P0700	2	1	选择命令源：由 BOP 输入设定值
P0004	0	10	参数过滤：设为 10，即设定值通道和斜坡函数发生器
P0003	1	2	设用户访问级为扩展级
P1058	5	5	正向点动频率（Hz）
P1060	10	5	点动斜坡上升时间（s）
P1061	10	3	点动斜坡下降时间（s）

③ 操作控制。在变频器的前操作面板上按下点动键 "jog"，于是变频器将驱动电动机点动运行。

2. 由外控数字输入端子控制电动机点动运行

（1）按图接线

按图 3-12 所示电路进行接线。

（2）参数设置

参数设置见表 3-12。

表 3-12 参数设置

参数号	出厂值	设置值	说　明
P0003	1	1	设用户访问级为标准级
P0004	0	7	命令和数字 I/O
P0700	2	2	选择命令源：由端子排输入
P0003	1	2	设用户访问级为扩展级
P0004	0	7	命令和数字 I/O
P0701	1	10	正向点动
P0702	1	11	反向点动
P0004	0	10	参数过滤：设为 10，即设定值通道和斜坡函数发生器
P0003	1	2	设用户访问级为扩展级
P1058	5	5	正向点动频率（Hz）
P1059	5	5	反向点动频率（Hz）
P1060	10	5	点动斜坡上升时间（s）
P1061	10	3	点动斜坡下降时间（s）

（3）操作控制

① 电动机正向点动运行，按下 SB$_1$ 按钮，变频器数字输入端子 DIN1 为 "ON"，电动机按照 P1058 所设的正向点动频率和 P1060、P1061 所设的点动斜坡上升、下降时间正向点动运行。

② 电动机反向点动运行，按下 SB₂ 按钮，变频器数字输入端子 DIN2 为"ON"，电动机按照 P1059 所设的正向点动频率和 P1060、P1061 所设的点动斜坡上升、下降时间反向点动运行。

3.5.2 正/反转运行

电动机正/反转运行控制可由 BOP 控制，也可由数字输入端子控制。

下面通过实训掌握变频器正/反转运行的控制方法和基本参数设置。

1. 由 BOP 控制电动机正/反转运行

（1）按图接线

按图 3-15 所示电路进行接线。

（2）设置参数

设置电动机正向、反向运行面板基本操作控制参数，见表 3-13。

表 3-13　电动机正向、反向运行面板基本操作控制参数

参数号	出厂值	设置值	说　明
P0003	1	1	设用户访问级为标准级
P0004	0	7	命令和数字 I/O
P0700	2	1	选择命令源：由 BOP 输入设定值
P0003	1	1	设用户访问级为标准级
P0004	0	10	参数过滤：设为 10，即设定值通道和斜坡函数发生器
P1000	2	1	由键盘（电动电位计）输入设定值
P1080	0	0	电动机运行的最低频率（Hz）
P1082	50	50	电动机运行的最高频率（Hz）
P0003	1	2	设用户访问级为扩展级
P0004	0	10	参数过滤：设为 10，即设定值通道和斜坡函数发生器
P1040	5	50	设定键盘控制的频率值（Hz）

（3）操作控制

① 在变频器的前操作面板上按下运行键"I"，于是变频器将驱动电动机升速，并运行在由 P1040 所设定的 50Hz 频率对应的 2 800r/min 的转速上。

② 如果需要，则电动机的转速（运行频率）及转向可直接通过按前操作面板上的增加键及减少键来改变。

③ 如果需要，用户可根据情况改变所设置的最大运行频率 P1082 的设置值。

④ 在变频器的前操作面板上按停止键"O"，则变频器将驱动电动机降速至零。

2. 由数字输入端子控制电动机正/反转运行

（1）按图接线

按图 3-12 所示电路进行接线。

（2）设置参数

设置电动机正向、反向运行基本操作控制参数，见表3-14。

表 3-14 电动机正向、反向运行基本操作控制参数

参数号	出厂值	设置值	说　明
P0003	1	1	设用户访问级为标准级
P0004	0	7	命令和数字 I/O
P0700	2	2	选择命令源：由端子排输入
P0003	1	2	设用户访问级为扩展级
P0004	0	7	命令和数字 I/O
P0701	1	1	ON 接通正转，OFF 停止
P0702	1	2	ON 接通反转，OFF 停止
P0003	1	1	设用户访问级为标准级
P0004	0	10	设定值通道和斜坡函数发生器
P1000	2	1	由键盘（电动电位计）输入设定值
P1080	0	0	电动机运行的最低频率（Hz）
P1082	50	50	电动机运行的最高频率（Hz）
P1120	10	15	斜坡上升时间（s）
P1121	10	15	斜坡下降时间（s）
P0003	1	2	设用户访问级为扩展级
P0004	0	10	设定值通道和斜坡函数发生器
P1040	5	40	设定键盘控制的频率值

（3）操作控制

① 电动机正向运行。当按下自锁按钮 SB$_1$ 时，变频器数字输入端口 DIN1 为"ON"，电动机按 P1120 所设置的 15s 斜坡上升时间正向启动，经 15s 后稳定运行在 2 240r/min 的转速上。此转速与 P1040 所设置的 40Hz 频率相对应。

放开自锁按钮 SB$_1$，数字输入端口 DIN1 为"OFF"，电动机按 P1121 所设置的 15s 斜坡下降时间停车，经 15s 后电动机停止运行。

② 电动机反向运行。如果要使电动机反转，则按下自锁按钮 SB$_2$，变频器数字输入端口 DIN2 为"ON"，电动机按 P1120 所设置的 15s 斜坡上升时间反向启动，经 15s 后稳定运行在 2 240r/min 的转速上。此转速与 P1040 所设置的 40Hz 频率相对应。

③ 电动机停止。放开自锁按钮 SB$_2$，数字输入端口 DIN2 为"OFF"，电动机按 P1121 所设置的 15s 斜坡下降时间停车，经 15s 后电动机停止运行。

3.5.3 瞬停再启动运行

该功能的作用是在发生瞬时停电又复电时，使变频器仍然能够根据原定的工作条件自动进入运行状态，从而避免进行复位、再启动等烦琐操作，保证整个系统的连续运行。

该功能的具体实现是在发生瞬时停电时，利用变频器的自动跟踪功能，使变频器的输出

频率能够自动跟踪与电动机实际转速相对应的频率，然后再升速，返回至预先给定的速度。通常当瞬时停电时间在 2s 以内时，可以使用变频器的这个功能。

P1200 参数说明如下。

0：禁止捕捉再启动功能。

1：捕捉再启动功能总是有效，从频率设定值的方向开始搜索电动机的实际速度。

2：捕捉再启动功能在上电、故障、OFF2 命令时激活，从频率设定值的方向开始搜索电动机的实际速度。

3：实际速度捕捉再启动功能在故障、OFF2 命令时激活，从频率设定值的方向开始搜索电动机的实际速度。

4：捕捉再启动功能总是有效，只在频率设定值的方向搜索电动机的实际速度。

5：捕捉再启动功能在上电、故障、OFF2 命令时激活，只在频率设定值的方向搜索电动机的实际速度。

6：捕捉再启动功能在故障、OFF2 命令时激活，只在频率设定值的方向搜索电动机的实际速度。

说明：

这一功能对于驱动带有大惯量负载的电动机来说是特别有用的。

设定值 1~3——在两个方向上搜寻电动机的实际速度。

设定值 4~6——只在设定值的方向上搜寻电动机的实际速度。

P1203 参数说明如下。

设定一个搜索速率，变频器在捕捉再启动期间按照这一速率改变其输出频率，使它与正在自转的电动机同步。速率数值的大小将影响搜索电动机频率所需的时间。

搜索时间是指，对最大频率加上两倍的滑差频率到 0Hz 的全部频率进行搜索所要经过的时间。P1203=100%时，搜索速率是每毫秒改变的频率，等于额定滑差频率的 2%。P1203=200%时，频率改变的速率为每毫秒 1%额定滑差频率。

下面通过实训掌握变频器瞬停再启动运行的控制方法和基本参数设置。

1．按图接线

按图 3-12 所示电路进行接线。

2．参数设置

参数设置见表 3-15。

表 3-15　参数设置

参数号	出厂值	设置值	说　　明
P0003	1	1	设用户访问级为标准级
P0004	0	7	命令和数字 I/O
P0700	2	2	选择命令源：由端子排输入
P0003	1	2	设用户访问级为扩展级

续表

参数号	出厂值	设置值	说　明
P0004	0	7	命令和数字 I/O
P0701	1	1	ON 接通正转，OFF 停止
P0702	1	2	ON 接通反转，OFF 停止
P0003	1	1	设用户访问级为标准级
P0004	0	10	设定值通道和斜坡函数发生器
P1000	2	1	由键盘（电动电位计）输入设定值
P1080	0	0	电动机运行的最低频率（Hz）
P1082	50	50	电动机运行的最高频率（Hz）
P1120	10	15	斜坡上升时间（s）
P1121	10	15	斜坡下降时间（s）
P0003	1	2	设用户访问级为扩展级
P0004	0	10	设定值通道和斜坡函数发生器
P1040	5	40	设定键盘控制的频率值
P1200	0	1	捕捉再启动功能总是有效，从频率设定值的方向开始搜索电动机的实际速度
P0003	1	3	设用户访问级为专家级
P1203	100	100	设定一个搜索速率

3. 操作

正/反转启动按钮为自锁按钮，按下其中任意之一，使电动机启动运转。当达到最高转速后，断掉变频器电源，2s 内再次给变频器上电，此时按钮仍为闭合状态，并观察电动机将由惯性运行速度按照斜坡函数发生器设定提升为最高转速。

3.5.4　MM440 变频器多段速频率控制

MM440 变频器的 6 个数字输入端口（DIN1～DIN6），可以通过 P0701～P0706 设置实现多频段控制。每一频段的频率可分别由 P1001～P1015 参数设置，最多可实现 15 频段控制。在多频段控制中，电动机转速方向是由 P1001～P1015 参数所设置的频率正、负决定的。6 个数字输入端口，哪些用于电动机运行、停止控制，哪些用于多段频率控制，是可以由用户任意确定的。一旦确定了某一数字输入端口控制功能，其内部参数的设置值必须与端口的控制功能相对应。

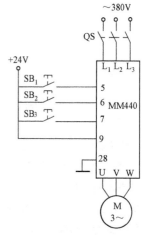

图 3-16　多段速频率控制线路

MM440 变频器控制实现电动机三段速频率运转。DIN3 端口设为电动机启动/停止控制，DIN1 和 DIN2 端口设为三段速频率输入选择，三段速度设置如下。

第一段：输出频率为 15Hz，电动机转速为 840r/min。

第二段：输出频率为 35Hz，电动机转速为 1 960r/min。

第三段：输出频率为 50Hz，电动机转速为 2 800r/min。

1. 电路接线

按图 3-16 所示电路进行接线操作。

2. 参数设置

① 恢复变频器工厂默认值。设定 P0010=30 和 P0970=1，按下 P 键，开始复位，复位过程大约为 3min，这样就保证了变频器的控制接线参数恢复到工厂默认值。

② 设置三段固定频率控制参数，见表 3-16。

表 3-16 三段固定频率控制参数

参数号	出厂值	设置值	说　　明
P0003	1	1	设用户访问级为标准级
P0004	0	7	命令和数字 I/O
P0700	2	2	选择命令源：由端子排输入
P0003	1	2	设用户访问级为扩展级
P0004	0	7	命令和数字 I/O
P0701	1	17	选择固定频率
P0702	1	17	选择固定频率
P0703	1	1	ON 接通正转，OFF 停止
P0003	1	1	设用户访问级为标准级
P0004	0	10	设定值通道和斜坡函数发生器
P1000	2	3	选择固定频率设定值
P0003	1	2	设用户访问级为扩展级
P0004	0	10	设定值通道和斜坡函数发生器
P1001	0	15	设置固定频率 1（Hz）
P1002	0	35	设置固定频率 2（Hz）
P1003	0	55	设置固定频率 3（Hz）

3. 操作控制

当按下自锁按钮 SB$_3$ 时，数字输入端口 DIN3 为 "ON"，允许电动机运行。

① 第 1 段控制。当 SB$_1$ 按钮接通、SB$_2$ 按钮断开时，变频器数字输入端口 DIN1 为 "ON"，端口 DIN2 为 "OFF"，变频器工作在由 P1001 参数所设定的频率为 15Hz 的第 1 段上。

② 第 2 段控制。当 SB$_1$ 按钮断开、SB$_2$ 按钮接通时，变频器数字输入端口 DIN1 为 "OFF"，端口 DIN2 为 "ON"，变频器工作在由 P1002 参数所设定的频率为 35Hz 的第 2 段上。

③ 第 3 段控制。当 SB$_1$ 按钮接通、SB$_2$ 按钮接通时，变频器数字输入端口 DIN1 为 "ON"，端口 DIN2 为 "ON"，变频器工作在由 P1003 参数所设定的频率为 50Hz 的第 3 段上。

④ 电动机停车。当 SB$_1$、SB$_2$ 按钮都断开时，变频器数字输入端口 DIN1、DIN2 均为 "OFF"，

电动机停止运行。或在电动机正常运行的任何频段，将 SB₃ 断开使数字输入端口 DIN3 为 "OFF"，电动机也能停止运行。

3.5.5 同步运行

1. 同步运行的概念

印染机械、造纸机械等常常由若干个加工单元构成，犹如一条生产线。每个单元都有单独的拖动系统，各拖动系统的电动机转速和传动比可能不完全相同，但要求被加工物（布匹或纸张）的行进速度必须一致，或者说必须同步运行。

2. 同步控制的要点

同步控制必须解决好以下问题。
① 统调，也就是说，所有单元应能同时加速和减速。
② 整步，当某单元的速度与其他单元不一致时，应能够通过手动或自动的方式进行微调，使之与其他单元同步。
③ 单独调试，在各单元进行调试过程中，应能单独运行。

3. 同步控制方法

（1）手动微调的同步控制
① 基本电路。以三个单元的同步控制为例，电路如图 3-17 所示。图中所用变频器为西门子 MM440 系列。各单元的拖动电动机分别是 M_1、M_2、M_3，它们各自由变频器 1、2、3 控制。

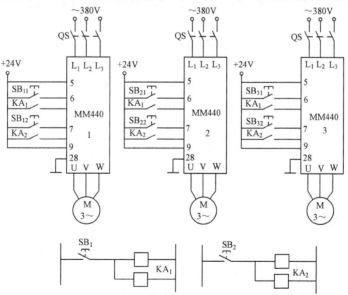

图 3-17　手动微调的同步控制电路

② 工作原理。
a. 控制参数设置见表 3-17。

表 3-17　控制参数设置

参数号	出厂值	设置值	说　　明
P0003	1	1	设用户访问级为标准级
P0004	0	7	命令和数字 I/O
P0700	2	2	选择命令源：由端子排输入
P0003	1	2	设用户访问级为扩展级
P0004	0	7	命令和数字 I/O
P0701	1	1	ON 接通正转，OFF 停止
P0702	1	13	升速（增大频率）
P0703	1	14	降速（减小频率）
P0003	1	1	设用户访问级为标准级
P1080	0	0	电动机运行的最低频率（Hz）
P1082	50	50	电动机运行的最高频率（Hz）
P1120	10	15	斜坡上升时间（s）
P1121	10	15	斜坡下降时间（s）

b．控制原理如下。

统调：按下 SB_1，继电器 KA_1 吸合，则所有变频器的 6 端都接通，各单元同时加速；按下 SB_2，继电器 KA_2 吸合，则所有变频器的 7 端都接通，各单元同时减速。

手动微调：通过接于各变频器 6、7 端的按钮，可以对各个电动机的速度进行微调。以 1 单元为例，按下 SB_{11}，则变频器 1 的 6 端接通，M1 加速。2、3 单元依次类推。

（2）自动微调的同步控制

在前后单元之间，加入一根滑辊。滑辊的位置取决于前后两单元的速度。当滑辊上下移动时，将通过连杆使电位器旋转，改变电位器 RP 滑动点的位置。所以，在 RP 的滑动点上，可获得与前后两单元的布或纸速差成正比的整步信号（RP 应尽量使用无触点的电位器）。

以三菱 FR-A540 系列变频器为例，电路如图 3-18 所示。电位器 RP 是跨接在 P、N 之间的，其滑动端 O' 接至变频器的辅助给定信号端 "1"，1 端得到的辅助信号将与 2 端得到的主控信号叠加，作为变频器的实际给定信号。辅助信号的大小与符号，由电位器滑动端 O' 的位置决定，即电压 $U_{O'O}$。当前后速度不一致时，滑辊的位置和电压 $U_{O'O}$ 同时变动，使变频器的实际给定信号自动得到了调整。

3.5.6　工频与变频运行

当变频器出现故障或电动机需要长期在工频频率下运行时，需要将电动机切换到工频电源下运行。变频器和工频电源的切换有手动和自动两种，这两种切换方式都需要配加外电路。

如果采用手动切换方式，则只需要在适当的时候用人工来完成，控制电路比较简单；如果采用自动切换方式，则除控制电路比较复杂外，还需要对变频器进行参数预置。大多数变频器常有下面两项选择。

① 报警时的工频电源/变频器切换选择。

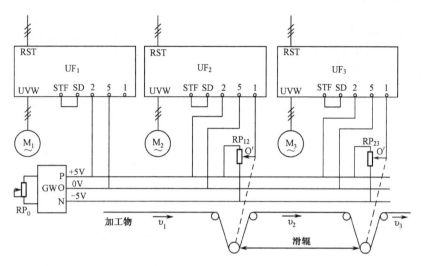

图 3-18 自动微调的同步控制

② 自动变频器/工频电源切换选择。

1. 继电器控制电路

如图 3-19 所示，它必须满足如下控制要求。

① 用户可根据工作需要选择"工频运行"或"变频运行"。

② 在"变频运行"时，一旦变频器因故障而跳闸，可自动切换为"工频运行"方式，并进行声光报警。

2. 主电路

如图 3-19（a）所示，接触器 KM_1 用于将电源接至变频器的输入端；KM_2 用于将变频器的输出端接至电动机；KM_3 用于将工频电源直接接至电动机；热继电器 FR 用于工频运行时的过载保护。

3. 控制电路

如图 3-19（b）所示，运行方式由三位开关 SA 进行选择。

当 SA 合至"工频运行"方式时，按下启动按钮 SB_2，中间继电器 KA_1 动作并自锁，进而使接触器 KM_3 动作，电动机进入"工频运行"状态。按下停止按钮 SB_1，中间继电器 KA_1 和接触器 KM_3 均断电，电动机停止运行。

当 SA 合至"变频运行"方式时，按下启动按钮 SB_2，中间继电器 KA_1 动作并自锁，进而使接触器 KM_2 动作，将电动机接至变频器的输出端。KM_2 动作后，KM_1 也动作，将工频电源接到变频器的输入端，并允许电动机启动。

按下 SB_4，中间继电器 KA_2 动作，电动机开始加速，进入"变频运行"状态。KA_2 动作后，停止按钮 SB_1 将失去作用，以防止直接通过切断变频器电源使电动机停机。

在变频运行过程中，如果变频器因故障而跳闸，则"20—18"断开，接触器 KM_2 和 KM_1 均断电，变频器和电源之间，以及电动机和变频器之间，都被切断。

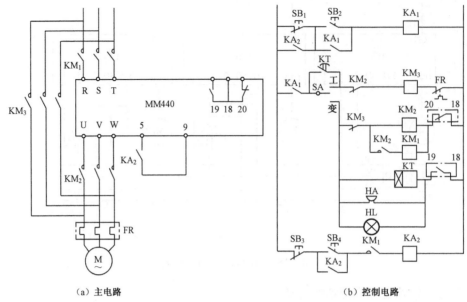

（a）主电路　　　　　　　　　　　　　（b）控制电路

图 3-19　继电器控制的切换电路

与此同时，"18—19"闭合，由蜂鸣器 HA 和指示灯 HL 进行声光报警。同时，时间继电器 KT 得电，其触点延时后闭合，使 KM₃ 动作，电动机进入工频运行状态。

操作人员发现后，应将选择开关 SA 旋至"工频运行"位。这时，声光报警停止，并使时间继电器断电。

3.6　节能运行

【知识目标】　学习变频器节能运行的特点和方式，以及变频器节能功能的应用范围。

3.6.1　节能运行分析

1. 节能运行

当异步电动机以某一固定转速 n 拖动一固定负载 T_L 时，其定子电压 U_x 与定子电流 I_1 之间有一定的函数关系，如图 3-20 中曲线①所示。

在曲线中可看到存在着一个定子电流 I_1 为最小值的工作点 A，在这一点电动机取用的电功率最小，该点也就是最节能的运行点。

当异步电动机所带的负载发生变化，由 T_L 变化至 T_L' 时，电动机转速稳定在 n'，此时的 $I_1=f(U_x)$ 的曲线变成曲线②，同样也存在着一个最佳节能的工作点 B。

对于风机、水泵等二次方律负载，在稳定运行时，其负载转矩及转速都基本不变。如果能使其工作在最佳的节能点，就可以达到最佳的节能效果。

很多变频器都提供了自动节能功能，只需用户选择"用"，变频器就可自动搜寻最佳工作点，以达到节能的目的。需要说明的是，节能运行功能只在 U/f 控制时起作用，如果变频器选择了矢量控制的工作模式，该功能将被自动取消，因为在所有的控制功能中，矢量控制的优先级最高。

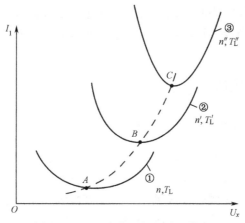

图 3-20　不同负载时的最佳工作点

2. 最佳工作点的跟踪功能

部分新系列的变频器配置了跟踪最佳工作点的功能。在此功能下运行时，变频器能够在负载变化时自动地搜索并跟踪最佳工作点，使电动机总是在最佳工作点上运行，从而实现节能。在预置此功能时，需注意以下问题。

① 变频器在搜索最佳工作点时，需要结合电动机的参数进行运算。变频器在生产过程中，已经将所配用的标准电动机的参数设定好了。因此，只有当变频器的容量和电动机的容量相吻合时，搜索的结果才是比较准确的。

② 当电动机因负载变化，其工作点偏离最佳工作点时，变频器进行搜索和跟踪，调整输出电压的过程是：进行一次搜索，调整一个规定的电压增量；稍作等待、观察后再进行下一次搜索，再调整一个电压增量，直至电动机运行在最佳工作点为止。因此，其搜索过程不可能很快（通常为 0.1～10s），每次调整的电压增量也不可能很大，难以一步到位。所以，当变频器在"节能功能"（自动跟踪功能）下运行时，其动态响应性能是较差的。

③ 自动跟踪功能只能用于 U/f 控制方式中。

3. 简单的节能功能

许多变频器都设置了较粗略的节能功能，当负荷电流低于某值时，变频器将自动地降低其输出电压（电动机的工作电压），以实现节能的目的。此功能也只能用于 U/f 控制方式中。

4. 变频器节能功能的应用范围

① 用于对转速精度要求不高，可以按 U/f 控制方式运行的机械中。

② 用于负载经常变化的场合。

事实上，变频器的节能功能主要应用在平方律负载中。这是因为：

a．平方律负载对转速精度的要求普遍较低，可以采用 U/f 控制方式。

b．平方律负载对动态响应的要求也不高，允许变频器进行逐步搜索和调整。

c．变频调速系统在拖动平方律负载时，尽管已经预置了"负"的转矩补偿功能，但在低速时，电动机仍不能得到充分利用。而变频器的节能功能可以使电动机得到最充分的利用。

当平方律负载所需流量较小时，在通过降低转速已经大量节能的基础上，变频器的"节能功能"可以使之进一步节能。所以，在拖动系统的节能效果中，变频器的"节能功能"只是一种补充节能的手段。

3.6.2　节能运行的具体应用

1. 用调节转速的方法来控制流体的流量

在各类负载中，以流体（气体或液体）的流量作为控制对象的机械占有相当大的比例，例如，风机、水泵、压缩机等。改变流量的方法主要有两种：一是电动机的转速恒定，调节阀门（或风门）的开度；二是阀门（或风门）的开度恒定，调节电动机的转速。在被控流量相同的情况下，两种方法的耗用功率是不一样的。说明如下。

（1）耗用功率与阀门（或风门）开度的关系

通过改变阀门（或风门）的开度来调节流量时，由于电动机的转速不变，故电动机功率变化不大，如图3-21中的曲线1所示。

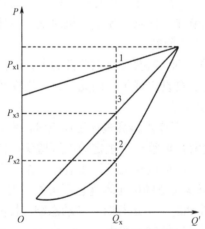

1—调节阀门开度时的功率流量曲线；2—平方律负载调速时的功率流量曲线；3—恒转矩负载调速时的功率流量曲线

图3-21　耗用功率与流量的关系

（2）耗用功率与转速的关系

因为流量Q与转速n_L成正比，所以，流量的大小可以通过改变转速来调节。

由于负载机械特性的不同，电动机的耗用功率与转速的关系也不一样。分述如下。

① 平方律负载的耗用功率。在大部分风机和泵类负载中，阻转矩T_L的大小是和转速的平方n_L^2成正比的，平方律负载也因此而得名。如忽略损耗功率不计，则耗用功率与流量的立方成正比，如图3-21中的曲线2所示。

② 恒转矩负载的耗用功率。各种压缩机及罗茨风机、齿轮泵等均为恒转矩负载。其基本特点是负载转矩与转速无关，在损耗功率忽略不计的情况下，电动机的耗用功率与流量成正比，如图3-21中的曲线3所示。

可见，如所需流量为Q_x，则由图3-21可知：

a. 采用关小阀门（或风门）的方法时，耗用功率为 P_{x1}；

b. 在平方律负载中采用降低转速的方法时，耗用功率为 P_{x2}；

c. 在恒转矩负载中采用降低转速的方法时，耗用功率为 P_{x3}。

显然，采用降低转速的方法与采用关小阀门（或风门）的方法相比，具有十分明显的节能效果。尤其在平方律负载中，节能效果将更加显著。

2. 用于桥式起重机节能

（1）桥式起重机的原拖动系统

桥式起重机大都采用绕线转子异步电动机拖动，通过在转子回路中串入电阻而调速。实质上，其低速运行是通过在转子回路中消耗能量而获得的，所以，能源的浪费十分严重。

（2）采用变频调速可显著节能

① 采用变频调速后，在绕线转子异步电动机转子回路中消耗的能量可以完全节约。

② 当重物下降时，还可以将重物释放的位能转换成电能，并反馈回电网去（需增加"反馈元件"，或选用具有反馈功能的专用变频器）。

可见，采用变频调速后，非但消耗的能量大为减少，还可以不时地向电网返回一部分电能。所以，节能效果是十分显著的。

思考题与习题

一、填空

1. 利用基本操作面板（BOP）可以更改变频器的_____，BOP 具有五位数字的七段显示，用于显示参数的_____和_____，_____和_____信息，以及该参数的_____实际值。

2. 用户根据生产工艺的需求所设定的变频器输出频率称为_____频率。输出频率指的是变频器_____的频率。

3. 上限频率和下限频率是指变频器输出的_____、_____频率，常用_____和_____表示。

4. 启动频率是指电动机_____时的频率。给定启动频率的原则是：在_____不超过允许值的前提下，以拖动系统能够_____为宜。

5. 变频启动时，启动频率可以_____，加速时间可以_____，这样就能有效地解决_____和机械_____的问题。

二、选择

1. PWM 变频器的输出电压是一系列脉冲，脉冲的频率越高，电流波形的平滑性就越好，但脉冲的频率取决于（　　）。

A. 基波的频率　　　B. 载波的频率　　C. 基波与载波交点的个数　　　D. 任意设定

2. 基准频率是（　　）。

A．变频器输出频率　　　　　　　　B．电动机的额定频率

C．载波频率　　　　　　　　　　　D．基波频率

3．降低启动频率是为了（　　　）。

A．提高启动转矩　　　　　　　　　B．增大启动电流

C．减小启动电流　　　　　　　　　D．满载启动

4．跳跃频率是指：当变频器连续输出此频率时，电动机及其拖动系统（　　　）。

A．会发生谐振　　　　　　　　　　B．输出转矩变小

C．输出电流变小　　　　　　　　　D．电动机会停转

三、简答

1．瞬停再启动运行功能的作用是什么？如何设置该功能？

2．变频器多段速频率控制功能的作用是什么？如何设置该功能？

3．变频器同步运行的概念是什么？同步控制有哪几个要点？实现同步控制有哪几种方法？

4．给定频率方式有几种？试分析最大频率、最大给定频率与上限频率的区别。

5．试分析变频器的升速特性和降速特性。

6．变频器控制电动机制动有哪几种方法？

7．变频器节能功能的应用范围有哪些？

项目四

变频器的选择

【项目任务】

- 了解变频器参数的意义，掌握选择变频器的基本方法。
- 掌握变频器容量的计算方法。
- 掌握变频器选择的注意事项。
- 掌握变频器外围元件选择的方法。

【项目说明】

采用变频器构成变频调速传动系统的主要目的：一是为了提高劳动生产率，改善产品质量，提高设备自动化程度；二是为了节约能源，降低生产成本。当前市场上变频器的规格品种很多，用户可以根据生产工艺要求和应用场合，选择不同类型的变频器。正确选择适用的变频器，对于传动控制系统的正常运行是非常关键的。充分了解变频器基本特性和所具有的功能，是正确、合理选择变频器的前提，还要了解变频器市场、生产厂家的信誉等有关知识，这样才能避免盲目性。

4.1 常用变频器的品牌及主要参数

【知识目标】　了解不同品牌变频器的特点。

　　　　　　　理解变频器主要参数的意义。

4.1.1 变频器常见品牌的介绍

我国自 20 世纪 80 年代引进交流变频器技术以来，经 20 多年的发展，无论应用领域还是应用水平均获得极大的普及和提高，变频器自身也经历了几番更新换代。当前市场上流行的变频器品牌，不仅有早期"抢滩"中国市场的富士、安川、三菱、三垦、日立、东芝等日本产品和德国西门子公司的 SIEMENS 系列产品，而且包括欧美的一些大公司，如施耐德、ABB、丹佛斯、罗克韦尔（A-B）、伦茨（Lenze）、瓦控（Vacon）、科比（KEB）等公司的产品。可喜的是我国的变频器产业也蓬勃兴起，比较有名气的如深圳的华为、山东的惠丰以及安邦信、森兰、佳灵等，中国港台地区的品牌有普传、台安、台达、爱德利等。现在市场上各种品牌的变频器琳琅满目，性能档次各不相同，操作系统也不一样。一般来说，欧美国家的产品以性能先进、可靠性好、适应性强而著称；日本产品以外形小巧、功能多而见长；国产品牌则以符合国情、功能简单实用、具有价格优势，在变频器市场中占有一席之地。作为目前的主流机型，例如富士公司的 FRN-G9s/P9s 系列、三菱公司的 FRA540/FR-F540 系列、西门子公司的 MM4 系列（如图 4-1）、松下公司超小型 VFO 变频器（如图 4-2）、安川公司 VS-616G5 系列、三垦公司的 SAMCO-i/iP 系列等，这些变频器在功能、操作、维护及应用注意事项等诸方面相差不多。

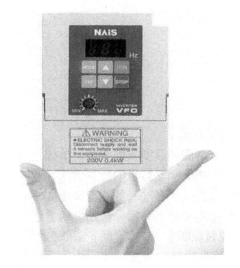

图 4-1　西门子公司的 MM4 系列通用变频器　　　　图 4-2　松下公司的微型变频器

4.1.2　变频器参数应用知识

大多数变频器的产品说明书中给出了额定电流、可配用电动机功率和额定容量三个主要参数，其中后两项，变频器厂商通常是根据本国或本公司生产的标准电动机给出的，不能确切表达变频器实际的带负载能力，只有额定电流是一个能反映通用变频器负载能力的关键参数。因此，以电动机的额定电流不超过通用变频器的额度电流为依据是选择变频器容量的基本原则，电动机的额定功率只能作为参考。

变频器生产厂商所提供的产品样本，是向用户介绍其产品的系列型号、功能特点以及性能指标的。我们应该学习并利用所提供的信息进行比较、筛选，选择出最适用的变频器。这些信息应该包括以下的内容。

（1）型号

变频器的型号都是生产厂商自定的产品系列名称，无特定意义，但其中一般包括电压级别和标准可适配电动机容量，可作为选择变频器的参考。

（2）电压级别

根据各国的工业标准或用途不同，其电压级别也各不相同，在选择变频器时首先应该注意其电压级别是否与输入电源和所驱动的电动机的电压级别相适应。通用变频器的电压级别分为 220V 级和 400V 级两种，用于特殊用途的还有 500V、600V、3 000V 级等。变频器一般以适用电压范围给出，例如 200V 级给出（180～220）（1±10%）V，400V 级给出（360～440）（1±10%）V 等。在这一技术数据中均对电源电压的波动范围作出规定。如果电源电压过高，会对变频器中的部件诸如整流模块、电解电容、逆变模块、开关电源等造成损害；反之，若电源电压过低，容易引起 CPU 工作异常，逆变器驱动功率不足，管压降增加，损耗加大而造成逆变模块永久性损坏。因此，电压过高、过低对变频器均是有害的。

（3）最大适配电动机功率

通用变频器的最大适配电动机功率（kW）及对应的额定输出电流（A）是以 4 极普通异步电动机为对象制定的。6 极以上电动机和变极电动机等特殊电动机的额定电流大于 4 极普通异步电动机，因此，在驱动 4 极以上电动机及特殊电动机时，不能仅依据功率指标选择变频器，要考虑通用变频器的额定输出电流是否满足所选用的电动机额定电流。

（4）额定输出指标

通用变频器的额定输出指标有额定功率、额定输入/输出电压、额定输出电流、额定输出频率和短时过载能力等内容。其中额定功率为通用变频器在额定输出电流下的三相视在输出功率；额定输出电压是变频器在额定输入条件下，以额定容量输出时，可连续输出的电压；额定输出电流则是通用变频器在额定输入条件下，变频器可承受的最大电流。

（5）瞬时过载能力

通用变频器的电流瞬时过载能力常设计成 150% 额定电流/min 或 120%额定电流/min。和异步电动机相比，变频器过载能力较小，这主要是由主回路半导体器件过载能力小所决定的。例如，400V、15kW、4 极异步电动机的额定输出电流为 32A，若用通用变频器拖动，通用变频器可允许短时最大输出电流为 32A×1.5=48A（150%，1min）。如果瞬时负载超过了变频器的过载耐量，即使变频器与电动机的额定容量相符，也应该选择大一挡的通用变频器。

（6）电源

通用变频器对电源的要求主要有输入电源电压、频率、允许电压波动范围、允许电压不平衡度和允许频率波动范围等。其中输入电源电压指标包括输入电源的相数，如三相、380V、−15%～+10%，相间不平衡度≤2%，50（1±5%）Hz；允许电压波动范围和允许频率波动范围为额定输入电压幅值和频率的允许波动的范围。但有的变频器对电源电压指标给出的是一个允许输入电压的范围，如 200～240V、380～480V 等。

（7）效率

变频器效率是指综合效率，即变频器本身的效率与电动机的效率的乘积，也即电动机的输出功率与电网输入的有功功率之比。变频器的综合效率与负载及运行频率有关，在电动机负载超过 75%以上且运行频率在 40Hz 以上时，变频器本身的效率可达到 95%以上，综合效率也可达 85%以上，对于高压大功率变频器，其系统效率可达 96%以上。

（8）功率因数

变频器的功率因数是指整个系统的功率因数，它不仅与电压和电流之间的相位差有关，还与电流基波含量有关。在基频和满载下运行时的功率因数一般不会小于电动机满载工频运行的功率因数，所以我们一般可不予以考虑。电动机本身的功率因数一般在 0.7～0.96 之间，容量大些、极对数少些的电动机，功率因数大一些；反之，容量小、极对数多的电动机，功率因数要小一些。整个系统的功率因数又与系统的负载情况有关，轻载时小，满载时大；低速时小，高速时大。通常为改善功率因数要加装直流电抗器，实际上是为了降低网侧输入电流的畸变率，减小谐波无功功率，因而也提高了整个系统的功率因数。

（9）变频器的主要控制特性

变频器控制特性的参数比较多，通常包括以下内容。

① 变频器运行控制方式。变频器运行控制方式非常重要，它是根据生产工艺的要求，针对被拖动电动机的自身特性、负载特性以及运转速度的要求，控制变频器输出电压（电流）和频率的方式。一般可分为 *U/f* 控制方式、转差频率控制方式、矢量控制方式和直接转矩控制

方式。新型的通用变频器还派生了多种用途的 *U/f* 控制方式，如西门子公司的 MM440 变频器（如图 4-3 所示）就有多种运行控制方式，用户可以根据需要进行设定。现将 MM440 变频器作为典型，将各种控制方式简要说明如下。

a. 线性 *U/f* 控制方式。设定时，P1300=0。线性 *U/f* 控制方式可用于降转矩和恒转矩负载。

b. 带磁通电流控制（FCC）的线性 *U/f* 控制方式。设定时，P1300=1。这一控制方式可用于提高电动机的效率和改善动态响应特性。

c. 抛物线平方特性 *U/f* 控制方式。设定时，P1300=2，这一方式可用于降转矩负载，获得较理想的工作特性，例如，风机、水泵控制等。

图 4-3　西门子 MM440 变频器

d. 带节能运行方式的线性 *U/f* 控制方式。设定时，P1300=4 。这一控制方式的特点是变频器可以自动搜寻并运行在电动机功率损耗最小点，达到节能的目的。

e. 纺织机械的 *U/f* 控制方式。设定时，P1300=5。这一控制方式设有转差补偿或谐振阻尼功能。电流最大值随电压变化而变化，而不跟随频率。

f. 用于纺织机械的带 FCC 功能的 *U/f* 控制方式。设定时，P1300=6。这一控制方式是带磁通电流控制（FCC）的线性 *U/f* 控制方式和纺织机械的 *U/f* 控制方式的组合控制方式。它设有转差补偿或谐振阻尼功能，可提高电动机的效率，改善动态响应特性。

g. 与电压设定值无关的 *U/f* 控制方式。设定时，P1300=19。电压设定值可以由参数 P1330 给定，此时与斜坡函数发生器频率无关。

h. 无传感器矢量控制。设定时，P1300=20。这一控制方式的特点是，用固有的转差补偿对电动机速度进行控制，低频运行转矩大，瞬态响应快，速度控制稳定。

i. 无传感器矢量转矩控制。设定时，P1300=22。这一控制方式的特点是变频器可以控制电动机的转矩。可以通过设定转矩给定值，使变频器输出转矩维持在设定值。

j. 转差补偿控制。在异步电动机运行过程中，当负载发生变化时，转差也会同时发生变化，电动机的转速也随之变化。所谓转差补偿控制，是指不需要速度反馈而在负载大小发生变化时，电动机依然保持原恒定的转速，若负载增大而使转速降低，设定的转差补偿频率加上原设定的运行频率，就会使电动机恢复原先的转速；若负载减小，则与上述动作相反，使增大的转速降低，保持电动机转速的恒定。

② 频率特性。变频器的频率特性通常包括以下内容。

a. 输出频率范围。通用变频器可控制的输出频率范围，最低的启动频率一般为 0.1Hz，最高频率则因变频器性能指标而异，一般为 400Hz，有的机型是 650Hz。输出频率再高就属于高频变频器的范围。

b. 设定频率分辨率。频率分辨率即可分辨的最小频率值。在数字化通用变频器中，若通过外部模拟信号 0～10V 或 4～20mA 对频率进行设定，其分辨率由内部 A/D 转换器决定；若

以数字信号进行设定，则其分辨率由输入信号的数字位数决定。模拟设定分辨率可达到 1/3 000，面板操作设定分辨率可达到 0.01Hz。有的变频器还有对外部信号进行偏置调整、增益调整、上下限调整等功能。对需要较高控制精度的场合，还可通过可选件解决。有的变频器可选用数字（BCD 码、二进制码）输入及 RS-232C/RS-485 串行通信信号输入模块。

c．输出频率精度。输出频率精度为输出频率根据运行条件改变而变化的程度。输出频率精度=频率变动值/最高频率×100%，通常这种变动都是由于温度变化或漂移引起的。当模拟设定时，输出频率精度为±0.2%以下；当数字设定时，输出频率精度为±0.01%以下。

③ U/f 特性。U/f 特性是在频率可变化范围内，通用变频器输出电压与频率的比。一般的通用变频器可以在基本频率和最高频率时分别设定输出电压，通常给出电压范围，如 400V 级输入，160～480V。

④ 转矩特性。由变频器驱动电动机时，其温升比使用工频电源时略高。另外，在低速运行时，电动机冷却效果下降，允许的输出转矩相应下降。变频器转矩特性通常包括以下内容。

a．启动转矩：对应于 0Hz 时的最大输出转矩，通常给出 0.5Hz 时最大输出转矩的百分数，如 0.5Hz，200%。

b．转矩提升。由变频器驱动电动机时，在低频区会欠励磁，为了顺利启动电动机，应补偿电动机的欠励磁，使低频运行时减小的转矩增强，转矩提升功能通常是可设定或自整定的。

c．转矩限制。通常在产品说明书中说明转矩限制功能的特性，例如，当电动机转矩达到设定值时，转矩限制功能将自动调整输出频率，防止变频器过电流跳闸。转矩限制功能通常是可设定的，并可用接点输入信号选择。

⑤ PID 控制。通常在产品说明书中说明 PID 控制功能的控制信号及反馈信号的类型及设定值，如键盘面板设定、电压输入 DC 0～+10V、电流输入 DC 4～20mA、多段速设定、串行通信接口链接设定：RS-485，设定频率/最高频率×100%、反馈信号 0～10V、4～20 mA 或 20～4mA 等。

⑥ 调速比。调速比是上限频率（如 50Hz）与可以达到的最低运行频率（如 0.5Hz）之比。最低频率所对应的标称值，如转矩性能、温速精度、速度响应等应能满足运行要求。如最低频率是 0.5Hz，上限频率为 50Hz，则调速比为 100∶1。调速比间接表达了通用变频器的低频性能和速度控制精度。

⑦ 制动方式。采用通用变频器控制电动机时，可以进行电气制动。通用变频器的电气制动分为内部制动和外部制动，内部制动一般有交流制动和直流制动，外部制动有制动电阻制动和电源回馈制动。

4.2 变频器类型的选择

【知识目标】 掌握按负载转矩特性选择变频器的方法。
　　　　　　掌握按系统控制方式选择变频器的方法。

4.2.1 根据不同的负载类型选择变频器

通用变频器通常分为三种类型：普通功能型 U/f 控制变频器、具有转矩控制功能的高功能型 U/f 控制变频器及矢量控制和直接转矩控制高性能型变频器。变频器类型要根据负载的要求来进行选择。

风机、泵类负载，$T_L \propto n^2$，低速下负载转矩较小，通常可以选择普通功能型。

恒转矩类负载，例如挤压机、搅拌机、传送机、厂内运输电车、起重机等，则有两种情况。一种是采用普通功能型变频器，为了实现恒转矩调速，常采用加大电动机和变频器的容量的办法，以提高低速转矩；当前更多的是采用具有转矩控制功能的高功能型变频器实现恒转矩负载的调速运行，这种变频器低速转矩大，静态机械特性硬度大，不怕冲击负载，具有挖土机特性，而且，当前市场上这种变频器的性能价格比还是相当令人满意的。

恒转矩负载下的传动电动机，如果采用通用标准电动机，则应考虑低速下的强迫通风冷却。若是新设备投产，可以考虑专为变频调速设计的加强绝缘等级并考虑低速强迫通风的变频专用电动机。

轧钢、造纸、塑料薄膜加工线这一类对动态性能要求较高的生产机械，原来多采用直流传动方式。目前，矢量控制型变频器已经通用化，加之笼形异步电动机具有坚固耐用、不用维护、价格便宜等一些优点，对于要求高精度、快响应的生产机械，采用矢量控制高性能型通用变频器是一种很好的方案。无速度传感器直接转矩控制变频器在控制精度稍低的一些场合也在应用，且有逐步扩大的势头。

4.2.2　根据系统的控制方式选择变频器

（1）开环控制方式

由变频器和异步电动机构成的变频调速控制系统主要有开环和闭环两种控制方式。开环控制方式一般采用普通功能的 U/f 控制通用变频器或无速度传感器矢量控制变频器。开环控制方案结构简单、运行可靠，但调速精度和动态响应特性不高，尤其在低频区域更为明显，但对于一般控制要求的场合及风机、水泵类流体机械的控制，足以满足工艺要求。采用无速度传感器矢量控制变频器的开环控制系统，可以对异步电动机的磁通和转矩进行检测和控制，具有较高的静态控制精度和动态性能，转速精度可达 0.5%以上，并且转速响应较快。在一般精度要求的场合下，采用这种开环控制系统是非常适宜的，可以达到满意的控制性能，并且系统结构简单、可靠性高，唯一需要注意的是变频器的额定参数、输入和设定的电动机参数应与实际负载相匹配，否则难以达到预期效果。

如果将异步电动机更换成永磁同步电动机，就构成了永磁同步电动机开环控制变频调速系统，此种控制具有电路简单、可靠性高的特点。同步电动机的轴转速始终等于同步转速，其转速只取决于供电频率而与负载大小无关，其机械特性曲线为一根平行于横轴的直线，具有良好的机械硬特性。如果采用高精度的通用变频器，在开环控制情况下，同步电动机的转速精度可达到 0.01%以上，并且容易达到电动机的转速精度与变频器频率控制精度相一致，所以特别适合多台电动机同步传动系统。例如，对于静态转速精度要求甚高的化纤纺丝机等，采用这种开环控制系统，具有电路结构简单、调整方便、调速精度与通用变频器控制频率精度相同、运行效率高等特点，特别适用于纺织、化纤、造纸等行业的高精度、多电动机同步传动系统。

（2）闭环控制方式

闭环控制方式一般采用带PID控制器的 U/f 控制通用变频器或有速度传感器的矢量控制变频器，适用于温度、压力、流量、速度、张力、位置、pH 值等过程参数控制场合。采用带速度传感器的矢量控制变频器，要在异步电动机的轴上安装速度传感器或编码器，构成双闭环控制系统。如果系统内部空间很小，则安装工作就很困难，可以选取直接转矩控制变频器，但控制精度稍差一点。

4.2.3 选择变频器应满足的条件

① 通用变频器最适用于比较平稳的负载，对于冲击性负载一般不适用。如果要将通用变频器使用到冲击负载上，由于负载转矩冲击性大，产生的冲击电流也很大，在启动时，转矩提升功能往往无效，并易产生过电流跳闸，可通过大一挡容量的变频器解决。

在大功率风机系统的风门调节不当时，由于气流的作用，会发生叶轮带动电动机转动产生逆流的现象，再生能量反馈回变频器，使直流中间单元电压升高，致使过电压保护动作，影响正常运行。这种情况下，即使不跳闸，变频器的温度也会升高，影响变频器的寿命，这时可将变频器的容量增大一挡并选用外部制动电阻制动，或采用共用母线方式以吸收再生能量。

② 所选择变频器的类型与被控制的异步电动机的参数匹配。所选择变频器的类型与被控制异步电动机的负载类型、额定电流、额定功率、额定电压等级、额定频率、额定转速等相符。其中异步电动机的额定电流及通用变频器的转矩性能的匹配至关重要。我国 Y 系列通用三相异步电动机的最高效率是按工作电压 380V，50Hz 设计的，使用变频器控制时的最高频率也应在额定转速附近，并且是恒转矩特性。若电动机运行频率过低，输出功率也降低，负载电流将增大，易发生电动机过热现象；反之，若运行频率过高，电动机的机械性能不适应，轴承磨损加大，会产生振动，温升增高，运行效率急剧下降，甚至一些机械部件遭到破坏。因此，对于要求低速性能好、调速范围宽的场合，应选用变频器专用电动机。

③ 专用型变频器的选择。所谓专用型变频器泛指特制的专用型变频器，如风机、水泵类、注塑机、抽油机、纺织机械等专用变频器，以及通过功能选项卡在某一类机械上有应用特长的通用变频器，如丹佛斯变频器通过同步控制和位置控制选项卡可以构成多轴同步控制、伺服控制等应用于印刷机械、数控车床等，再如具有在某一类机械上的应用特性，如三菱 FR-A240、FR-A540 系列变频器具有在输送机械、升降机械上应用的转矩特性等。对于专用机械设备，往往由于工艺过程的要求有一些特定的特性和要求，专用变频器一般是充分考虑了这些要求并设置了一些专用功能，因此选用专用型变频器容易满足工艺要求。

4.2.4 变频器的选型依据和方法

① 基本原则。选择变频器时，应以电动机的额定电流和负载特性为依据，选择变频器的额定容量。变频器的容量多数是以 kW 数及相应的额定电流标注的，对于三相通用变频器而言，该 kW 数是指该通用变频器可以适配的 4 极三相异步电动机满载连续运行的电动机功率。一般情况下，可以据此确定相应的变频器容量。如果要求变频器驱动 6 极以上异步电动机或特殊电动机，应根据被驱动电动机的额定电流来选择变频器的容量。用于变频器输出的电压（或电流）均含有谐波成分，必然影响其基波电流，所以在选择变频器时应适当加大容量。另外，当电动机用于频繁启动、制动或较频繁地重载启动工作时，可选取高一挡的变频器，以利于长期安全运行。

一般风机、泵类负载不宜在低于 15Hz 以下运行，如果确实需要在 15Hz 以下长期运行，则需要考虑电动机的容许温升，必要时应采用外置强迫风冷措施。

② 变频器输出端允许连接的电缆长度是有限制的，若要长电缆运行，或控制几台电动机，则应采取措施抑制对耦合电容的影响，并应放大一、两挡选择变频器容量或在变频器的输出端选择安装输出电抗器。另外，在此种情况下变频器的控制方式只能为 U/f 控制方式，并且变频器无法实现对电动机的保护，需在每台电动机上加装热继电器实现保护。

③ 变频器用于控制高速电动机时，由于高速电动机的电抗小，会产生较多的谐波，因此，选择的变频器的容量应稍大一些。

- 变频器驱动变极电动机时，应充分注意选择变频器的容量，使电动机的最大运行电流小于变频器的额定输出电流。另外，在运行中进行极数转换时，应先停止电动机的工作，否则会造成电动机空载加速，严重时会造成变频器损坏。
- 对于一些特殊的应用场合，如环境温度高、海拔高度高于 1 000m 等，会引起通用变频器过电流，选择的变频器容量须放大一挡。
- 变频器驱动绕线转子异步电动机时，应注意绕线转子异步电动机与普通异步电动机相比，阻抗小，易发生由于谐波电流而引起的过电流跳闸现象，应选择容量稍大一些的变频器。
- 变频器用于驱动同步电动机时，与工频电源相比会降低输出容量 10%～20%，变频器的连续输出电流要大于同步电动机额定电流。
- 变频器用于压缩机、振动机等转矩波动大的负载及油压泵等有功率峰值的负载，有时按照电动机的额定电流选择变频器时，会出现峰值电流超过变频器所允许的最大电流值，引起跳闸。因此，应选择比其工频运行下最大电流更大一些的电流作为选择变频器容量的依据。
- 变频器用于驱动潜水泵电动机时，因为和普通电动机相比，潜水泵电动机的额定电流比较大，所以，选择变频器的额定电流要以潜水泵电动机的额定电流为依据。
- 变频器用于驱动罗茨风机或特种风机时，由于其启动电流很大，所以选择变频器时一定要注意变频器的容量是否足够大。
- 变频器不适用于驱动单相异步电动机，当通用变频器作为变频电源使用时，应在变频器输出侧加装特殊制作的隔离变压器。

④ 在选型和使用变频器前，应仔细阅读产品样本和使用说明书，有不当之处应及时调整。

4.2.5 案例精选

【案例1】 一台油隔泵采用通用变频器控制，泵电动机功率为115kW，额定电压为380V，额定电流为231A，设计时选用 FRN110P7-4EX 型通用变频器。运行中经常给定频率高，但实际运行频率调不上去，出现频繁跳闸现象，故障指示为变频器过载。经检查，通用变频器的额定电流为210A，而油隔泵电动机在高流量时运行电流在220A左右，大于变频器额定电流，驱动转矩达到极限设定，使频率不能上调，致使变频器过流跳闸。分析认为原因是选用的变频器容量偏小。改用 FRN160G7-EX 通用变频器，额定电压为400V，额定输出电流为304A，驱动极限为150%。更换变频器后，上述问题再也没有发生。

【案例2】 有一台功率为30kW的4极压辊电动机，冷却方式是扇叶风冷，变频调速范围为10～60Hz。原来仅靠电动机本身扇叶进行散热，前后端盖温度较高，严重威胁电动机的安全运行。针对这种情况，做了如下处理：拆除电动机本身扇叶，利用原扇罩，固定安装一台小功率（25W，三相）轴流风机，对压辊电动机进行强迫风冷，效果很好，电动机运行时温度均在容许范围内。轴流风机的启动、停止，是通过压辊电动机的控制接触器的一对常开辅助触点控制轴流风机主回路的继电器线圈来完成的。

【案例3】　某化工厂一台原料搅拌机所用隔爆型三相异步电动机型号为YB200L-8，功率为15kW，配用减速机，减速比3:1，要求输出轴转速245r/min。设备改造时取消了减速机，采用18kW通用变频器控制电动机，直接带动搅拌机运行，仍然实现原来的转速。但电动机启动不久就跳闸，搅拌机不能正常运行。用电流表检测电动机电流约为55A，与通用变频器的显示相符，明显过载。经分析，由于去除了减速机，在电动机输出功率不变的情况下，变频器需要长时间处于低频运行状态，输出转矩满足不了要求，原来大约需要输出转矩 600N·m，现在输出转矩只有 200N·m 左右，远远低于原来的转矩输出要求。这种情况属于典型的通用变频器输出转矩不匹配的问题。如果要去除减速机，则变频器及电动机容量应增大，依照本例的情况，应至少选用 30kW 的电动机和通用变频器。

【案例4】　安川 VS-676GL5-JR 电梯专用矢量控制变频器不再需要多功能输入/输出卡作为与电梯的接口信号，而采用参数来设定电梯运行曲线，快捷、简单。除了原有变频器保护功能外，还加入了一些电梯适用的保护功能，例如过速保护，电梯在运行至最端站时，如果出现了超速，变频器会自动保护，并且使电梯运行至平层。由于有与电梯控制相适应的输入/输出信号，变频器可以根据平层信号自动记忆楼层数。安川变频器具有四种电梯专用运行方式：楼层距离学习方式，在此运行方式下，变频器在运行过程中自动学习每一楼层的距离；检修方式，进行电梯检修时的运行方式；减速点控制方式，在此控制方式下，变频器可以根据用户设定的两条曲线，控制电梯高速运行，还可以根据当时的输入信号、电梯的位置，自动减速至平层位置，大大提高了电梯的运行效率；复位运行，电梯在运行过程中突然失电时，变频器内楼层数据丢失，变频器控制电梯到最端站进行复位运行，由此获得楼层数据。

【案例5】　中央空调是城市大厦里的耗电大户，每年的电费中空调耗电占60%左右，因此中央空调的节能改造显得尤为重要。设计时，中央空调系统必须按天气最热、负载最大时设计，并且留有10%～20%的设计余量，但实际运行时，大部分时间空调不会运行在满载状态下，存在较大的余量，所以节能潜力很大。其中，冷冻主机可以根据负载变化随之加载或减载，冷冻（媒）水泵和冷却水泵却不能随负载变化作出相应调节，存在很大浪费。水泵系统的流量与压差损失和大流量、高压力、低温差的现象，不仅大量浪费电能，而且还造成中央空调系统末端达不到调节效果。另外，水泵系统多采用"星角"变换或自耦变压器启动方式，电动机启动电流大，一台 90kW 的电动机，启动电流将达到 500A 左右，在如此巨大的电流冲击下，启动时的机械冲击和停泵时的水锤现象，极易对机械部件、轴承、阀门、管道等造成破坏，从而增加维修费用。为了节约能源和费用，通常采用风机、水泵、空调专用变频器对系统进行节能改造，以便达到节能和延长机械使用寿命的目的。此类专用变频器能根据负载变化调整电动机的转速，在满足中央空调系统正常工作的前提下，使水泵系统作出相应的调节，水泵电动机转速下降，所消耗的电能大大下降，从而达到节能目的。基本原理是：在中央空调冷却管出水端安装一个温度传感器，当空调系统冷却水出水温度高于设定的温度上限值时，使变频器运行在上限频率；当冷却水出水温度低于温度下限设定值时，使变频器运行在下限频率；当冷却水出水温度介于温度上、下限设定值之间时，通过对冷却水出水温度及上、下限温度设定值的 PID 控制，从而达到对冷（媒）水泵系统变频调速、节能控制的目的，节电率一般可达到 20%～40%。

4.3 变频器容量的计算

【知识目标】 掌握连续恒负载运转时所需的变频器容量的计算方法。

掌握一台变频器驱动多台电动机并联运行时变频器容量的计算方法。

掌握大惯性负载启动时变频器容量的计算方法。

1. 连续恒负载运转时所需的变频器容量的计算

由于变频器传输给电动机的是脉冲电流，其脉动值比工频供电时的电流要大，因此，须将变频器的容量留有适当的余量。此时，变频器应同时满足以下三个条件。

$$P_{CN} \geq \frac{kP_M}{\eta \cos\phi} \tag{4-1}$$

$$P_{CN} \geq k \times \sqrt{3}\, U_M I_M \times 10^{-3} \tag{4-2}$$

$$I_{CN} \geq k I_M \tag{4-3}$$

式中 P_M——负载所要求的电动机的轴输出功率（kW）；

η ——电动机的效率（通常约为 0.85）；

$\cos\phi$ ——电动机的功率因数（通常约为 0.75）；

U_M——电动机电压（V）；

I_M——电动机工频电源时的电流（A）；

k——电流波形的修正系数（PWM 方式时取 1.05～1.10）；

P_{CN}——变频器的额定容量（kVA）；

I_{CN}——变频器的额定电流（A）。

电动机频繁加、减速运行时，变频器额定电流的选择如下。

$$I_{CN} = \frac{I_1 t_1 + I_2 t_2 + \cdots + I_5 t_5}{t_1 + t_2 + \cdots + t_5} k_0 \tag{4-4}$$

式中 I_1、$I_2 \cdots I_5$——各运行状态下的平均电流（A）；

t_1、$t_2 \cdots t_5$——各运行状态下的时间（s）；

k_0 ——安全系数（运行频繁时为 1.2，其他时为 1.1）。

电动机运行时的特性曲线如图 4-4 所示。

2. 一台变频器驱动多台电动机并联运行时变频器容量的计算

此种情况应考虑以下几点。

① 根据各电动机的电流总和来选择变频器。

② 在整定软启动、软停止时，一定要按启动最慢的那台电动机进行整定。当变频器短时过载能力为 150%，1min 时，若电动机加速时间在 1min 以内，则有：

$$1.5P_{CN} \geqslant \frac{kP_M}{\eta \cos\phi}[n_T + n_S(K_S - 1)] = P_{CN1}[1 + \frac{n_S}{n_T}(K_S - 1)]$$

即

$$P_{CN} \geqslant \frac{2}{3}\frac{kP_M}{\eta \cos\phi}[n_T + n_S(K_S - 1)] = \frac{2}{3}P_{CN1}[1 + \frac{n_S}{n_T}(K_S - 1)] \qquad (4\text{-}5)$$

$$I_{CN} \geqslant \frac{2}{3}n_T I_M[1 + \frac{n_S}{n_T}(K_S - 1)] \qquad (4\text{-}6)$$

当电动机加速时间在 1min 以上时，

$$P_{CN} \geqslant \frac{kP_M}{\eta \cos\phi}[n_T + n_S(K_S - 1)] = P_{CN1}[1 + \frac{n_S}{n_T}(K_S - 1)]$$

$$\qquad (4\text{-}7)$$

$$I_{CN} \geqslant n_T I_M[1 + \frac{n_S}{n_T}(K_S - 1)] \qquad (4\text{-}8)$$

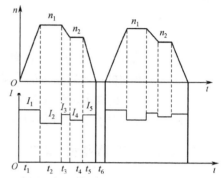

图 4-4　电动机运行时的特性曲线

式中　P_M——负载所要求的电动机的轴输出功率（kW）；

n_T——并联电动机的台数；

n_S——同时启动的电动机台数；

η ——电动机效率（通常约为 0.85）；

$\cos\phi$ ——电动机的功率因数（通常约为 0.75）；

P_{CN1}——连续容量（kVA），$P_{CN1}=kP_Mn_T/\eta \cdot \cos\phi$；

K_S——电动机启动电流/电动机额定电流；

I_M——电动机额定电流（A）；

k——电流波形的修正系数（PWM 方式时取 1.05～1.10）；

P_{CN}——变频器容量（kVA）；

I_{CN}——变频器的额定电流（A）。

3. 大惯性负载启动时变频器容量的计算

根据负载种类，不少场合往往需要过载容量大的变频器，但是通用变频器过载容量通常为 125%、60s 或 150%、60s，过载容量超过此值时，必须增大变频器的容量。这种情况下，一般按下式计算变频器的容量：

$$P_{CN} \geqslant \frac{kn_M}{9\,550\eta \cos\phi}(T_L + \frac{GD^2 n_M}{375 t_A}) \qquad (4\text{-}9)$$

式中　GD^2——换算到电动机轴上的总飞轮矩（N·m²）；

T_L——负载转矩（N·m）；

η ——电动机效率（通常约为 0.85）；

$\cos\phi$ ——电动机的功率因数（通常约为 0.75）；

t_A——电动机加速时间（s，据负载要求确定）；

k——电流波形的修正系数（PWM 方式时取 1.05～1.10）；

n_M——电动机额定转速（r/min）；

P_{CN}——变频器容量（kVA）。

4. 多台电动机并联启动且部分电动机直接启动时变频器容量的计算

此种情况中，所有电动机均由变频器供电，且同时启动，但一部分功率较小的电动机（小于 7.5kW）直接启动，功率较大的则使用变频器功能实行软启动。此时，变频器的额定输出电流按式（4-10）进行计算：

$$I_{CN}=[N_2 I_K+(N_1-N_2)I_n]/K_g \tag{4-10}$$

式中　N_1——电动机总台数；

　　　N_2——直接启动的电动机台数；

　　　I_K——电动机直接启动时的启动电流（A）；

　　　I_n——电动机额定电流（A）；

　　　K_g——变频器允许过载倍数（1.3～1.5）。

5. 轻载时变频器容量的确定

当电动机的实际负载比电动机的额定输出功率小时，一般认为可选择与实际负载相称的变频器容量。但是，对于通用变频器，这种做法并不理想，其理由如下。

① 电动机在空载时也流过额定电流 30%～50%的励磁电流。

② 启动时流过的启动电流与电动机施加的电压、频率相对应，而与负载转矩无关。如果变频器容量小，此电流超过过流容量，则往往不能启动。

③ 电动机容量大，则以变频器容量为基准的电动机漏抗百分比变小，变频器输出电流的脉动增大，因而过流保护容易动作，电动机往往不能运转。

可以用估算法，通常是：$I_{CN}=(1.05～1.10)I_{max}$

其中，I_{max} 为电动机的最大电流。

4.4　变频器选择注意事项

【知识目标】　掌握在比较特殊场合下选择变频器应注意的事项。

1. 启动转矩与低速区转矩

电动机用通用变频器启动时，其启动转矩同用工频电源启动相比多数变小，根据负载的启动转矩特性，有时不能启动。另外，在低速运转区的转矩有比额定转矩减小的倾向。用选定的变频器和电动机不能满足负载所要求的启动转矩和低速区转矩时，变频器和电动机的容量还需要再加大。例如，在某一速度下，需要得到最初选定的变频器和电动机的额定转矩 70%的转矩，但由输出转矩特性曲线知道只能得到 50%的转矩，则变频器和电动机的容量都要重新选择，且为最初选定容量的 1.4（=70/50）倍以上。

2. 从电网到变频器的切换

将工频电网运转中的电动机切换到变频器运转时，电动机必须完全停止以后，再切换到变频器侧重新启动。否则，不可避免地会产生过大的电流冲击和转矩冲击，导致供电系统跳闸和设备损坏。但是有些设备从电网切换到变频器时不允许完全停止。对于这些设备，必须选择备有相应控制装置（选用件）机型的变频器，使电动机未停止就能切换到变频器侧，即切离电网后，变频器与自由运转的电动机同步后，再输出电压。

3. 瞬停再启动

发生停电时，变频器停止运转，但复电后变频器不能马上开始运转，必须等电动机完全停止后再启动。这是因为变频器再开启时电动机的频率如不适当，就会引起过电压、过电流保护动作，造成故障停机。对于流水生产线等，不允许这种情况发生，此时，应当确认变频器具有瞬停再启动的功能（在自由运转中瞬时停电后再启动，中间不必停转），可采取选用件。

4.5 变频器外围设备及其选择

【知识目标】 了解变频器外围设备及其电路。

了解滤波器、电抗器的特性及其作用。

掌握选择制动电阻的方法。

变频器的运行离不开一些外围设备。这些外围设备通常都是选购件。选用外围设备通常是为了下述目的。

① 提高变频器的某种性能。

② 变频器和电动机的保护。

③ 减小变频器对其他设备的影响等。

不同类型及不同品牌的变频器，其外围设备不尽相同，以中等容量通用变频器为例，其外围设备如图 4-5 所示。下面分别说明其用途与注意事项等。

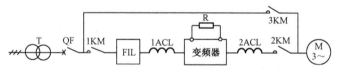

T—电源变压器；QF—电源侧断路器；1KM—电源侧电磁接触器；
FIL—无线电噪声滤波器；1ACL—电源侧交流电抗器；
R—制动电阻；2KM—电动机侧电磁接触器；
3KM—工频电网切换用接触器；2ACL—电动机侧交流电抗器

图 4-5 变频器的外围设备

1. 电源变压器 T

电源变压器用于将高压电源变换到通用变频器所需的电压等级，例如 200V 量级或 400V 量级等。由于变频器的输入电流含有一定量的高次谐波，使电源侧的功率因数降低，若再考虑变频器的运行效率，则变频器按式（4-11）考虑：

$$\text{变频器的容量（kVA）} = \frac{\text{变频器的输出功率}}{\text{变频器的输入功率因数}} \times \text{变频器效率} \qquad (4\text{-}11)$$

其中，变频器的输入功率因数在有输入交流电抗器 1ACL 时取 0.8～0.85，无输入交流电抗器 1ACL 时则取 0.6～0.8。变频器效率可取 0.95，变频器输出功率应为所接电动机的总功率。

一些变频器生产厂家所推荐的变压器容量的参考值常按经验取变频器容量的130%左右。

2. 断路器和接触器

电源侧断路器 QF：用于电源回路的开闭，在出现过流或短路事故时自动切断电源，以防事故扩大。如果需要进行接地保护，也可以采用漏电保护式断路器。需要注意的是，使用变频器无例外地都应采用 QF。DZ 型断路器如图 4-6 所示。

电磁接触器 1KM：用于电源的开闭，在变频器保护功能起作用时，切断电源。对于电网停电后的复电，可以防止自动再投入以保护设备的安全及人身安全。电磁接触器如图 4-7 所示。

图 4-6　DZ 型断路器

图 4-7　电磁接触器

3. 滤波器和电抗器

无线电噪声滤波器 FIL：用于限制变频器因高次谐波对外界的干扰，可酌情选用。图 4-8 所示为滤波器 FIL。

交流电抗器 1ACL 和 2ACL：1ACL 用于节制变频器输入侧的微波电流，改善功率因数。选用与否，视电源变压器与变频器容量的匹配情况及电网电压允许的畸变程度而定。一般情况以采用为好。2ACL 用于改善变频器输出电流的波形，降低电动机的噪声。图 4-9 所示为三相交流电抗器。选择合适的电抗器与变频器配套使用，既可以抑制谐波电流，降低变频器系统所产生的谐波总量，提高变频器的功率因数，又可以抑制来自电网的浪涌电流对变频器的冲击，保护变频器，降低电动机噪声，保证变频器和电动机可靠运行。

制动电阻 R：用于吸收电动机再生制动的再生电能，可以缩短大惯量负载的自由停车时间；还可以在位能负载下放时，实现再生运行。

电磁接触器 2KM 和 3KM：用于变频器和工频电网之间的切换运行。在这种方式下 2KM 是必不可少的，它和 3KM 之间的联锁可以防止变频器的输出端接到工频电网上。一旦出现变频器输出端接到工频电网的情况，将损坏变频器。如果不需要变频器和工频电网的切换功能，可以不要 2KM。注意，有些机种要求 2KM 只能在电动机和变频器停机状态下进行通/断。

4. 制动电阻的计算

在异步电动机因设定频率突降而减速时，如果轴转速高于由频率所决定的同步转速，则异步电动机处于再生发电运行状态。运动系统中所存储的动能经逆变器回馈到直流侧，中间直流回路的滤波电容器的电压会因吸收这部分回馈能量而提高。如果回馈能量较大，则有可能使变频器的过电压保护功能动作。利用制动电阻可以耗散这部分能量，使电动机的制动能力提高。制动电阻的选择，包括制动电阻的阻值及容量的计算，可按如下步骤进行。

图 4-8 滤波器 FIL　　　　　图 4-9 三相交流电抗器

① 制动转矩的计算。制动转矩 T_B（N·m）可由式（4-12）算出：

$$T_B = \frac{(GD_M{}^2 + GD_L{}^2)(n_1 - n_2)}{375t_S} - T_L \tag{4-12}$$

式中　$GD_M{}^2$——电动机的飞轮矩（N·m²）；
　　　$GD_L{}^2$——负载折算到电动机轴上的飞轮矩（N·m²）；
　　　T_L——负载转矩（N·m）；
　　　n_1——减速开始速度（r/min）；
　　　n_2——减速最终速度（r/min）；
　　　t_s——减速时间（s）。

② 制动电阻阻值的计算。在附加制动电阻进行制动的情况下，电动机内部的有功损耗部分折合成制动转矩，大约为电动机额定转矩的 20%。考虑到这一点，可用下式计算制动电阻的值（Ω）。

$$R_{BO} = \frac{U_C{}^2}{0.1047(T_B - 0.2T_M)n_1} \tag{4-13}$$

式中　U_C——直流回路电压（V）；
　　　T_B——制动转矩（N·m）；
　　　T_M——电动机额定转矩（N·m）；
　　　n_1——开始减速时的速度（r/min）。

如果系统所需制动转矩 $T_B < 0.2T_M$，即制动转矩在额定转矩的 20%以下时，则不需要另外的制动电阻，仅电动机内部的有功损耗的作用，就可使中间直流回路电压限制在过压保护的动作水平以下。

由制动晶体管和制动电阻构成的放电回路中，其最大电流受制动晶体管的最大允许电流 I_C 的限制。制动电阻的最小允许值 R_{min} 为

$$R_{min} = \frac{U_C}{I_C} \tag{4-14}$$

式中 U_C——直流回路电压（V）；

I_C——直流回路电流（A）。

因此，选用的制动电阻 R_B 应按式（4-15）来决定。

$$R_{min} < R_B < R_{BO} \tag{4-15}$$

表 4-1 列出了以西门子 MM440 变频器为例，不同容量变频器的制动电阻的选型条件。

表 4-1 制动电阻的选型

制动电阻 MLFB 6SE6400-	变频器的外形尺寸	变频器的额定电压（V）	变频器的最大功率（kW）	连续功率（W）	5%运行/停止周期时间（12s）的峰值功率	电阻阻值（Ω）±10%	直流电压额定值（V）
4BC05-0AA0	A	230	0.75	50	1 000	180	450
4BC11-2BAO	B	230	2.2	120	2 400	68	450
4BC12-5CAO	C	230	3.0	250	4 500	39	450
4BC13-OCAO	C	230	5.5	300	6 000	27	450
4BC18-ODAO	D	230	15	800	16 000	10	450
4BC21-2EAO	E	230	22	1 200	24 000	6.8	450
4BC22-5FAO	F	230	45	2 500	50 000	3.3	450
4BD11-OAAO	A	400	1.5	100	2 000	390	900
4BD12-OBAO	B	400	4.0	200	4 000	160	900
4BD16-5CAO	C	400	11.0	650	13 000	56	900
4BD21-2DAO	D	400	22.0	1 200	24 000	27	900
4BD22-2EAO	E	400	37.0	2 200	44 000	15	900
4BD24-OFAO	F	400	75.0	4 000	80 000	8.2	900
4BE14-5CAO	C	575	5.5	450	9 000	120	1 100
4BE16-5CAO	C	575	11	650	13 000	82	1 100
4BE21-3DAO-	D	575	22	1 300	26 000	39	1 100
4BE21-8EAO	E	575	37	1 900	38 000	27	1 100
4BE24-2FAO	F	575	75	4 200	84 000	12	1 100

③ 制动时平均消耗功率的计算。如前所述，制动中电动机自身损耗的功率相当于 20%额定值的制动转矩，因此制动电阻器上消耗的平均功率 P_{ro}(kW) 可以按式（4-16）求出：

$$P_{ro} = 0.1047(T_B - 0.2T_M)\frac{n_1 + n_2}{2} \times 10^{-3} \tag{4-16}$$

④ 电阻器额定功率的计算。制动电阻器额定功率的选择是与电动机工作方式相关的。图 4-10 所示为电动机减速模式。当非重复减速时，如图 4-10（b）所示，制动电阻的间歇时间（$T-t_s$）>600 s，其中 T 为工作周期。通常采用连续工作制电阻器，当间歇制动时，电阻器的允许功率将增加。允许功率增加系数 m 与减速时间的关系如图 4-11（b）所示。重复减速情况下，允许

功率增加系数 m 和制动电阻使用率 $D=t_s/T$ 之间的关系曲线如图 4-11（a）所示。

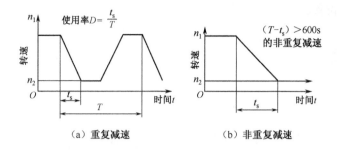

（a）重复减速　　　　　（b）非重复减速

图 4-10　减速模式

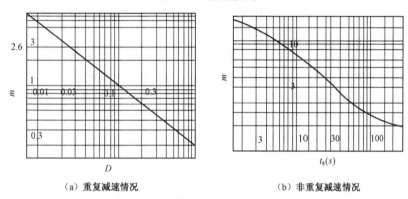

（a）重复减速情况　　　　　（b）非重复减速情况

图 4-11　制动电阻允许功率增加系数

　　根据电动机运行的模式，可以确定制动时的平均消耗功率和电阻器的允许功率增加系数，据此可以按下式求出制动电阻器的额定功率 P_r（kW）。

$$P_r = \frac{P_{ro}}{m} \qquad (4\text{-}17)$$

　　根据计算得到的 R_{BO} 和 P_r，便可在市场上选择合乎要求的标准电阻器。图 4-12 所示是控制设备中，变频器及其制动电阻、滤波器安装位置的实物照片。

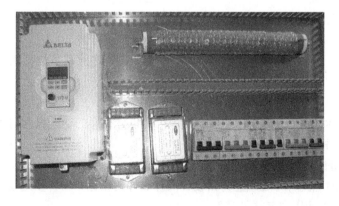

图 4-12　变频器、制动电阻及滤波器的安装照片

不同品牌的变频器，其外围设备及其选择条件也有许多差别。应该根据其说明书尽量选用厂家推荐的外围设备。

思考题与习题

一、填空

1．大多数变频器的产品说明书中给出了_____可配用_____和_____三个主要参数。

2．以电动机的_____不超过通用变频器的_____为依据是选择变频器_____容量的基本原则，电动机的_____只能作为参考。

3．根据各国的工业标准或用途不同，其电压级别也_____，在选择变频器时首先应该注意其电压_____是否与_____和所驱动的_____的电压级别相适应。

4．通用变频器的额定输出指标有额定_____、额定_____电压、额定_____、额定_____和短时_____等内容。

二、选择

1．描述变频器带负载能力的主要参数有几个？最重要的是哪个参数？（　　）

A．3个，最重要的是额定电流　　　　B．3个，最重要的是额定功率
C．3个，最重要的是可配用电动机功率　D．4个，最重要的是额定功率

2．变频器效率是指综合效率，即变频器本身的效率与电动机的效率的乘积，决定其大小的因素是（　　）。

A．运行频率　　　　　　　　　B．负载率
C．负载率和运行频率　　　　　D．电动机输出功率

3．通用变频器最适用于什么样的负载？（　　）

A．冲击型负载　　　　　　　　B．平稳运行的负载
C．高速运行的负载　　　　　　D．任何负载

4．选择变频器时，应以电动机的（　　）为依据。

A、额定电流　　　　　　　　　B．负载特性
C．额定功率　　　　　　　　　D．额定电流和负载特性

三、简答

1．通用变频器标称的"最大适配电动机功率"是以什么样的电动机为对象制定的？如果适配的电动机不一样，将采取什么样的措施？

2．通用变频器的输出指标有几项？

3．通用变频器的电流瞬时过载能力常设计成什么样的指标？与异步电动机相比，变频器的过载能力是大还是小？应用中怎样处理？

4．MM440变频器具有几种控制方式？

5. 根据系统的开环控制方式选择变频器有什么特点？适合哪些场合？

6. 按闭环控制方式选择变频器，对系统的组成有什么要求？多用在什么场合？

7. 变频器驱动不同负载时，应注意哪些问题？

四、计算

1. 用变频器驱动一台额定电压 380V，2.2kW 的三相异步电动机，电动机的效率为 0.85，功率因数为 0.8，电流波形的修正系数为 1.0，应选什么规格的变频器？

2. 一台额定电压 380V，4kW 的 4 极三相异步电动机，其额定电流为 7.6A。选择一台变频器与之传动，其瞬时过载能力设计为 150%额定电流，1min，最大的过载电流为 9.8A。请问是否合适？

认识变频器的保护特性

【项目任务】

- 了解变频器常见的各种保护功能。
- 了解变频器所产生的高次谐波及其抑制。
- 掌握变频器抗干扰措施。

【项目说明】

新一代的变频器均有较完善的保护功能，但如果参数设置不当，负载变化、运行条件改变及变频器的元件损坏或接触不良都可能造成故障。当变频器出现故障和非正常运行时，变频器自身必须有快速可靠的保护，本项目介绍变频器的各种保护功能及如何尽量消除谐波和抗干扰。

5.1 变频器常见的保护功能

【知识目标】　了解变频器过电流保护、过载保护、过电压及其他保护。
　　　　　　掌握根据变频器的保护动作，判断故障原因的方法。

5.1.1 过电流保护

当变频器的输出侧发生短路或电动机堵转时，变频器中将流过很大的电流，从而易造成逆变电路中电力器件的损坏。为了避免出现这种情况，变频器设置有过电流保护电路，即当电流超过某一数值时，变频器通过自关断电力半导体器件，切断输出电流，或者调整电动机的运行状态，减小变频器的输出电流。例如，电动机的启动时间设置过短或转动惯量太大时，启动时常会发生过电流。

变频器为了实现过电流保护，需要从变频器的"硬件"和"软件"两个方面采取措施。例如，变频器逆变桥中同一桥臂的上下两个逆变器件在不断交替导通的工作过程中出现异常，使一个器件已经导通，而另一个器件还未来得及关断，引起两个器件间"直通"，使直流电压的正、负极间处于短路状态。此时，主电路半导体器件驱动电路中的过流检测和保护电路动作，封锁驱动信号，对变频器实现快速保护，同时，保护电路向 CPU 发出中断信号，CPU 据此进行相应的处理。

5.1.2 过载保护

过载保护功能主要是保护电动机的，通常在电动机控制电路中，采用具有反时限特性的热继电器来进行过载保护。当流经热继电器中双金属片的电流所产生的热效应超过一定值以后，双金属片由于膨胀系数的差异而产生弯曲，从而带动连杆切断主电路，保护电动机不致损坏，热继电器具有反时限功能。

图 5-1 所示是电子热继电器的反时限功能图，图中横坐标是电动机电流与额定电流的百分比，纵坐标则是容许继续运行的时间。如果电动机的实际电流小于或等于额定电流，则可以运行；当电动机的实际电流超过额定电流时，允许电动机继续运行的时间与电流的大小有关，电流超出得愈大，允许继续运行的时间愈短。例如，电动机实际电流达到 150%额定电流时，容许电动机持续运行仅为 60s。

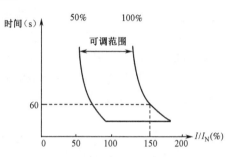

图 5-1　电子热继电器的反时限功能图

在用变频器给电动机供电时，可以在系统软件中设置电子热继电器保护功能，其原理是对逆变器的输出电流在一定时间间隔内进行积分处理，积分值反映电动机发热的积累效应。当积分值超过一定值后，逆变器的保护功能开始发挥作用。

1. 电动机的发热

通入电动机的电流将产生热能，使电动机的温度升高，当电动机的温度高于环境温度，因而产生温差时，电动机也就开始了散热过程，温差越大，散热也越快。当温升达到一定程度时，电动机内产生的热量和散发的热量相平衡，温升值将不再增加，这时的温升称为稳定温升，也是电动机的额定温升。当电动机过载时，所产生的热量不断增加，温升也升高了，而且很快就达到额定值。

2. 变频器的反时限保护功能

变频器用户可以按变频器的使用说明书，对变频器的电子热继电器功能（即反时限保护功能）进行设定。电子热继电器的门限值定义为电动机的额定电流和变频器的额定电流的比值，通常用百分数来表示。当变频器的输出电流超过变频器的容许电流时，变频器的过载保护将切断变频器的输出，因此变频器的电子热继电器的门限最大值不超过变频器的最大容许输出电流。不同规格的变频器的电子热继电器的门限最大值是不同的，即过载保护能力不一样。但是，在下述情况仍须在变频器和电动机之间安装热继电器进行过载保护。

① 电动机的容量过小，已经超出变频器的电子热继电器的保护范围。

② 当使用一台变频器驱动多台电动机时，变频器不能对每台电动机提供保护。

由于变频器提供的电子热继电器保护功能（即过载保护功能）的设定与电动机的散热条件有关，即使同容量的电动机，它们的反时限特性也并不完全一致，变频器所提供的电子热继电器特性均是按该变频器配套的标准电动机的散热条件设计的，当使用非标准电动机时，设定变频器热继电器的门限值应适应考虑其中的差异。

5.1.3 电压保护

1. 过电压保护

当电源电压突然升高，或者电动机降速时，反馈能量来不及释放，使电动机的再生电流增加，主电路直流电压超过电压检测值，形成再生过电压。另外，在 SPWM 调制方式中，变频器电路是以产生系列脉冲波方式进行工作的，由于系统中存在着绕组电感和线路分布电感，在每个脉冲的上升和下降过程中，会产生峰值很大的脉冲电压，这个脉冲电压叠加到直流电压上，就形成具有破坏作用的脉冲高压。在以上几种情况下，变频器的过电压保护功能就很有必要了。对于电源电压的上限，一般规定不超过电网额定电压的 10%，例如电源线电压为380V 时，其上限值为 420V。图 5-2 所示为过电压保护处理模式。

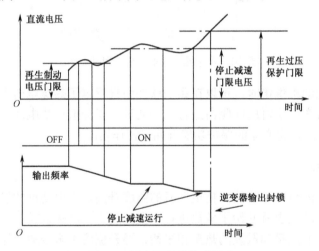

图 5-2 过电压保护处理模式

对于降速时的过电压，可以采取暂缓降速的方法来防止变频器跳闸。用户可以设定一个电压的限定值 U_{set}（也可以由变频器自行设计），在降速过程中，直流电压 $U_D>U_{set}$ 时，则暂停降速，当 U_D 降至 U_{set} 以下时，再继续降速。而对脉冲过电压的保护，通常采用吸收的方法来解决。常见的吸收装置有压敏电阻吸收电路和阻容电路等。

下面分析电动机减速或制动时变频器的过电压保护处理方式。

当电动机减速或制动时，电动机通过变频器的作用，将变频器输出侧的交流电变换成直流侧的直流电，从而使变频器直流侧电压升高。如果这一电压超过一定数值，有可能击穿滤波电容或电力半导体器件，造成变频器损坏。当变频器的直流电压超过一定数值后，直流制动电路开始进行再生制动，电动机继续减速；当直流电压继续升高，达到新的门限数值时，直流制动电路所消耗的能量已不足以平衡电动机减速所释放的动能，如果继续减速，有可能造成直流电压的进一步升高，为此，变频器将停止减速。如果直流电压超过保护电压值，变频器将切断输出电流，电动机自由停车。

当减速时间设定过短时，容易发生直流过电压。适当延长制动时间可以避免大惯量负载减速时可能出现的过电压。在变频制动过程中发生减速停止时，电动机的实际制动时间将比设定的制动时间长。

2. 欠电压保护

变频器产生欠电压的原因主要有以下几个方面。

① 电源电压过低，主电路直流电压降到欠电压检测值以下，或是电源缺相（指三相变频器）。

② 对于没有瞬停再启动功能的变频器，出现瞬间停电的情况。

③ 变频器的电子元器件损坏，限流电阻长时间接入，负载电流得不到及时补充，导致直流电压下降，然后使电动机的电流急剧增大。新型变频器都有较完善的欠压保护功能，一般欠电压不到 15ms 时，变频器仍然继续运行；若超过 15ms，变频器将停止。

5.1.4 其他保护

1. 反接保护

所谓反接，指误将变频器的输入端接交流电动机，而将变频器的输出端接工频电源。当输出接入三相工频电源时，逆变桥的续流二极管可以构成三相整流桥，在没有充电电阻时直接对电容进行充电，由于电解电容的静态电阻很小，因此充电电流非常大，往往在上电的瞬间就将续流二极管损坏。

对于采用数字化控制技术的变频器，系统上电后，CPU 首先执行"反接保护"程序，根据检测到的异步电动机定子的电压频率，进行相应的处理，或者使系统正常运行，或者进行重合闸转速追踪处理，或者进行反接保护处理。当进行反接保护处理时，用户可以根据系统提供的信息（变频器操作面板上的提示符代码）将变频器的主电路切离电源，并将输入端、输出端重新接线。

2. 制动电阻过热保护

制动电阻标称功率是按短时运行选定的，所以一旦通电时间过长，就会过热，这时，应暂停使用，待电阻冷却后再使用。

3. 逆变功率模块的过热保护

逆变功率模块是变频器产生热量的主要部件，也是变频器中最重要的电子元件，所以各变频器都在其散热板上配置了过热保护器件。

实践证明，用（80±5）℃动作的温度继电器进行温度保护是可靠的；当散热器设计合理，散热条件正常（如风机等工作正常）时，在长期负载条件下温度继电器不会动作，半导体功率模块也不会因过热而烧坏；如果散热条件不正常（如风机损坏等），温度继电器动作了，功率模块得到保护，不会因为过热而损坏。

4. 风扇运转保护

变频器箱体内的风扇是箱内电子器件散热的主要途径，是保证逆变器件和控制电路正常

工作的必要条件，如果风扇运转不正常，必须立即进行保护。

5. 负载侧接地保护

当电动机的绕组或变频器到电动机之间的传输线中有一相接地时（如果有两相以上同时接地，则形成短路，将引起电流保护），将导致三相电流不平衡。变频器一旦测出三相电流不平衡，将立即进行保护。

5.2 高次谐波及其抑制

【知识目标】　　了解高次谐波时电源的污染及抑制它的必要性。

了解高次谐波的产生。

了解高次谐波的抑制方法。

变频器的输入部分为整流回路，整流回路具有非线性特性，它在将交流电变换为直流电的过程中，必然会产生高次谐波。如不采取必要的措施，这些高次谐波会回馈给电源，使输入电源的电压波形发生畸变，造成公共电源的"污染"，特别在使用大容量或多数量的通用变频器时，这种畸变尤为突出。许多国家都已制定了限制电力电子装置产生谐波的国家标准，国际电气电子工程师协会（IEEE）、国际电工委员会（IEC）和国际大电网会议（CIGRE）都制定了自己的谐波标准。我国政府制定了限制谐波的有关规定，如 GB/T 14549—1993 等。

5.2.1 高次谐波产生的机理

和变频器一样，凡在电源侧有整流回路的电气设备，如由晶闸管供电的直流电动机、无换向器电动机 CVCF（恒压恒频装置）等，都会因为整流回路的非线性特性而产生高次谐波。

整流电路（无论单相或三相）的功能是将正弦交流电变换为单向的脉动直流电，根据傅氏级数理论，任何一个非正弦周期性函数，都可以分解为一系列正弦函数与余弦函数之和。因此，脉动直流电由直流分量、基波和一系列高次谐波叠加而成。高次谐波分量很容易通过容性电路回馈给电源，造成电源电压波形的畸变。

变频器的逆变部分也会产生高次谐波，对应于 SPWM 调制方式的变频器，其输出 SPWM 波动本身就是一系列脉宽不等的矩形波，必然含有高次谐波分量，最直接影响之一就是使被驱动的电动机产生噪声。

5.2.2 高次谐波对其他设备的影响

变频器产生的高次谐波对交流调速系统中的一些电气设备会产生不同的影响，有些设备受影响严重，甚至不能正常运行，应该加以重视。

1. 电力电容器

变频器直流部分的电力电容器（电压型变频器），受高次谐波的影响容易引起并联谐振，谐振时会有较大的电流流过电容器，容易将其烧毁。所以在直流环节上，串联上适当值的电抗器，错开谐振点，或者在变频器的输入侧串入输入电抗器，减小或消除谐波电流。

2. 公共电网、电力变压器或自用发电动机

公共电网、电力变压器或自用发电动机均是变频器的输入电源，高次谐波除了影响输入电源的电压、电流波形以外，还会加大变频器、发电动机这些感性类电气设备的损耗，使其输出功率降低，铁芯发热，使用寿命缩短。

3. 检测、指示电气仪表

变频调速系统中的检测、指示电气仪表，根据动作原理大体可分为有效值响应式和平均值响应式。有效值响应式仪表基本上不受高次谐波的影响，但由于磁通的非线性，有时对精度有些影响。平均值响应的仪表，测量的参量中由于含有奇次的高次谐波有效值与平均值的差，因此测量中有误差。

4. 负载电动机

如果变频器输出电压中的谐波分量太高，会直接影响传动质量，会使电动机产生很强的噪声（尤其低速时），铁芯发热，转矩脉动。

5.2.3　减小和防止高次谐波的方法

为了将高次谐波产生的种种干扰防患于未然，原则上应该对发生源（变频器）进行抑制，包括选择合理的变频器主电路，如采用多整流脉冲数，多电平输出方式，这样谐波少，对电网的污染也小。但通过这些方法还很难从根本上消去高次谐波，而且成本也会相应增加。为此，通常是在高次谐波发生侧和受到高次谐波干扰的设备上同时采取措施。

1. 输入电抗器

在通用变频器应用场合，为了抑制谐波的影响，通常在变频器的进线端加装输入电抗器（如图 4-7 所示）。电抗器又称进线电抗器、交流电抗器或电源协调电抗器，它除了能有效地抑制谐波，改善功率因数外，还能够限制电网电压突变和操作过电压引起的电流冲击。输入电抗器通常串接在电源和变频器输入端之间，与无线电噪声滤波器 EIL（射频干扰滤波器）一起使用时应串联连接。有的变频器在中间直流回路中加装直流电抗器以补偿无功功率，同时也有抑制谐波的功效。如果有必要，可以采取这一措施，以有效地改善系统的功率因数，降低无功功率的传输，使无功功率得到补偿。如果配合得当，可将功率因数提高到 0.95 以上，同时也对降低谐波分量起到一定的作用，另外，直流电抗器能使逆变器运行稳定，并限制短路电流。因此，很多变频器厂商对 55kW 以上的变频器随机配套直流电抗器。图 5-3 所示为不同规格的直流电抗器。

图 5-3　直流电抗器

采用输入电抗器抑制谐波干扰的原理是：它增加了电源阻抗，降低了由变频器产生的谐波分量，并能吸收浪涌电压和主电源的电压尖峰。因此，输入电抗器既能阻止来自电网的干扰，又能减少整流电路产生的谐波电流对电网的污染。通常商用电抗器的额定值是以基于基波电流的谐波电流百分比给出的，如 2%和 4%输入电抗器，当变频器以额定电流运行时，输入电抗器上将有 2%或 4%的电压降。如在 400V、50Hz 电源上，2%输入电抗器上将有 8V 的电压降；而 4%输入电抗器上将有 16V 的电压降。在较高的谐波频率时，输入电抗器具有较大的阻抗，从而减弱了谐波电流。也可以说，输入电抗器将电源阻抗提高了 2%或 4%，通常 2%输入电抗器就足以吸收电源电压峰值，避免因此而造成的危害，还能保护变频器内部直流回路的电容器不致因浪涌电压和过热而损坏。一个 2%的输入电抗器可降低 40%~60%的电流畸变。通常在变频器输入端的电源阻抗不能小于 1%，如果需要将谐波电流进一步降低，可以安装 4%的输入电抗器，4%阻抗输入电抗器最适宜降低由变频器产生的谐波电流，因此可降低对公共电源谐波电压畸变的影响。根据运行经验，一般在下列情况下安装输入电抗器能保证变频器可靠运行。

① 电源容量为 6 000kVA 及以上，且变频器安装位置距电源较近。

② 三相电源电压不平衡度大于 3%。

③ 与其他变流设备或变频器共用一个进线电源。

④ 供电电源侧安装了功率因数自动补偿装置。

在国家标准 GB/T 1459—1993 中规定：380V 电网中各奇次谐波电压含有率限值为 4%，各偶次谐波电压含有率限值为 2%，总的谐波电压畸变率允许值为 5%。所以输入电抗器容量的选择可由预期在每相电抗器绕组上的电压降来决定，选择范围为 2%~4%，取得过大会影响变频器和电动机的输出转矩。输入电抗器的电感量 L 可按下式计算：

$$L = \frac{\Delta U_L}{2\pi f I_N} = \frac{(0.02 \sim 0.04)U_\varphi}{2\pi f I_N} \tag{5-1}$$

式中　ΔU_L——输入电抗器的额定电压降（V）；

　　　f——电网频率（Hz）；

　　　I_N——输入电抗器的额定电流（A）；

　　　U_φ——电源相电压（V）。

2. 输出电抗器

采用输出电抗器的主要目的和作用是补偿线路分布电容的影响，并抑制变频器输出的谐波分量，起到降低变频器噪声的作用。输出电抗器装于靠近变频器的输出端与电动机之间，以补偿电动机及其电缆相与相之间，以及相、地间的分布寄生电容，从而可以延长电动机电缆的接线长度，图 5-4 所示为三相输出电抗器。

当变频器与电动机之间的距离较远时，随着电动机电缆长度的增加，沿线的分布寄生电容随之增加，这些分布寄生电容与变频器的 SPWM 脉宽调制波所产生的残余电压峰值共同作用，产生电流峰值并会流到变频器，这些电流峰值会引起对变频器本身的干扰造成故障。另外，这些电流峰值在变频器和电缆中传输，会导致电缆过热；随着逆变器开关频率的增加，功率模块的损耗也增加，还将导致功率模块温度超出规定范围，则会停止运行并发出过热故障代码。在上述过程中，通常变频器会自动降低其开关频率，降低温度，使其能够继续运行。如果此后负载或环境温度降低，变频器将首先校验是否可以再次提高开关频率，然后再提高开关频率，如果无效则故障跳闸。

图 5-4　三相输出电抗器

5.3　变频器抗干扰措施

【知识目标】　了解其他电气设备对变频器的干扰。

　　　　　　　了解变频器对其他电气设备的干扰。

　　　　　　　了解一般抗干扰的措施。

　　生产现场中存在着各种电气设备，有些设备在运行时，对变频器的运行也存在着干扰；同样，变频器在运行时，对某些电气设备也会产生干扰。本节重点论述对此类干扰如何进行抑制及控制。

5.3.1　变频器外部的干扰

　　变频器外部的干扰往往通过各种传输途径侵入变频器，对调速系统的正常运转造成恶劣影响。这种干扰大多数是以变频器控制电缆为媒介进入的，所以在铺设电缆时，必须采取充分的抗干扰措施。

1. 干扰的种类

　　外来干扰是指外部控制信号发生装置同接收其信号的变频器控制回路间产生的干扰电势。变频器控制回路通过控制电缆受到的外来干扰大致可以分成以下几类。

　　① 静电耦合干扰。由于变频器连接的控制电缆与周围电气回路的静电容耦合在电缆中产生的电势即为静电耦合干扰。

　　② 电磁感应干扰。由于周围电气回路产生的磁通变化在控制电缆中感应出的电势即为电磁感应干扰。

③ 电波干扰。控制电缆成为"天线"，外来电波在电缆中产生电势，形成电波干扰。

④ 接触不良干扰。由于变频器控制电缆的电接点接触不良，接触电阻发生变化，在电缆中产生干扰。

⑤ 电源线传导干扰。当各种电气设备由同一电源系统供电时，由其他设备在电源系统直接产生的电势可形成对变频器的干扰。

2. 抑制措施

变频器控制回路中，开关信号利用光耦合器等隔离内外电路的电气连接，但接收远距离信号时，需要有充分的抗干扰措施。其次，有速度给定器时，铺设控制电缆时，也必须采取充分的抗干扰措施。图 5-5 所示是屏蔽电缆的连接方法，图 5-6 所示是屏蔽电缆的末端处理方法，图 5-7 所示是应对外来干扰的对策，图 5-8 所示是制动单元的接线方法。

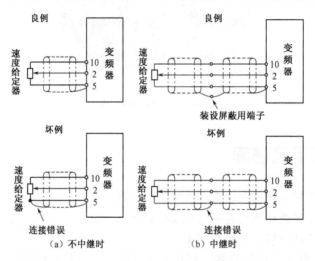

图 5-5　屏蔽电缆的连接方法

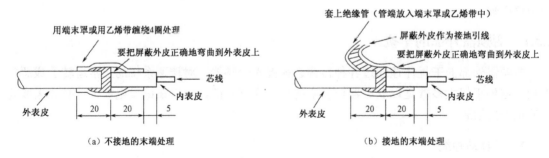

图 5-6　屏蔽电缆的末端处理方法

为了加强变频器的抗干扰措施，下面介绍变频器长距离频率给定的方法。

变频器调速控制可以采用自动方式，也可以采用手动方式。如果采用闭环自动控制，必须将工艺参数（如产生过程中的流量、液面、压力、温度等）通过变送器、调节器转换为 4～20mA 信号，送到变频器的输入端，才能控制变频器。频率的设定可通过外接频率设定电位器的方法来实现，其接线如图 5-9 所示（以富士机型为例）。图中，运转和停止通过 FWD 和 CM

端子来实现。虚线框中的元件，即运行与停止按钮 SB₁、SB₂，手动频率设定电位器 RP 及频率表 P 均安装在现场操作柜上。操作柜可选用专业厂家生产的防爆变频调速操作柜。该操作柜操作方便，通过旋动 RP，操作人员可以灵活调节频率，并可在频率表 P 上观察到频率的变化过程。

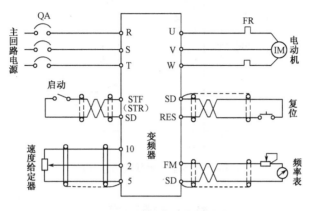

图 5-7　应对外来干扰的对策

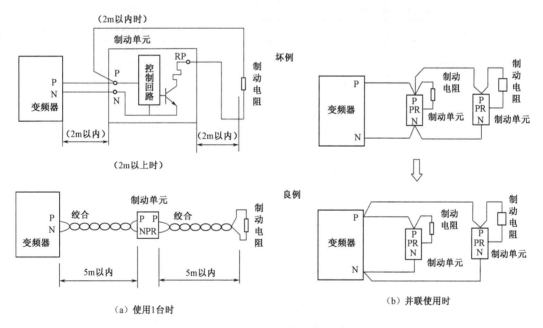

图 5-8　制动单元的接线方法

但是，由于 RP 输入的是 0～10V 的模拟量电压信号，电压信号随着传输距离的延长，受到的干扰增大，如果现场与变频器之间的距离较远，则无法确保信号传输的准确性。此时，频率信号的设定可以这样实现：输入端子 X₁～X₉ 中，任意指定两个端子，相应设定其数据为17（增命令）和18（减命令）。这样，有运行信号（ON）时，能用外部触点输入信号增/减设定频率。端子的功能如表 5-1 所示，接线图如图 5-10 所示。

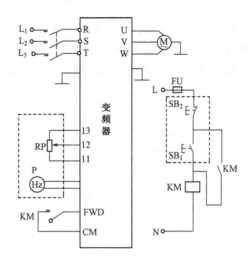

图 5-9　频率给定的接线方法（1）

表 5-1　端子的功能

设定数据的输入信号		选择功能
18	17	（运行命令 ON）
OFF	OFF	保持频率
OFF	ON	按加速时间增大频率
ON	OFF	按减速时间减小频率
ON	ON	保持频率

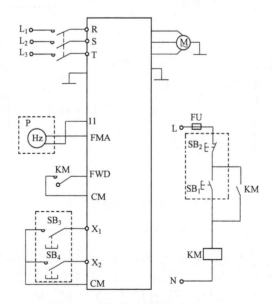

图 5-10　频率给定的接线方法（2）

图 5-10 中指定 X_1 为频率增命令端子，X_2 为频率减命令端子。虚线框内元件，即运行与

停止按钮 SB_1、SB_2，频率增、减按钮 SB_3、SB_4 及频率表 P 均安装在现场操作柜内。该操作柜操作也很方便，按住 SB_3，频率持续增大，松开手，频率即固定在一个值上；同理，按住 SB_4，频率持续减小，松开手，频率亦固定在一个值上。在频率表 P 上也可以看到频率变化的过程。

手动给定频率信号的地点可以设在现场，也可以设在控制室。当现场距离控制室较近时，采用图 5-8 所示的接线方式，通过外接电位器输入 0～10V 的电压信号来设定频率。当现场距离控制室较远时，采用图 5-10 所示的接线方式，通过外接按钮输入触点增/减设定频率，由于输入的是开关信号，受到干扰的影响相对要小得多。

（1）静电耦合干扰

静电耦合干扰的大小同干扰源电缆与控制电缆间的杂散电容成比例，因此，抑制静电耦合干扰必须减小电缆间的杂散电容。其方法有电缆的分离或屏蔽。

电缆分离的具体措施主要是让变频器控制电缆远离干扰源电缆。电缆间距离加大，杂散电容则大幅度减小。当然，这种距离也不是越大越好，一般控制在导体直径的 40 倍左右。超过这一值再加大距离，干扰减小的程度就不明显了。

电缆屏蔽通常采取这样的措施：在两电缆间设置屏蔽导体，使屏蔽导体与干扰源电缆电容耦合，再将屏蔽导体接地，消除干扰传播，实现静电屏蔽。简单地说，使用屏蔽电缆，将屏蔽完全接地，就可以进行静电屏蔽。

（2）电磁感应干扰

电磁感应的干扰大小取决于干扰源电缆产生的磁通大小，控制电缆形成的闭环面积和干扰源电缆与控制电缆间的相对角度（φ）三个因素，参见图 5-11。因此，抑制电磁感应干扰应针对这三个因素。

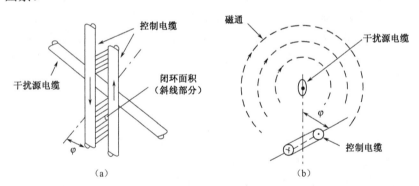

图 5-11　产生电磁感应干扰的三个因素

具体的措施是：为了减轻干扰源电缆产生的磁通影响，将控制电缆分离铺设。分离距离通常必须保证 30cm 以上（最低限度 10cm），如果分离困难，将控制电缆穿过铁管铺设，进行电磁屏蔽，为了减小控制电缆形成的闭环等效面积和角度，将控制电缆的导体绞合。导体绞合间距越小，耐干扰效果越大，所以要尽可能使用绞合间距小的绞合线。

（3）电波干扰

由干扰源电缆产生电磁波干扰，此干扰通过辐射向空中传播，使变频器的控制电缆或变频器本身产生干扰电势。电波干扰的大小取决于干扰源电缆产生的电磁波的大小和距离。抗干扰的措施可以按前面所讲述的静电耦合干扰和电磁感应干扰的对策进行。此外，对于辐射电波对变频器本身的影响，可采用将变频器放入铁箱内的方法进行电磁波屏蔽。屏蔽用的铁箱要接地。

（4）接触不良干扰

接触不良干扰是由于电气连接或接触部分的接触状态不完全所产生的。典型的接触不良干扰是继电器触点的接触不良和电缆连接的接触不良。

对于继电器触点接触不良引起的干扰，可以在控制信号产生侧和变频器侧都并联接触点，或者使用镀金触点继电器，也可考虑选用密闭式（固体）继电器，以及保证安装场所无腐蚀性气体等。

对于电缆连接接触不良引起的干扰，可以检查整个电缆各个接触点是否有虚接，紧固螺钉是否有松动现象，采用热焊紧固等措施，确保接触点接触良好。

（5）电源线传导干扰

连接在同一电源系统的电气设备产生的干扰，会在电源线上传播，侵入变频器的控制电源。对此种干扰，可采取以下措施。

● 变频器的控制电源单独由其他系统供电。
● 控制电源的输入侧装设线路滤波器。
● 装设抗干扰绝缘变压器。此时绝缘变压器的屏蔽层必须接地。

3. 案例精选1

【案例1】 变频器输出线布线不合理，产生电磁感应干扰。某纺织厂原有的涤纶长丝前纺3条生产线的卷绕部分，采用西门子公司6SE7031系列变频器（45kW），驱动8台永磁同步电动机（每台0.9kW），开环控制方式，工作频率110Hz。后来增加两条相似生产线，采用西门子6SE7032系列变频器，工作频率260Hz。新生产线投入运行不久，发现原生产线频繁停机，变频器显示为"0009"（待机状态），无任何故障报警记录，经反复检查也未见异常。重新启动变频器，驱动4台电动机能正常运行，当驱动4～8台电动机时，变频器运行一段时间又停机（每次时间不等）。

初步分析判断，变频器停机可能是由以下几种因素造成的。

① 变频器内部器件存在软故障，使其驱动负载能力下降。
② 所驱动的8台电动机中，存在机械故障，造成电动机过负荷。
③ 变频器输出线之间存在电磁感应干扰。

最后由专人值班监视变频器的显示器，记录每次停机时显示器的显示内容变化。停机开始显示由"0"变化到"2952"，停顿2～3s后转换成"0003"，再转换成"0009"待机状态。但变频器与变频器之间均用金属柜隔离，金属柜可靠接地，且变频器与变频器之间的距离也有约2m，干扰信号不易被引入。后进一步检查发现，原生产线变频器输出线穿过了新生产线变频器控制柜的底部，而且新生产线变频器的工作频率又较高（260Hz），确认干扰信号是由控制电缆间的电磁感应引起的。后将该输出电缆移至距新生产线的变频柜约5m的地方，重新启动变频器，此时驱动8台电动机运行正常，变频器停机故障排除。

【案例2】 一个由两台变频器组成的控制系统，两台变频器安装在一个柜体内，由电位器手动调节频率。当运行某一台变频器时，工作正常，而当两台变频器同时运行时，出现互相干扰现象，即调节一台变频器的电位器时，另一台变频器也有反应，反过来也一样。开始认为是电位器及控制线故障，排除这种可能后，断定是由谐波干扰引起的。将其中一只电位器移到其他柜体内固定，引线改用屏蔽双绞线并一点接地，结果干扰减弱。后来将两台变频器分别安装在各自的柜体内，将相应的接线做了一些改动，经处理后故障排除。

5.3.2 变频器产生的干扰及抑制

变频器本身的高次谐波干扰对周围设备的影响有：对计算机和计量、测试装置等电子设备产生感应干扰；对通信设备和其他无线电设备产生放射干扰。

1. 对电子设备的干扰

这种干扰的传播有两种途径：一是通过变频器的电源线直接传播；二是借变频器主回路电缆与电子设备信号电缆间的电磁感应耦合传播。防止这种干扰的措施主要是电子设备的电源系统采用与变频器的电力系统不同的电源，或用恒压电源、隔离变压器、滤波器等防止从电源线进来的干扰，配线途径也要分离。

电子设备的输入、输出电缆与变频器主控制电缆之间要留有一定的距离，而且各自以最短的路径铺设。还可以采用铁屏蔽（通常加以铁槽或金属管并接地）减小电磁感应。对于设备的接地，应设置专用接地端，尽量避免变频器与电子设备公共接地，接地线使用粗导线，以最短距离进行接地。

2. 对通信设备的干扰

当电话机电缆靠近变频器主回路电缆铺设时，往往有杂音进入电话机。这种干扰多由电源侧的高次谐波所产生。变频器的电源线与电话机电缆要尽量分离，或者在变频器的输入侧接入交流电抗器。

3. 无线电干扰

用变频器拖动电动机时，从变频器及其主回路电缆放射出高频干扰。这种干扰对 10MHz 以下的频率带影响很大。如果进入无线电接收机，则往往出现杂音。图 5-12 所示为无线电干扰的四种传播途径。

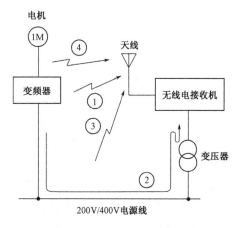

图 5-12　无线电干扰的传播途径

① 直接发射。这种干扰作为空中电波直接从干扰源放射，传播到无线电接收机的天线回

路。

② 直接传导。干扰源在电源线上传导，侵入无线电接收机内。

③ 从电源线放射。漏到电源线上的干扰从配电线放射，进入无线电接收机。

④ 从主回路电缆放射。干扰从变频器到电动机的电缆放射，进入无线电接收机。

对于这些干扰，可根据广播波的电场强度采取以下措施来抑制。

a．将变频器装在铁制的配电柜中，配电柜的接地端子接地。

b．广播波的电场强度极弱时，在变频器的电源侧和电动机侧接入干扰滤波器，同时将变频器的主回路电缆放入接地的金属管子中。金属管的接地线要尽量短，而且要完全接地，如图 5-13 所示。

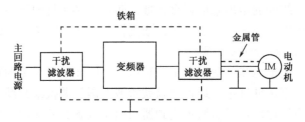

图 5-13　无线电干扰的抑制措施

4．案例精选 2

【案例 3】　一个锅炉变频调速控制系统，过程控制量为液位。故障现象：液位显示读数偏高，当输入为 4mA 时，液位显示不是下限值；液位未到设定上限值时，液位计却显示上限，且显示不稳定，致使通用变频器停止运行。经更换仪表、信号电缆，并改善流体特性，故障依然存在。经多次试验分析，故障是由于通用变频器的谐波电流通过输出动力电缆传递到信号电缆引起干扰所致，干扰传播途径是液位计的电源回路和信号线。将液位计的供电电源由另一供电变压器引入后，谐波干扰减弱，再将信号线穿入钢管敷设，并与通用变频器主回路电缆隔开一定距离，外壳良好接地后，故障排除，液位计和通用变频器工作恢复正常。

【案例 4】　一个变频器恒压供水系统，系统由压力传感器检测系统管网压力，由液位传感器及数字或液位指示器对水箱的液位进行测量和显示，压力信号输入到 PID 调节器，由 PID 调节器输出信号控制变频器的输出频率，控制管网压力保持恒定。系统的电气控制电路及 PID 调节器的工作电源电压均为 AC 220V。当变频器投入运行后，数字式液位显示器经常出现误指示、乱码等情况，将变频器停机，系统恢复正常。很明显这是由变频器谐波干扰造成的，在电源端装设了市售的通用π型电源滤波器后，液位显示恢复正常，但随之又出现控制电路中的熔断器频繁熔断的问题。停电后对电路进行检查，在电路中没有发现短路点。经现场详细观察发现，在系统逐渐升速过程中，通用变频器运行在某个频率段时频率发生短路故障，而且将电动机断开后，该故障现象仍频繁出现，在去掉电源滤波器后该故障消失。对电源滤波器进行检查，其本身没有任何故障，进一步分析可知：在通用变频器运行中会产生 $6K\pm1$ 次谐波（$K=1$，2，3，…，n）分量，由于电路参数频率特性的影响，在 K 次谐波的作用下，滤波器的等效感抗与等效容抗相等，即电路处于谐振状态。由于线路阻抗非常小，使电路在谐波的作用下处于短路状态。依据上述分析得出结论：电源短路故障是由于变频器产生的谐波造成电源滤波器发生串联谐振引起的。故障原因查明后，首先采用大容量电容器代替原来的电源滤波器进行滤波，解决了电源的干扰问题。其次，由于液位指示器与变频器的相对位置不能改变，在不能使液位指示器远离变频器的情况下，将液位指示器进行了金属屏蔽，并将信号屏蔽线、金属屏蔽层做了单独接地，与系统接地分开，使信号线与电源线垂直敷设。采取上述措施后，整个系统的工作恢复正常。通过这个故障的处理得到启示：在进行变频调速控制系统的设计时，必须充分考虑变频器本身对其他控制系统的干扰，特别是谐波对控制电路电源系统的干扰影响。在设计电源滤波器时，还应考虑到在谐波的影响下可能造成的谐振等问题。

思考题与习题

一、填空

1．当变频器的输出侧发生_____或电动机_____时，变频器中将流过_____，从而易造成逆变电路中_____。

2．当电流超过某一数值时，变频器通过_____电力半导体器件，切断_____电流，或者_____电动机的运行状态，减小变频器的_____。

3．当电源电压突然_____，或者电动机_____时，_____来不及释放，使电动机的_____增加，主电路直流电压超过电压检测值，形成_____。

4．变频器外部的干扰往往通过_____侵入变频器，对调速系统的正常运转造成_____影响。这种干扰大多数是以变频器_____为媒介进入的。

5．变频器的输入部分为整流回路，整流回路具有_____特性，必然会产生_____。如不采取必要的措施，这些_____会回馈给电源，使输入电源的电压波形发生_____，造成电源的_____。

二、选择

1．电子热继电器如同双金属片热继电器一样，对电动机和变频器都具有什么保护功能？（　　）

A．短路保护　　　　　B．过电压保护　　　　　C．过载保护　　　　　D．反接保护

2．反时限保护功能是：系统继续运行的时间与实际电流与额定电流的比值（　　　　）。

A．成正比　　　　　B．成反比　　　　　C．成平方根关系　　　D．没有关系

3．当电动机的绕组或变频器到电动机之间的传输线中有一相接地时，会出现什么故障？（　　）

A．过电流故障　　　　　　　　　　B．欠电压故障

C．过热故障　　　　　　　　　　　D．三相电压不平衡故障

4．变频器运行时会产生高次谐波，严重时，将影响公共电源和其他电气设备。抑制高次谐波，除了选择合理的主电路外，还应同时采取（　　　）措施。

A．将变频系统屏蔽　　　　　　　　B．输入、输出端口装电抗器

C．加滤波器   D．隔离安装

三、简答

1．通常得到较大过载保护的措施是什么？变频器是怎样解决过载保护的？

2．变频器传动电路中为什么会产生过电压？通常采取什么措施进行过电压保护？

3．什么原因引起欠电压？欠电压的危害是什么？

4．高次谐波会产生哪些负面影响？国家标准 GB/T 14549—1993 中对谐波含量是怎样规定的（380V 电网）？

5．在交流变频调速系统中存在着哪些干扰？这些干扰大多数是通过什么途径侵入的？简述对各种干扰的抑制措施。

6．变频器本身对哪些电气设备会产生干扰？这些干扰的主要形式是什么？

7．通过案例分析学习，你能得到哪些启示？

四、计算

一台额定电流为 15A 的三相通用变频器，接在 220/380V 的电网中，频率 20Hz，需要安装一台输入电抗器，此台电抗器的电感量需要多大？额定电流至少多大？

项目六

变频器的安装与使用

【项目任务】
- 熟悉变频器安装要求及安装规范。
- 掌握变频器接线。
- 熟悉变频器的测量仪器及测量方法。
- 掌握变频器的调试方法和维护规范。
- 熟悉变频器的通信组网。

【项目说明】

正确安装变频器是合理使用变频器的基础，变频器各种参数的测量、日常维护及使用时应注意的事项是正确使用变频器的关键。本项目介绍了通用变频器的安装要求、接线要点，然后叙述变频器的测量、维护及与外围设备的连接等操作过程。

6.1 变频器的安装

【知识目标】　　变频器安装场所的条件。
变频器安装空间的要求。
安装柜的设计要求。
变频器与电动机距离的要求。

6.1.1 安装使用环境要求

变频器是全晶体管设备，属于精密仪器，必须确保设置环境能充分满足 IEC 标准及国标对变频器所规定环境的容许值，使变频器能稳定地工作，发挥所具有的性能。

变频器最好安装在室内，避免阳光直接照射；如果必须安装在室外，则要加装防雨水、冰、雾和防高、低温的装置。

在野外运行的变频器还要加设避雷器，以免遭雷击，要求所安装的墙壁不受振动；在不加装安全柜时，要求变频器安装在牢固的墙壁上，墙面材料应为钢板或其他非易燃物。

1. 安装设置场所的要求条件

① 结构房或电气室应湿气少，无水浸。
② 无爆炸性、燃烧性或腐蚀性气体和液体，粉尘少。
③ 变频器装置容易搬入安装。

④ 应有足够的空间，便于维修检查。

⑤ 应备有通风口或换气装置，以排出变频器产生的热量。

⑥ 应与易受变频器产生的高次谐波和无线电干扰的装置分离。

2. 周围温度

变频器运行中周围温度的容许值多为 0～40℃或-10～50℃，避免阳光直射。

① 安装环境上限温度。单元型变频器安装柜使用时，根据经验，变频器运行时，安装柜内的温度将比周围环境温度高出 10℃左右，所以上限温度多定为 50℃。全封闭结构，上限温度为 40℃的壁挂型变频器装入安装柜使用时，为了减小温升，可以装设厂家选用件，如通风板或者取掉单元外罩等。

② 安装环境下限温度。在不发生冻结的前提条件下，周围温度的下限值多为 0℃或 -10℃。

3. 周围湿度

要注意防止水或水蒸气直接进入变频器内，以免引起漏电，甚至打火、击穿。周围湿度过高，会使电气绝缘降低和金属部分腐蚀。因此周围湿度的推荐值为 40%～80%。另外，变频柜安装平面应高出水平地面 800mm 以上。

4. 周围气体

变频器在室内安装时，其周围不可有腐蚀性、易燃、易爆的气体，否则很容易使金属部分产生锈蚀，或者由于开关、继电器等在电流通断过程中产生的电火花而引燃、引爆气体。另外，还要选择粉尘和油雾少的场所，保证变频器安全运行。

5. 海拔高度

变频器的安装场所一般在海拔 1 000m 以下，超高则气压降低，容易产生绝缘破坏。对于进口变频器，一般绝缘耐压以海拔 1 000m 为基准，在 1 500m 降低 5%，在 3 000m 降低 20%。此外，海拔越高，冷却效果下降越多，必须注意温升。

6. 振动

变频器的耐振性因机种的不同而不同，设置场所的振动加速度多被限制在 0.3～0.6g（振动强度≤5.9m/s^2）以下。对于机床、船舶等事先能预测振动的场合，必须选择有耐振措施的机种。也可以采取一些防振措施，例如，加装隔振器或采用防振橡胶等。另外，在有振动的场所安装变频器，必须定期进行检查和加固。

6.1.2 安装空间

在安装空间上，要保证变频器与周围墙壁留有 15cm 的距离，有通畅的气流通道，如图 6-1 所示。

变频器工作时，其散热片的温度可达 90℃，故安装底板必须为耐热材料。此外，还要保证不会有杂物进入变频器，以免造成短路或更大的故障。变频器的几种常用安装方式如图 6-2 所示。

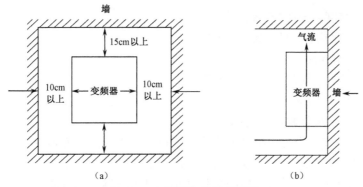

图 6-1　变频器的安装示意图

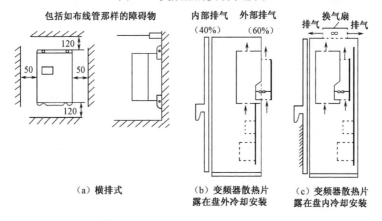

图 6-2　变频器的几种常用安装方式

很多生产现场将变频器安装于电气安装柜内，这时应注意散热问题。变频器的最高允许温度 T_i=50℃，如果安装柜的周围温度 T_a=40℃（max），则必须使柜内温升在 T_i-T_a= 10℃以下。关于散热有以下两种情况。

① 电气柜如果不采用强制换气，则变频器发出的热量经过电气柜内部的空气，由柜表面自然散热。这时，散热所需要的电气柜有效表面积 A 用下式计算。

$$A = \frac{Q}{h(T_s - T_a)} \tag{6-1}$$

式中　Q——安装柜总发热量（W）；

h——传热系数（散热系数）；

A——安装柜有效散热面积，去掉靠近地面、墙壁及其他影响散热的面积（m²）；

T_s——电气柜的表面温度（℃）；

T_a——周围温度（℃，一般最高时为 40℃）。

② 设置换气扇，采用强制换气时，散热效果更好，是表面自然对流散热无法比拟的。换气流量 P 可用下式计算，该式也可用于计算风扇容量。

$$P = \frac{Q \times 10^{-3}}{\rho C(T_0 - T_a)} \tag{6-2}$$

式中　Q——电气柜内总发热量（W）；

ρ——空气密度，ρ=1.057 kg/m^3（50℃时）；

C——空气的比热容，C=1.0kJ/kg·℃；

P——流量（m^3/s）；

T_0——排气口的空气温度（℃），50℃；

T_a——周围温度（在给气口的空气温度，℃），40℃。

使用强制换气时，应注意以下问题：

- 从外部吸入空气的同时也会吸入尘埃，所以在吸入口应该安装空气过滤器。在柜门上设置屏蔽垫，在电缆引入口设置精梳板，当电缆引入后，就会自动密封起来。
- 当有空气过滤时，如果吸入口的面积太小，则风速增高，过滤器会在短时间内堵塞，而且压力损失增高，会降低风扇的换气能力。另外，由于电源电压的波动有可能使风扇的能力降低，应该选定约有20%余量的风扇。
- 因为热空气会从下往上流动，所以最好选择从安装柜的下部供给空气，向上部排气的结构，如图6-3（a）所示。

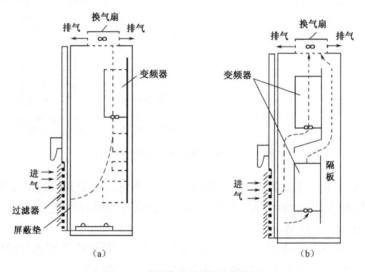

图6-3 安装柜强制换气安装图

- 当需要在邻近并排安装两台或多台变频器时，台与台之间必须留有足够的距离。当竖排安装时（如图6-3（b）所示），变频器间距至少为50cm，变频器之间应加隔板，以增加上部变频器的散热效果。

6.1.3 安装柜的设计及选择

变频器安装柜的设计是正确使用变频器的重要环节，考虑到柜内温度的增加，不得将变频器存放于密封的小盒之中或在其周围堆置零件、热源等。柜内的温度应保持不超过50℃。在柜内安装冷却（通风）扇时，应设计成冷却空气能通过热源部分。变频器和风扇安装位置不正确的话，会导致变频器周围的温度超过规定数值。总之，要计算柜内所有电气装置的运行功率和散热功率、最大承受温度，综合考虑后计算出安装柜的体积，选择柜体材料、散热方式、换流形式等。

由于变频器技术是很成熟的技术，所以有许多现行、通用的安装柜可供选择和参考。图

6-4 所示为变频器安装柜的几种设计形式。安装柜大致分为开式和闭式两种形式。其优缺点对比如表 6-1 所示,机柜安装处的周围条件(温度、湿度、粉尘、有害气体、爆炸危险等)决定了机柜所应达到的保护等级 IP××。

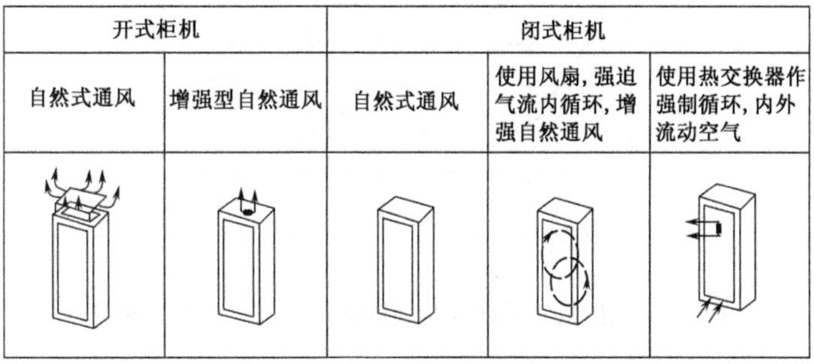

开式柜机		闭式柜机		
自然式通风	增强型自然通风	自然式通风	使用风扇,强迫气流内循环,增强自然通风	使用热交换器作强制循环,内外流动空气

图 6-4　变频器安装柜的几种设计形式

表 6-1　变频器安装柜几种形式的对比

开式机柜		闭式机柜		
自然式通风	增强型自然通风	自然式通风	增强内循环,外部自然通风	使用热交换器作强制循环,内外都流动空气
主要通过自然对流进行散热,机柜壁也有一点散热作用	通过加装风扇提高空气的流动,增强散热效果	只通过机柜壁散热,柜内只允许有较低的功率消耗。在机柜内常发生热集聚现象	只能通过柜壁散热,内部空气的强制流动改善了散热条件,并防止了热集聚	通过内部的热空气和外部的冷空气的交换来散热。这就增大了热交换的有效面积,此外强制性的内外循环可带出更多的热量
保护级别 IP20	保护级别 IP20	保护级别 IP54	保护级别 IP54	保护级别 IP54
在下述条件下,柜内允许消耗的典型功率: 机柜尺寸:600mm×600mm×2 000mm; 机柜的内外温差为 20℃,如果温差不超过 20℃,请参考机柜制造厂家提供的机柜温度特性				
最高 700W	最高 2 700W(在带一个小型过滤器时为 1 400W)	最高 260W	最高 360W	最高 1 700W

安装柜内允许消耗的功率决定于机柜的类型、机柜周围环境的温度和机柜内各设备的布局。图 6-5 所示为机柜内设备的功耗与周围最高温度之间的关系曲线。

图中的曲线 1、2 和 3 分别对应下述类型的柜子:

① 曲线 1 对应的是具有热交换器的闭式机柜,热交换器的尺寸为 920mm×460mm×111mm。

② 曲线 2 对应的是通过自然对流通风的机柜。

③ 曲线 3 对应的是通过风扇进行强制循环和自然通风的闭式机柜。

表 6-2 所示为安装柜的温升为 10℃,周围温度为 40℃,不同变频器所对应的安装柜尺寸,可供读者选择和参考。

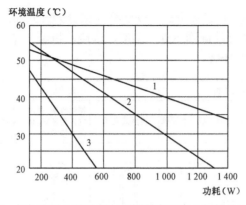

图 6-5　机柜内设备的功耗与周围最高温度之间的关系曲线

表 6-2　变频器安装柜参考尺寸

变频器装置		损耗（额定时）	密封型尺寸（mm）			风扇冷却尺寸（mm）		
电压（V）	容量（kW）	（W）	宽	深	高	宽	深	高
200/220	0.4	62	400	250	700	—	—	—
	0.75	118	400	400	1 100	—	—	—
	1.5	169	500	400	1 600	—	—	—
	2.2	190	600	400	1 600	—	—	—
	3.7	273	1 000	400	1 600	—	—	—
	5.5	420	1 300	400	2 100	600	400	1 200
	7.5	525	1 500	400	2 300	—	—	—
400/440	0.75	102	400	400		—	—	—
	1.5	130	400	400	1 400	—	—	—
	2.2	150	600	400	1 600	—	—	—
	3.5	195	600	400	1 600	—	—	—
	5.5	290	700	600	1 900	—	—	—
	7.5	385	1 000	600	1 900	600	400	1 200
	11	580	1 600	600	2 100	600	600	1 600
	15	790	2 200	600	2 300	600	600	1 600
	22	1 160	2 500	1 000	2 300	600	600	1 900
	30	1 470	3 500	1 000	2 300	700	600	2 100
	37	1 700	4 000	1 000	2 300	700	600	2 100
	45	1 940	4 000	1 000	2 300	700	600	2 100
	55	2 200	4 000	1 000	2 300	700	600	2 100
	75	3 000	—	—	—	800	550	1 900
	110	4 300	—	—	—	800	550	1 900
	150	5 800	—	—	—	900	550	2 100
	220	8 700	—	—	—	1 000	550	2 300

6.1.4 变频器的防尘

变频器在工作时产生的热量靠自身的风扇强制制冷。空气通过散热通道时，空气中的尘埃容易附着或堆积在变频器内的电子元件上，从而影响散热。当温度超过允许工作温度时，会造成跳闸，严重时会缩短变频器的寿命。在变频器内的电子元件与风道无隔离的情况下，由尘埃引起的故障更为普遍。因此，变频器的防尘问题应引起重视，下面介绍常用的几种防尘措施。

1. 设计专门的变频器室

当使用的变频器功率较大或数量较多时，可以设计专门的变频器室。房间的门窗和电缆穿墙孔要求密封，防止粉尘侵入；要设计空气过滤装置和循环通道，以保持室内空气正常流通；保证室内温度在 40℃以下。统一管理，有利于检查维护。

2. 将变频器安装在设有风机和功率装置的柜子里

当用户没有条件设立专门的变频器室时，可以考虑制作变频器防尘柜。设计的风机和过滤网要保证柜内有足够的空气流量。用户要定期检查风机，清除过滤网上的灰尘，防止因通风量不足而使温度增高至超过规定值。

3. 选用防尘能力较强的变频器

市场上变频器的规格型号很多，用户在选择时，除了价格和性能外，变频器对环境的适应性也是值得注意的一个因素。一些进口的变频器，例如 ACCUTROL200，没有冷却风机，靠其壳体在空气中自然散热。它与风冷式变频器相比，尽管体积较大，但器件的密封性能好，不受粉尘影响，维护简单，故障率低，工作寿命长，特别适合在有腐蚀性工业气体和粉尘的场合使用。

4. 减少变频器的空载运行时间

通用变频器在工业生产过程中，一般都经常接通电源，通过变频器的"正转/反转/公共端"控制端子（或控制面板上的按键），来控制电动机的启动/停止和旋转方向。一些设备可能是时开时停，变频器空载时风扇仍在运行，吸附了一些粉尘，这是不必要的。生产操作过程中，应尽量减少变频器的空载时间，从而减小粉尘对变频器的影响。

5. 建立定期除尘制度

用户应根据粉尘对变频器的影响情况，确定定期除尘的时间间隔。除尘可采用电动吸尘器或压缩空气吹扫。除尘之后，还要注意检查变频器风机的转动情况，检查电气连接点是否松动发热。

图 6-6 所示为变频器控制柜中的内部结构，图 6-7 是变频器室中的控制柜排。

图 6-6　变频控制柜内部结构

图 6-7　变频器室中的变频控制柜排

6.1.5　变频器与电动机的距离

在使用现场，变频器与电动机安装的距离可以分为三种情况：远距离、中距离和近距离。100m 以上为远距离，20～100m 为中距离，20m 以内为近距离。

变频器在运行中，其输出端电压波形中含有大量谐波成分。如前所述，这些谐波将产生极大的负作用，影响变频器系统的功能，适当地设计变频器的安装位置及变频器与电动机的连接距离，可减小谐波的影响。远距离的连接会在电动机的绕组两端产生浪涌电压，叠加的浪涌电压会使电动机的绕组电流增大，电动机的温度升高，绕组绝缘损坏。因此，希望变频器尽量安装在被控电动机的附近，但是在实际生产现场，变频器和电动机之间总会有一定的距离，可以直接将电动机与变频器连接；如果变频器和电动机之间的距离在 20～100m 之间，则需要调整变频器的载波频率来减少谐波和干扰；而当变频器和电动机之间的距离在 100m 以上时，不但要适度降低载波频率，还要加装浪涌电压抑制器或输出用交流电抗器。不同型号的变频器在这方面的性能有所不同。

在集散控制系统中，由于变频器的高频开关信号的电磁辐射对电子控制信号会产生一些干扰，因此，常常把大型变频器放到中心控制室内。而大多数中、小容量的变频器则安装在生产现场，这时可采用 RS-485 串行通信方式来连接。若还要加长距离，可以利用通信中继器，这时可达 1km 的距离。如果采用光纤连接器，可以达到 23km 之远。采用通信电缆连接，可以很方便地构成多级驱动控制系统，实现主/从和同步控制等要求。当前，较为流行的是现场总线控制技术，比较典型的现场总线有 Profibus、LonWonks、FF 等。其最大特点是用数字信号取代模拟信号，模拟现场信号电缆被高容量的现场总线网络取代，从而使数据传输速度大大提高，实现控制彻底分散化。这种分散有利于缩短变频器到电动机之间的距离，使系统布局更加合理。

6.2 变频器的接线

【知识目标】 熟练掌握变频器主电路的接线方式和接线工艺。

熟练掌握变频器控制电路的接线方式和接线工艺。

各种系列的变频器都有其标准的接线方式，这些接线规定与变频器功能的充分发挥有紧密的关系，用户应该严格按照说明书的规定接线。要求用户仔细阅读使用说明书，熟悉所用变频器的功能和接线。

6.2.1 主电路接线

1. 一般型号的变频器主电路接线注意事项

① 在电源和变频器的输入侧应安装一个带有接地漏电保护的断路器，它对变频电流比较敏感；另外，还要加装一个空气开关和交流电磁接触器。空气开关本身带有过流保护功能，并且能自动复位，在故障条件下，可以用手动来操作。交流电磁接触器由触点输入控制，可以连接变频器的故障输出和电动机过热保护继电器的输出，从而在故障时使整个系统从输入侧切断电源，实现及时保护。如果交流电磁接触器和漏电保护开关同时出现故障，则空气开关也能提供可靠的保护。

② 应在变频器和电动机之间加装热继电器，特别在用变频器拖动大功率电动机时，尤为需要。虽然变频器内部带有热保护功能，但这对于保护外部电动机来说可能是不够的。由于用户选择的变频器容量往往大于电动机的额定容量值，当用户设定的保护值不佳时，变频器在电动机烧毁以前可能还没来得及动作；或者，变频器保护失灵时，电动机就需要外部热继电器提供保护。尤其在驱动一些旧电动机时，要考虑到生锈、老化带来的负载能力降低。综合这些因素，外部热继电器可以很直观、便捷地设定保护值。特别在有多台电动机运行或有工频/变频切换的系统中，热继电器的保护更加必要。

③ 当变频器与电动机之间的连接线太长时，由于高次谐波的作用，会使热继电器误动作。因此，需要在变频器和电动机之间安装交流电抗器或用电流传感器配合继电器进行热保护来代替热继电器。

④ 变频器系统接地的主要目的是防止漏电及干扰的侵入或对外辐射。回路必须按电气设备技术标准和规定接地，采用实用牢固的接地桩。变频器的接地方式如图 6-8 所示。图 6-8（a）所示方式最好，图 6-8（b）所示方式中其他机器的接地线未连到变频器上，基本可以，图 6-8（c）所示方式则不可。

对于单元型变频器，接地电线可直接与变频器的接地端子连接；当变频器安装在配电柜内时，则与配电柜的接地端子或接地母线连接。不管哪一种情况，都不能经过其他装置的接地端子或接地母线，而必须直接与接地电极或接地母线连接。根据电气设备技术标准，接地电线必须用直径 1.6mm 以上的软铜线。

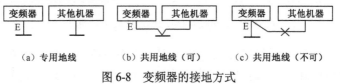

（a）专用地线　　　（b）共用地线（可）　　　（c）共用地线（不可）

图 6-8　变频器的接地方式

⑤ 为了增强传动系统的可靠性，保护措施的设计原则一般是多重冗余，单一的保护设计虽然可以节省资金，但会降低系统的整体安全系数。

2. 主电路各端子的具体连接注意事项

（1）主电路电源输入端（L_1/R、L_2/S、L_3/T）

主电路电源端子通过线路保护用断路器和交流电磁接触器连接到三相电源上，无须考虑连接相序。变频器保护功能动作时，能使接触器的主触点断开，从而及时切除电源，防止故障扩大。不能采用主电路电源的开/关方法来控制变频器的运行与停止，而应使用变频器本身的控制键来控制。另外，还要注意变频器的电源是三相还是单相，不能接错。

（2）变频器的输出端子

变频器的输出端子应按正确相序连接到三相异步电动机。如果电动机的旋转方向不对，则交换 U、V、W 中任意两相接线。变频器的输出侧不能连接电容器和电流浪涌吸收器。驱动较大功率电动机时，在变频器输出端与电动机之间要接热继电器。图 6-9 所示为主电路基本接线图。

当变频器和电动机之间的连线很长时，电线间的分布电容会产生较大的高频电流，可能会导致变频器过电流跳闸、漏电流增加、电流显示精度变差等。因此，3.7kW（含 3.7kW）以下的电动机连线不要超过 50m，5.5kW（含 5.5kW）以上的不要超过 100m。如果连线必须很长，可使用外选件输出电路滤波器（OFL 滤波器）。这些要求如图 6-10 所示。

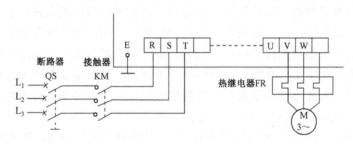

图 6-9　主电路基本接线图

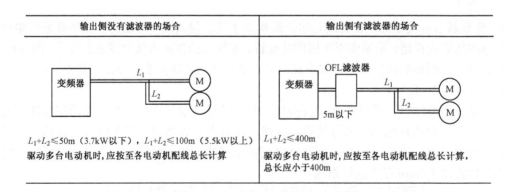

图 6-10　变频器与电动机连接要求示意图

变频器与电动机之间的导线线径的选择。因为频率下降时，电压也要下降，在电流相等的情况下，线路的电压降 ΔU 在输出电压中所占比例将上升，而电动机得到的电压的比例则下降，有可能导致电动机发热。所以，在决定变频器与电动机之间导线的线径时，最关键的因素是线路电压降ΔU的影响。一般要求：

$$\Delta U \leqslant （2\sim3）\%U_\mathrm{N} \tag{6-3}$$

式中　U_N——电动机的额定电压（V）。

　　　ΔU的计算公式为：

$$\Delta U = \frac{\sqrt{3}I_\mathrm{MN}R_0L}{1\,000} \tag{6-4}$$

式中　I_MN——电动机的额定电流（A）；

　　　R_0——单位长度导线的电阻（$\mathrm{m\Omega/m}$）；

　　　L——导线的长度（m）。

常用电动机引出线的单位长度电阻值如表 6-3 所示。

表 6-3　电动机引出线的单位长度电阻值

标称截面积（mm^2）	1.0	1.5	2.5	4.0	6.0	10.0	16	25.0	35.0
R_0（$\mathrm{m\Omega/m}$）	17.8	11.9	6.92	4.40	2.92	1.73	1.10	0.69	0.49

下面举例说明。

某电动机的主要额定数据如下：$P_\mathrm{MN}=30\mathrm{kW}$，$U_\mathrm{MN}=380\mathrm{V}$，$I_\mathrm{MN}=57.6\mathrm{A}$，$n_\mathrm{mn}=1\,460\mathrm{r/min}$，变频器与电动机之间的距离为 40m，要求在工作频率为 40Hz 时，线路电压降不超过 2%。选择线径的方法如下。

$$\Delta U = 0.02 \times 380\mathrm{V} \times \frac{40\mathrm{m}}{50\mathrm{m}} = 6.08\mathrm{V}$$

由式（6-4）：

$$6.08 = \frac{\sqrt{3} \times 57.6 \times R_0 \times 40}{1\,000}$$

$R_0 \approx 1.52\mathrm{m\Omega/m}$。

由表 6-3 可知，应选择截面积为 $16\mathrm{mm}^2$ 的导线（材质为铜）。

（3）直流电抗器连接端子（P1、P（+））

这是功率因数改善用直流电抗器（选件）的连接端子，出厂时，端子上连接有短路导体。使用直流电抗器时，先取去此短路导体；不使用直流电抗线圈时，让短路导体接在电抗器上（在西门子 MM440 中是 DC/R+，B+/DC+ 两个端子）。

（4）外部制动电阻连接端子（P（+）、DB）

不同品牌的变频器，其外部制动电阻连接端子有所不同。对"富士"变频器来说，G11S型 7.5kW 以下和 P11S 型 11kW 以下的变频器有这两个端子。对前一种规格的变频器，机器内部装有制动电阻，且连接于 P（+）、DB 端子上。如果内装的制动电阻热容量不足（当高频运行或重力负载运行等）或为了提高制动力矩等，则必须外接制动电阻（选件）。连接时，先从 P（+）、DB 端子上卸下内装制动电阻的连接线，并对其线端包好绝缘，然后将外部制动电阻连接到变频器的 P（+）、DB 上。注意配线长度应小于 5m，用双绞线或双线密着并行配线，其接线如图 6-11 所示。

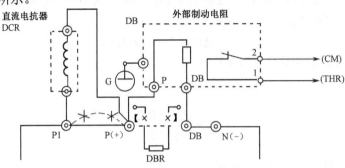

图 6-11　外部制动电阻的接线

西门子 MM440 变频器的外部制动电阻的连接端子为 B+/DC+和 B-，要求制动电阻必须垂直安装并紧固在隔热的面板上。

（5）变频器接地端子

为了安全和减少噪声，变频器的接地端子 G（或 PE）必须可靠接地。为了防止电击和火灾事故，电气设备的金属外壳和框架均应符合国家电气规章要求。接地线要短而粗，变频器系统应连接专用接地极。

6.2.2　控制电路的接线

控制信号分为连接的模拟量、频率脉冲信号和开关信号三大类。对应的模拟量控制主要包括：输入侧的给定信号线和反馈信号线，输出侧的频率信号线和电流信号线。开关信号控制线有启动、点动、多挡转速控制等可控制线。与主回路接线不同，控制线的选择和铺设要增加抗干扰措施。控制电路配线方式如图 6-12 所示。

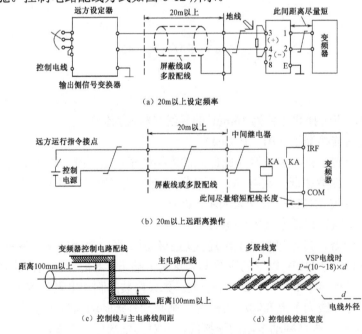

图 6-12　控制电路的配线方式

1. 电线的种类

一般情况下，控制信号的传送采用聚氯乙烯电线、聚氯乙烯护套屏蔽电线。

2. 电缆的粗细

控制电缆导体的粗细必须考虑机械强度、电压降及铺设费用等。推荐使用导体截面积为 $1.25mm^2$ 或 $2mm^2$ 的电缆。但是如果铺设距离短，电压降在容许值以内，也可使用 $0.75mm^2$ 的电缆。

3. 电缆的分离

变频器的控制电缆与主回路电缆或其他电力电缆分开铺设，且尽量远离主电路 100mm 以上；尽量不和主电路电缆交叉，必须交叉时，应采取垂直交叉的方式。

4. 电缆的屏蔽

当电缆不能分离或者即使分离也不会有抗干扰效果时，必须进行有效屏蔽。电缆的屏蔽可利用已接地的金属管或者金属通道和带屏蔽的电缆。屏蔽层靠近变频器的一端，应接控制电路的公共端（COM），但不要接到变频器的地端（E 或 G），如图 6-13 所示，屏蔽层另一端悬空。

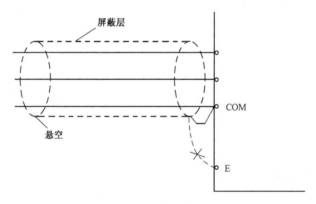

图 6-13　屏蔽线的接法

5. 绞合电缆

信号电压、电流回路（4～20mA，0～5V/1～5V）应使用电缆。长距离的控制回路电缆应采用绞合线，而且是屏蔽了的铠装线，绞合线的绞合间距应尽可能小。

6. 铺设路线

由于电磁感应干扰的大小与电缆的长度成比例，所以应尽可能地以最短的路线铺设。特别是与频率表端子连接的电缆长度应在 200m 以下（电缆的容许长度因机种而不同，可根据说明书等确定）。铺设距离越长，频率表的指示误差将越大。另外，大容量变压器和电动机的漏磁通会对控制电缆直接感应，产生干扰，电缆线路要尽量远离这些设备。同时，信号电压、电流回路使用的电缆，不要接近装有很多断路器和继电器的控制柜。

7. 控制电线的接地

① 信号电压、电流回路（4～20mA，0～5V/1～5V）的电线取一点接地，接地线不作为传送信号的电路使用。

② 使用屏蔽电线时要使用绝缘屏蔽电线，以免屏蔽金属与被接地的通道金属管接触。

③ 电线的接地在变频器侧进行，使用专设的接地端子，不与其他的接地端共用。

④ 屏蔽电线的屏蔽层应与电线导体同样长。电线在端子箱里进行中继时，应装设屏蔽端子进行互相连接。

8. 大电感线圈的浪涌电压吸收电路

接触器、电磁继电器的线圈及其他各类电磁铁的线圈，都具有很大的电感。它们在与变频器的控制端子连接时，在接通和断开的瞬间，由于电流的突变，会产生很高的感应电动势，因而在电路内会形成峰值很高的浪涌电压，导致系统内部保护电路误动作。所以，在电感线圈的两端，必须接入浪涌电压吸收电路。在大多数情况下，可采用阻容吸收电路，如图 6-14（a）所示；在直流电路的电感线圈中，也可以只用一个二极管，如图 6-14（b）所示。

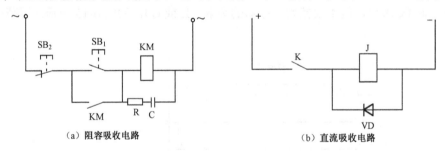

（a）阻容吸收电路　　　　　　　　　　　　（b）直流吸收电路

图 6-14　浪涌电压吸收电路

6.3　变频器的测量

【知识目标】　了解各种测量仪表的工作原理及所测的物理量。

　　　　　　掌握输入侧各电气参量的测量。

　　　　　　掌握输出侧各电气参量的测量。

由于通用变频器的波形都是斩波波形，PWM 波形是最常见的波形，这使变频器的输入和输出含有高次谐波，所以在选择测量仪表的测试方式时应该区分不同的情况。

6.3.1　目前常见的测量仪表

目前常见的测量仪表很多，这里仅介绍几种最常用的仪表。

1. 动铁式仪表

动铁式仪表测量的是有效值，它的值由固定线圈的磁场与其内部的可动铁之间的相互作用的磁场力所确定的偏转角度确定。读数误差是由可动铁的磁饱和以及谐波对线圈内的电感的影响所引起的。仪表精度一般是 0.5 级。

2. 整流式仪表

交流电流经整流然后作用于动圈式直流表，按交流电流的有效值确定刻度。其有效值是由整流平均值乘以波形系数求出的。这种仪表基本是用于测量正弦电流的，而正弦电流的波形系数是 $\dfrac{\pi}{2\sqrt{2}} \approx 1.11$，因此在测量非正弦电流的波形时，应该注意波形系数。典型的仪表精度是 1.0 级。

3. 热电式仪表

温升与测量电流产生的热量成正比，该温升被热电偶转换为直流电动力，其电流有效值由直流毫伏表指示。

4. 电动式仪表

电流指示值具有均匀的刻度，其指针偏转角度表示两个线圈间的力，也就是它的驱动转矩。典型的仪表精度为 0.5 级。

5. 谐波分析仪

输入信号由高速 A/D 采样，存储于缓冲存储器内，结果显示在屏幕上。可测量电压、电流、功率等基波值和谐波值，并显示其曲线。目前，特别适于变频器测量的谐波分析仪有 FLUKE 公司的 F43 和 F41B。

6.3.2 变频器的测量与仪表的选择

对变频器进行测量的电路如图 6-15 所示。仪表的选择影响测量的精度。以下对变频器的测量与普通交流 50Hz 电源的测量的不同方面加以说明。

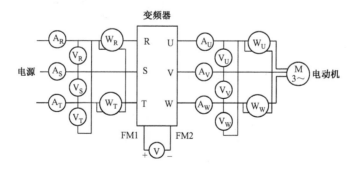

图 6-15 变频器的测量电路

1. 变频器的输出电流

变频器的输出电流与电动机铜损引起的温升有关，仪表的选择应该能精确测量出畸变电流波形的有效值。可以使用热电式电流表，但必须小心操作。使用动铁式仪表是最佳选择。

2. 变频器的输出电压

电动机的输出转矩依赖于电压基波有效值。由于 PWM 变频器的电压平均值正比于输出电压基波有效值，那么测量输出电压的最合适的方法是使用整流式电压表，并考虑选用适当的转换因子表示其实际基波的有效值。

3. 变频器的输入/输出功率

可以用三个测量表分别测量各相的功率。当三相不对称时，用两个功率表测量将会带来误差。不平衡率超过 5%额定电流时，应用三个功率表测量。

6.3.3 输入侧的测量

变频器输入电源是 50Hz 交流电源，其测量基本与标准的交流工业电源的测量相同，但是由于变频器的逆变侧的 PWM 波形影响到一次侧的波形，因此应该注意以下几点。

1. 输入电流的测量

使用动铁式电流表测量输入电流的有效值。当输入电流不平衡时，测量三相电流，取其平均值，用下式计算：

$$I_{\text{ave}} = \frac{I_R + I_S + I_T}{3} \tag{6-5}$$

2. 输入功率的测量

使用电动式功率表测量输入功率，通常可以采用图 6-15 所示的两个功率表测量。如果额定电流不平衡率超过 5%，应使用三个功率表测量。电流不平衡率用下式求出：

$$电流不平衡率 = \frac{最大电流 - 最小电流}{三相平均电流} \times 100\% \tag{6-6}$$

3. 输入功率因数的测量

由于输入电流包括高次谐波，测量输入电流时会产生较大误差，因此用下列表达式获得输入功率因数：

$$输入功率因数 = \frac{输入功率}{\sqrt{3} \times 输入电压 \times 输入电流（三相平均值）} \tag{6-7}$$

表 6-4 所示是使用不同电源系统测量的例子。

表 6-4 使用不同电源系统测量的例子

系统结构	输出频率（Hz）	电动机负载率（%）	输入电压（V） R-S S-T T-R	输入电流（A）				输入功率（kW）		功率因数
				R	S	T	a*	b*	c*	d*
没有电抗器系统	60	100	200 200 198	11.2	12.7	11.8	11.9	2.80	2.82	99
	60	0	200 200 199	1.10	1.35	1.30	1.25	0.22	0.22	96
	30	100	200 200 198	7.45	8.30	7.80	7.85	1.72	1.74	98
	30	0	200 200 199	1.15	1.45	1.40	1.33	0.24	0.24	95
有交流电抗器系统	60	100	200 200 198	8.65	9.15	9.65	9.15	2.73	2.74	99
	60	0	200 200 199	0.85	1.10	1.05	1.00	0.22	0.22	96
	30	100	200 200 198	5.55	5.85	6.25	5.88	1.60	1.62	99
	30	0	200 200 199	0.85	1.15	1.10	1.03	0.23	0.23	97
有直流电抗器系统	60	100	200 200 198	8.25	8.55	8.80	8.53	2.76	2.78	100
	60	0	200 200 199	0.70	0.98	0.98	0.89	0.21	0.20	96
	30	100	200 200 198	4.95	5.40	5.50	5.28	1.62	1.64	100
	30	0	200 200 199	0.77	1.01	1.00	0.93	0.22	0.22	98

注：$a*$表示三相电流平均值，$b*$表示用三个功率表的测量值，$c*$表示用两个功率表的测量值，$d*$表示功率因数测量值。

R、S、T 指三相。

4. 电源阻抗的影响

在测量时需要注意电源阻抗值的大小，它影响输入功率因数和输出电压。有条件时，最好进行精确的测量，采用谐波分析仪对各次谐波进行分析，然后对系统进行综合分析判断，其标准为综合电压畸变率 D。

$$D = \frac{\sqrt{U_1^2 + U_2^2 + U_3^2 + \cdots}}{U_1} \times 100\% \qquad (6-8)$$

式中 U_1——基波电压（V）；
　　　U_2——二次谐波电压（V）；
　　　U_3——三次谐波电压（V）。

作为对低压配电线的高次谐波的管理指导值，电压的综合畸变率 D 应在 5% 以下。所以当 $D > 5\%$ 时，应接入交流电抗器或直流电抗器，以抑制高次谐波电流。

6.3.4　输出侧的测量

变频器的输出因频率变化而有一些变化，测量时需要注意以下几点。

1. 输出电压的测量

变频器的输出为 PWM 波形，含有高次谐波，而电动机转矩主要依赖于基波电压有效值。在常用仪表中，整流式电压表是最合适的选择，使用整流式电压表的测量结果最接近谐波分析仪测量的谐波电压值，而且结果与变频器的输出频率有极好的线性关系。

2. 输出电流的测量

输出电流需要测量包括基波和其他高次谐波在内的总有效值。因此常用的仪表是动圈式电流表（在有电动机负载时，基波有效值和总有效值差别不大）。为测量方便而采用电流互感器时，在低频情况下电流互感器可能饱和，所以必须选择适当容量的电流互感器。

3. 输出功率与功率因数

如图 6-15 所示，功率测量可以采用两个功率表进行，但是当电流不平衡率超过 5%时，应使用三个功率表进行测量。

对变频器而言，通常不使用标准的功率因数，因为变频器的输出电压随着频率而变化。功率因数可以用公式解出，但是，由于它随频率而变化，所以在实际中往往不测量变频器的输出功率因数。

4. 变频器的效率

变频器的效率需要经过输入、输出实验，测出有功功率，然后根据下式求出：

$$\text{变频器的效率} = \frac{\text{输出有功功率}}{\text{输入有功功率}} \times 100\% \tag{6-9}$$

6.4 变频器的调试与维修

【知识目标】 掌握变频器通电前检查步骤。
掌握变频器调试程序及步骤。
掌握变频器维护和检查的内容和事项。
学习和掌握变频器故障排除的方法及技巧。

变频器从生产工厂经运输、销售最后到达用户手中，要经过多个环节，在此过程中很难避免不出任何问题。因此，用户在收到变频器时，必须进行必要的验收和测试。

6.4.1 通电前检查

首先检查变频器的型号、规格是否有误，随机附件及说明书是否齐全，然后还要检查外观是否有破损、缺陷，零部件是否有松动，端子之间、外露导电部分是否有断路、接地现象。特别需要检查是否有下述接线错误。

① 输出端子（U、V、W）是否误接了电源线。
② 制动单元用端子是否误接了制动单元放电电阻以外的导线。
③ 屏蔽线的屏蔽部分是否像使用说明书规定的那样正确连接了。

6.4.2 通电与预置

一台新的变频器在通电时，输出端可先不接电动机，而对它进行各种功能参数的设置。

① 熟悉操作面板，了解面板上各按键的功能，进行试操作，并观察显示屏的变化情况。
② 按说明书要求进行"启动"和"停止"等基本操作，观察变频器的工作情况是否正常，

进一步熟悉操作面板的操作要领。

③ 进行功能预置。按变频器说明书上介绍的"功能预置方法和步骤"进行功能码的设置。预置完毕，先通过几个较容易观察的项目，如升速和降速时间、点动频率、多挡速度等检查变频器执行情况，判断其是否与预置的相吻合。

④ 将外接输入控制线接好，逐项检查外接控制功能的执行情况。

⑤ 检查三相输出电压是否平衡。如果出现不平衡，除了逆变器各相大功率开关器件的管压降不一致以外，主要是由三相电压 PWM 波半个周期中的脉冲个数、占空比及分布不同而引起的。由 GTR（BJT）所构成的逆变器由于载波低（开关频率），在低频阶段，半个周期的脉冲个数少。由于上述原因，自然会造成各相输出电压不对称。而由 IGBT 或 MOSFET 构成的逆变器，由于载波（开关频率）高，上述原因对输出电压影响不大。从这个角度讲，IGBT 逆变器比 GTR（BJT）逆变器优越。

6.4.3　带电动机空载试验

1. 试验的主要内容

在变频器的输出端子接上电动机，但电动机与负载脱开，然后进行通电试验。这样做的目的是观察变频器配上电动机后的工作情况，同时校准电动机的旋转方向，试验的主要内容为：

① 根据电动机的功率、极数，综合考虑变频器的工作电流、容量和功率，根据系统的工作状况要求来选择设定功率和过载保护值。

② 设定变频器的最大输出频率、基频，设置转矩特征。如果是风机和泵类负载，要将变频器的转矩代码设置成变转矩和降转矩运行特性。

③ 设置变频器的操作模式，按运行键、停止键，观察电动机是否能正常启动、停止。

④ 掌握变频器运行发生故障时的代码，观察热保护继电器的出厂值，观察过载保护的设定值，需要时可以修改。

2. 变频器的空载试验步骤

① 合上电源后，先将频率设置为 0，然后缓慢增大工作频率，观察电动机起转情况及旋转方向是否正确。

② 将频率上升至额定频率，让电动机运行一段时间。如果一切正常，再选若干个常用的工作频率，也使电动机运行一段时间。

③ 将给定频率信号突降至零（或按停止按钮），观察电动机的制动情况。

6.4.4　带负载调试

将电动机输出轴与机械的传动装置连接起来，进行试验。

1. 启动/停止试验

手动操作变频器面板的运行、停止键，观察电动机运行、停止过程及变频器的显示窗，看是否有异常现象。如果启动/停止电动机过程中，变频器出现过流保护动作，须重新设定加/减速时间。起停实验的具体做法是：使工作频率从 0Hz 开始慢慢增加，观察拖动系统能否起转；在多个频率下起转；如果起转比较困难，应设法加大启动转矩或采取其他措施。 变频器带动电动机在启动过程中达不到预设速度，可能有两种情况：

① 系统发生机电共振，这可以通过听电动机运转的声音进行判断。采用设置频率跳跃值的方法，可以避开共振点，一般变频器能设定三级跳跃点。

② 电动机的转矩输出能力不够。不同品牌的变频器出厂参数设置不同，可能造成在相同的条件下，电动机的带负载能力不同；也可能因变频器控制方法不同，造成电动机的带负载能力不同；或因系统的输出效率不同，造成带负载能力有所不同。对于这种情况，可以增加转矩提升量。如果达不到，可用手动转矩提升功能，但不要设定过大，电动机这时的温升会增加。如果仍然不行，可改用新的控制方法。例如富士变频器，采用 U/f 比恒定的方法启动达不到要求时，改用矢量控制方法，能获得更大的转矩输出能力。

在整个拖动系统的升速过程中，因启动电流过大而跳闸，则应适当延长升速时间。如在某一速度段启动电流偏大，则设法通过改变启动方式（S 形、半 S 形等）来解决。如果变频器仍存在运行故障，可增加最大电流的保护值，但是不能取消保护，应留有至少 10%～20% 的保护裕量。

停机试验时，将运行频率调至最高工作频率，按停止键，观察拖动系统的停机过程。观察是否因过电压或过电流而跳闸。如有，则应适当延长降速时间。观察当输出频率为 0Hz 时，拖动系统是否有爬行现象。如有，则应适当加入直流制动。

2. 负载试验

负载试验的主要内容有：

① 如 $f_{max}>f_N$，则应进行最高频率时的带负载能力试验，即在正常负载下，看最高频率能否驱动。

② 在负载的最低工作频率下，应考虑电动机的发热情况。使拖动系统工作在负载所要求的最低转速下，在该转速下施加最大负载，按负载所要求的连续运行时间进行低速连续运行，观察电动机的发热情况。

③ 过载试验可按负载可能出现的过载情况及持续时间进行，观察拖动系统能否继续工作。

6.4.5 维护与检查

尽管新一代通用变频器的可靠性已经很高，但是如果使用不当，仍可能发生故障或出现运行状况不佳的情况，因此变频器的日常维护与检查是不可缺少的。

1. 日常检查

即使是最新一代的变频器，由于长期使用以及温度、湿度、振动、粉尘等环境的影响，其性能都会有一些变化。如果使用合理、维护得当，则能延长使用寿命，并减少因突发故障造成的生产损失。日常检查时，不取下变频器外盖，目测检查变频器的运行，确认有没有异常情况。通常要检查以下几个内容。

① 运行性能是否符合标准规范。

② 周围环境是否符合标准规范。

③ 键盘面板显示是否正常。

④ 有没有异常的噪声、振动和异味。

⑤ 有没有过热或变色等异常情况。

2. 定期检查

检查变频器时，须在停止运行、切断电源、打开机壳后进行。但必须注意，变频器即使切断了电源，主电路直流部分滤波电容器放电也需要时间，须在充电指示灯熄灭后，用万用表等确认直流电压已降到安全电压（DC 25V 以下），然后再进行检查。可按表 6-5 所示内容进行检查。

表 6-5　定期检查一览表

检 查 部 分		检 查 项 目	检 查 方 法	判 定 标 准
周围环境		① 确认环境温度、振动（有无灰尘、气体、油雾、水滴等） ② 周围有无放置工具等异物和危险品	① 目视和仪器测量 ② 目视	① 符合技术规范 ② 没放置
键盘显示面板		① 显示看得清楚 ② 不缺少字符	目视	能读显示，没有异常
框架盖板等结构		① 没有异常声音、异常振动 ② 螺栓等（紧固件）没有松动 ③ 没有变形损坏 ④ 没有由于过热而变色 ⑤ 没有沾着灰尘、污损	① 目视、听觉 ② 拧紧 ③、④、⑤目视	没有异常
主电路	公共	① 螺栓等没有松动和脱落 ② 机器、绝缘体没有变形、裂纹、破损或由于过热和老化而变色 ③ 没有附着污损、灰尘	① 拧紧 ②、③目视	没有异常 注：铜排变色不表示特性有问题
	导体电线	① 导体没有由于过热而变色和变形 ② 电线护层没有破裂和变色	目视	没有异常
	端子台	没有损伤	目视	没有异常
	滤波电容器	① 没有漏液、变色、裂纹和外壳膨胀 ② 安全阀没有出来，阀体没有显著膨胀 ③ 根据需要测量静电容量	①、②目视 ③ 根据维护信息判断寿命	①、②没有异常 ③ 静电容量≥初始值×0.85
	电阻	① 没有由于过热产生异味和绝缘体开裂 ② 没有断线	① 嗅觉、目视 ② 目视或卸开一端的连接，用万用表测量	① 没有异常 ② 电阻值在±10%标称值以内
	变电器、电抗器	没有异常的振动声和异味	依据听觉、目视、嗅觉	没有异常
	电磁接触器、继电器	① 工作时没有振动声音 ② 接点接触良好	① 听觉 ② 目视	没有异常

续表

检查部分		检查项目	检查方法	判定标准
控制电路	控制印制电路板、连接器	① 螺钉和连接器没有松动 ② 没有异味和变色 ③ 没有裂缝、破损、变形、显著锈蚀 ④ 电容器没有漏液和变形痕迹	① 拧紧 ② 嗅觉、目视 ③ 目视 ④ 目视并根据维护信息判断寿命	没有异常
冷却系统	冷却风扇	① 没有异常声音和异常振动 ② 螺栓等没有松动 ③ 没有由于过热而变色	① 听觉、目视，用手转动（必须切断电源） ② 拧紧 ③ 目视	① 旋转平衡 ②、③没有异常
	通风道	散热片和进气、排气口没有堵塞和附着异物	目视	没有异常

一般变频器的定期检查应一年进行一次，绝缘电阻检查可以三年进行一次。由于变频器是由多种部件组装而成的，某些部件经长期使用后，性能降低、劣化，这是故障发生的主要原因。为了长期安全生产，某些部件必须及时更换。变频器定期检查的目的，主要就是根据键盘面板上显示的维护信息，估算零部件的使用寿命，及时更换元器件。

① 更换滤波电容器。在变频器中间直流回路中使用的是大容量电解电容器，由于脉冲电流等因素的影响，其性能会劣化。劣化受周围温度及使用条件影响很大，在一般情况下，使用寿命大约为 5 年。电容器的劣化经过一定时间后发展迅速，所以检查周期最长为 1 年，接近使用寿命期时，最好半年以内检查一次。

② 更换冷却风扇。变频器主回路半导体器件冷却风扇用于加速散热。而冷却风扇的使用寿命受到轴承的限制，大约为 10～35kh。当变频器连续运行时，大约 2～3 年须更换一次风扇或轴承。

③ 定时器在使用数年后，动作时间会有很大变化，所以在检查动作时间之后进行更换。继电器和接触器经过长久使用会发生接触不良现象，须根据开关寿命进行更换。

④ 熔断器的额定电流大于负载电流，在正常使用条件下，寿命约为 10 年，可按此时间更换。

6.4.6 变频器的故障检修

新一代高性能的变频器具有较完善的自诊断、保护及报警功能。熟悉这些功能对正确使用和维修变频器是极其重要的。当变频调速系统出现故障时，变频器大都能自动停车保护，并给出提示信息。检修时应以这些显示信息为线索，查找变频器使用说明书中有关指示故障原因的内容，分析出现故障的范围，同时采用合理的测试手段确认故障点并进行维修。

通常，变频器的控制核心——微处理器系统与其他电路部分之间都设有可靠的隔离措施，因此出现故障的概率很低。即使发生故障，用常规手段也难以检测发现。所以当系统出现故障时，应将检修的重点放在主电路及微机处理器以外的接口电路部分。变频器常见故障原因及处理方法如表6-6所示。

表 6-6　变频器常见故障原因及处理方法

保 护 功 能		异 常 原 因	对 策
欠电压保护	主电路电压不足，瞬时停电保护，控制电路电压不足	电源容量不足，线路压降过大造成电源电压过低，变频器电源电压选择不当，处于同一电源系统的大容量电动机启动，用发电动机供电的电源进行急速加速；在切断电源的情况下，执行运转操作，电源端电磁接触器发生故障或接触不良	检测电源电压；检测电源容量及电源系统
过电流保护		加减速时间太短，在变频器输出端直接接通电动机电源，变频器输出端发生短路或接地现象，额定值大于变频器容量的电动机启动，驱动的电动机是高速电动机、脉冲电动机或其他特殊电动机	由于可能引起晶体管故障，须认真地检查、排除故障后再启动
对地短路保护		电动机的绝缘劣化，负载侧接线不良	检查电动机或负载侧接线是否与地线之间有短路
过电压保护		减速时间太短，出现负负载（由负载带动旋转），电源电压过高	制动力矩不足时，延长减速时间，或者选用附加的制动单元、制动电阻器单元等；适当延长减速时间，如仍不能解决问题，可选用制动电阻或制动电阻单元
熔丝熔断		过电流保护重复动作，过载保护的电源复位重复动作，过励磁状态下，急速加/减速（U/f 特性不适合），外来干扰	排除故障，确定主电路晶体管无损坏后，更换熔丝后再运行
散热片过热		冷却风扇故障，周围温度太高，过滤网堵塞	更换冷却风扇或清理过滤网；将周围温度控制在 40℃ 以下（封闭悬挂式），或者 50℃ 以下（柜内安装式）
过载保护	电动机变频器过转矩	过负载，低速长时间运转，U/f 特性不当等，电动机额定电流设定错误，生产机械异常或由于过载使电动机电源超过设定值，因机械设备异常或过载等原因，电动机电流超过设定值	查找过负载的原因，核对运转状况、U/f 特性、电动机及变频器的容量（变频器过载保护动作后须找出原因并排除故障，然后方可重新通电，否则有可能损坏变频器）；将额定电流设定在指定范围内；检查生产机械的使用状况，并排除不良因素，或者将设定值上调到最大允许值
制动晶体管异常		制动电阻器的阻值太小；制动电阻被短路或接地	检查制动电阻的阻值或抱闸的使用率，更换制动电阻或考虑加大变频器容量
制动电阻过热		频繁地启动、停止，连续长时间再生回馈运转，减速时间过短	缩短减速时间，或使用附加的制动电阻及制动单元
冷却风扇异常		冷却风扇故障	更换冷却风扇
外部异常信号输入		外部异常条件成立	排除外部异常
控制电路故障，选件接触不良，选件故障，参数写入出错		外来干扰，过强的振动、冲击	重新确认系统参数，记下全部数据后进行初始化，切断电源后，再投入电源，如仍出现异常，则须与厂家联系

保护功能	异常原因	对策
通信错误	外来干扰，过强的振动、冲击，通信电缆接触不良	重新确认系统参数，记下全部数据后进行初始化；切断电源后，再投入电源，如仍出现异常，则须与厂家联系；检查通信电缆线

6.4.7 故障排除案例

变频器在日常使用过程中，出现的故障多种多样，处理的方法各不相同，本小节通过多种案例分析，帮助读者积累经验，提高实际工作能力。

【案例1】 富士 FRN200G7-4EX 变频器，通电后键盘面板无显示。

分析检修： 无显示应检查电源是否正常。拆下主板，通电后测量+5V、±5V 及+24V 电源均正常，而控制信号无响应，CPU 不工作或损坏的可能性很大。测 IC1 的 CPU 脚 21，RST2 为低电平，表示 CPU 复位，即 CPU 未工作。追踪 RST2 信号是由运放 IC10 的 14 脚经 R135 后输出的，测量 IC10 输入端为高电平，正常，且电阻 R135 完好。判断 IC10 损坏，更换后显示恢复正常。

【案例2】 富士 FVR055G7S-4EX，通电后各种显示正常，但无输出电压。

分析检修： 先检查交流电源主回路通道完好无损，核对控制回路，接线无错误，考虑到面板显示正常，说明变频器本身无故障，可能是由于某一控制信号丢失，或不能正常工作。进一步检查外部控制回路，发现 FWD（正转）与 CM（公共端）之间串联的接触器常开辅助触点未接通，使变频器不能正常启动。更换另一对触点后，故障排除。

【案例3】 一台富士 FRN200G7-4EX 运行中发出过电流的报警信号。

分析检修： 先检查电源主回路，完好无异常。无过载及短路现象，初步判断为元器件故障。测量发现变频器输出电压缺相，造成过电流。于是拆开变频器，切断驱动回路，用万用表测试功率模块，各开关元件均完好，判断为触发电路故障。检查主板插座 CN7、CN8 的 PWM 脉冲信号，有一相无输出。追踪观测无 PSU 磁通指令，而 PSU 信号是由运放 IC8 的 14 脚输出的，测得 IC8 输入信号正常，判断 IC8（LM324 模块）已损坏。更换后变频器恢复正常。

【案例4】 一台型号为 AEG-multiverter 22/27-400 的变频器在运行中跳闸，显示"电动机超温"故障。

分析检修： 因被控电动机上未预置测温元件 PTC（正温度系数的热敏电阻），变频器中控制板 A10 上与 PTC 元件相连的接线端子 X15 的脚 3 与脚 4 已用导线短接，此时显示"电动机超温"故障，说明 A10 板有故障。A10 板电路原理图如图 6-16 所示。

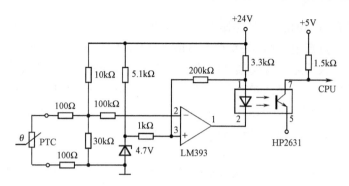

图 6-16　A10 板电路原理图

电动机温度检测电路的原理是：当电动机绕组温度上升，而使 PTC 元件的阻值增加到一定值时（外接 PTC 元件连接在 A10 板测温电路的分压回路中），使温度检测比较电路中的 LM393 的反相输入端的电压值大于同相输入端的 4.7V 基准电压值，LM393 的输出端电压值由高位翻转到 0V，该变换信号经光电耦合器传给 CPU，显示"电动机超温"故障。

测得 LM393 的输出端电压为 0V，同相输入端电压为 4.7V，而反相输入电压为 18V，说明 CPU 正常，可能反相输入端的电路有问题。经测量，发现在分压回路下端与 PTC 元件串联的 100Ω 贴片电阻近似开路，导致分压比变化，引起 LM393 反相输入端电压升至 18V。更换该电阻后，变频器恢复正常。

【案例5】　变频系统调试时被控制电动机从较高转速至零速时失速。

分析检修：变频器在电动机减速时，回馈能量将使其中间直流回路电压升高，通过滤波电容器两端的电阻以热能的形式消耗掉。中间直流回路电压的极限值能根据需要进行调节，当减速时中间直流回路电压升至极限值，可以限制回馈电流的大小，以降低制动力矩来保证中间直流回路电压不超过极限值。

通过检查，制动电流极限值设定为 100%，中间直流回路电压极限值设定为 115%。在减速过程中，因回馈能量大，中间直流回路电容器两端的电阻功率有限，致使中间直流回路电压已升至极限值了，而制动转矩太小，故此造成失速。通过调整，将制动电流极限值设定为 67% 后，变频器减速功能恢复正常。

【案例6】　某厂一台油隔泵采用富士 FRN160P7-4 型 160kW 变频器调速。该变频器放置在操作室柜内，380V 交流电源经熔断器式刀开关由电缆给变频器供电。一天，运行中，变频器柜突然发生短路跳闸，故障显示欠电压。

分析检修：经检查，变频器柜外围部分输入、输出电缆及电动机均正常，变频器所配快速熔断器未断，拆下变频器，发现 L$_1$ 交流输入端整流模块上 3 个铜母排之间有明显的短路放电痕迹，整流管阻容保护电阻的一个线头被打断，而其他部分外观无异常。检查 L$_1$ 输入端 4 只整流管均完好，将阻容保护的电阻端控制线重新焊好。用万用表检查变频器主回路输入端、输出端正常，经试验主控板也正常，检查内部控制线，连接良好，变频器内无异物。

接着将变频器连接一台小容量电动机，调节电位器，输出电压三相平衡，频率可调，电动机调速正常。试验正常后回装送电，变频柜盘面电压表输入交流电压为 380V。按启动按钮，调节电位器，电动机运转。当频率调至 11Hz 时，变频器跳闸，故障指示为 "LU"，即直流回路欠电压保护。再送电试运行，故障同前。将电动机电缆拆除，空载试验变频器，调节电位器频率可以调至设定值 50Hz。重新连接电动机启动后，在调节频率的同时测量直流输出电压，发现在频率上升时，直流电压由 513V 降至 440V 左右，致使欠电压保护动作。

在送电后，维修人员还发现变频器内部冷却风扇工作异常，接触器 K73 触点未闭合（正常情况下，K73 应闭合，以保证对充电电容有足够的充电电流）。怀疑控制回路有问题，但经过检查未发现。后用万用表测量配电室熔断器式刀开关，发现一相已熔断，但红色指示器未弹出，故未能及时发现。更换后重新送电，一切正常。

原因分析如下。

① 变频器柜短路跳闸的原因：经检查，变频器内快速熔断器完好，说明逆变器回路无短路故障，故障原因可能发生在整流桥附近。根据有电击的印迹，判断变频器内可能进入异物，如小动物、昆虫、螺钉、金属丝等，在运行中滑至 L_1 整流桥母排间造成短路，同时将阻容保护电阻连接线打断，变频器跳闸，短路电流将异物烧熔。

② 送电时欠电压跳闸原因：L_1 输入侧短路时，将配电室对应 L_1 相的熔断器烧断，但因红色指示器未弹出来，检查时未及时发现；再者，变频器柜上电压表指示恰好引自 L_2、L_3 两相，指示为 380V，误认为输入电压正常。变频器内部控制回路电压由控制变频器二次侧提供，其一次侧电压取自 L_1、L_3 两相，L_1 缺相后，造成接在二次侧的接触器和冷却风扇失去电源，同时引起整流桥输出电压降低，特别在频率调升至一定程度时，随着负载的增大，滤波电容器两端电压下降较快，形成欠电压保护跳闸。

【案例 7】 某厂有 3 个油隔泵站，每个泵站有 3 台喂料油隔泵，分别担负着两台熟料窖的供料任务，是生产流程中的一个关键环节。电动机为 380V、115kW、238A，B 级绝缘。油隔泵为恒转矩负载，电动机采用变频器控制，调节电动机转速以改变熟料窖的下料量，因泵的流量不同，1 号泵站电动机工作频率为 25Hz 左右，2 号、3 号泵站电动机工作频率均为 30Hz 以上，陆续投运后 4 年中运行稳定。后来电动机普遍发热严重，1 号泵站电动机尤为明显，3 台电动机先后发生了匝间短路故障。原 1 号泵站电动机为 10 级、115kW，因无同型号备用电动机，用 8 级、130kW 电动机代替。使用后发现，与原 115kW 电动机相比，电动机过热现象更为严重，虽然加了轴流风机冷却，但运行很短时间就发生绕组烧损故障，又换了 1 台 130kW 电动机，运行时间不长，再次发生绕组过热烧损。

分析检修： 根据上述故障现象，经分析，故障原因主要有以下几点。

① 电动机发热的原因之一是由于谐波引起电动机效率和功率因数变差，电动机损耗增加，从而引起绕组的发热；再加之电动机长期低速运行，散热能力变差，从而破坏了电动机绕组的绝缘强度。由于电动机的绝缘受到破坏，受电压变化 du/dt 的影响，所以电动机故障率增加。由于电动机绕组匝间电压变化率 du/dt 很高，电动机绕组的电压分布变得很不均匀，使绕组匝间短路的故障增加，从这些电动机的故障情况来看，几乎全是由匝间短路引起的，由此可见，应重视变频器控制对电动机绝缘强度的影响。

② 电动机发热除上述原因外，还由于电动机长期运行在粉尘含量较高的环境中，未定期清扫，造成转子风道堵塞，致使气流不畅，散热效果降低，导致电动机过热烧毁。代用电动机过热除因谐波引起损耗增加，造成过热外，主要原因还是电动机工作频率太低，仅为 25Hz，电动机的工作转速为额定转速的 50%，这对单靠自带风扇风冷来说，散热条件恶化。

采取措施如下。

a. 加强电动机的日常维护和检修，尤其在夏季来临前，对定转子风道进行清扫，改善电动机散热条件，并采用外加风机对电动机强迫风冷。

b. 将变频器的电子过热保护的整定值调小，在电动机绕组内配 PTC 热保护。

c. 在电动机检修时，将 B 级绝缘提高为 F 级绝缘，以提高匝间绝缘性能及绕组的耐热能力，从根本上解决电动机使用寿命短的问题。

d. 将 1 号泵站电动机原传动皮带轮改为小皮带轮，使其运行频率达到 30Hz 以上。

使用证明，电动机基本可以解决散热问题。

【案例 8】 系统用一台通用变频器控制一个潜水泵组，运行过程中变频器显示 "Short Circuit"（短路），跳闸停止运行。运行人员没有做任何检查，再次上电运行，结果变频器显示 "Groud Fault"（接地错误）。后用 1 000V 绝缘电阻表检查电动机，发现电动机三相对地短路，用万用表检查，发现电动机三相相间电阻为兆欧级，用工频直接启动，电动机三相有电压但无电流。

分析检修：第一次故障是因为发生了绝缘降低致使接地短路故障，变频器保护跳闸，这个时候就应该测试了，如果进行检查就不会发生第二次严重错误，可是运行人员没有做，结果进行了第二次带故障合闸，造成大的短路电流，将电动机的三相绕组导线烧断，可能是在端部，也可能是在内部，不管哪种情况，后来所用的方法都测不到。所以在电动机的接线端子上测的结果就是兆欧级。用绝缘电阻表检查电动机，这时每相的接线端子根部（在泵端），已因短路电流造成与外壳失去绝缘而相连（烧坏）。结果发现电动机三相对地短路，又用万用表检查，这时因为端子后面的线圈已烧断了，所以发现电动机三相相间电阻为兆欧级。该潜水泵因为严重损坏而报废。

6.5 变频器的通信组网

【知识目标】 掌握 PLC 与变频器连接的方式和应注意的问题。

了解变频器在现场总线控制系统中的应用。

6.5.1 变频器与 PLC 的连接

可编程序控制器（PLC）是一种能进行数字运算与操作的控制装置，它作为新一代的工业控制器，因具有通用性好、实用性强、编程方法简单易学等优点而广泛应用于工业领域。当利用变频器构成自动控制系统时，通常与 PLC 相互配合使用。下面介绍两者在配合时连接方面的注意事项。

1. 运行信号的输出

变频器的输入信号中包括对运行/停止、正转/反转、微动（寸动）等运行状态进行操作的运行信号（数字输入信号）。变频器通常利用与 PLC 连接，而得到这些运行信号。常用的 PLC 输出有两种类型，一种是继电器接点输出，另一种是晶体管输出。图 6-17 所示为变频器与这两种 PLC 联系的方式。在使用继电器接点输出的场合，为了防止出现因接触不良而带来的误动作，要考虑接点容量及继电器的可靠性。而当使用晶体管集电极开路形式进行连接时，也同样需要考虑晶体管本身的耐压容量和额定电流等因素，使所构成的接口电路具有一定的裕量，以达到提高系统可靠性的目的。

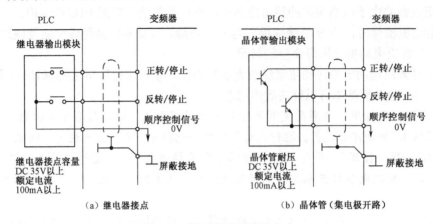

（a）继电器接点　　　　　　　（b）晶体管（集电极开路）

图 6-17　运行信号的连接方式

2. 频率指令信号的输入

如图 6-18 所示，频率指令信号可以通过 0～10V，0～5V，0～6V 等的电压信号和 4～20mA 的电流信号输入。由于接口电路因输入信号而异，必须根据变频器的输入阻抗选择 PLC 的输出模块。而连线阻抗的电压降以及温度变化、器件老化等带来的漂移，则可以通过 PLC 内部的调节电阻和变频器内部参数进行调节。

当变频器和 PLC 的电压信号范围不同时（如变频器的输入信号范围为 0～10V，而 PLC 的输出电压信号范围为 0～5V），也可以通过变频器的内部参数进行调节，如图 6-19 所示。但是由于在这种情况下只能利用变频器 A/D 转换器的 0～5V 部分，所以和使用输出信号在 0～10V 范围的 PLC 时相比，进行频率设定时的分辨率将会更差。反之，当 PLC 一侧的输出信号电压范围为 0～10V，而变频器的输入信号电压范围为 0～5V 时，虽然也可以通过降低变频器内部增益的方法使系统工作，但是由于变频器内部的 A/D 转换被限制在 0～5V 之间，将无法使用高速区域。

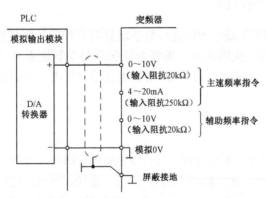

图 6-18　频率指令信号与 PLC 的连接

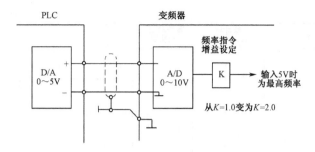

图6-19　输入信号电平转换

在这种情况下，当需要使用高速区域时，可以通过调节 PLC 的参数或电阻的方式将输出电压降低。

通用变频器通常都还备有作为选件的数字信号输入接口卡。在变频器上安装数字信号输入接口卡，就可以直接利用 BCD 信号或二进制信号设定频率指令，如图 6-20 所示。使用数字信号输入接口卡进行频率设定的特点是可以避免模拟信号电路所具有的由压降和温差变化带来的误差，从而保证必要的频率设定精度。

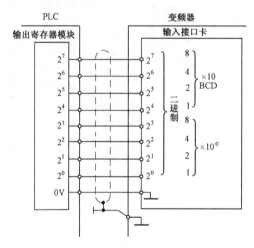

图6-20　二进制信号和 BCD 信号的连接

变频器也可以将脉冲序列作为频率指令，如图 6-21 所示。但是，将脉冲序列作为频率指令时需要使用 F/V 转换器将脉冲转换为模拟信号，因而当利用这种方式进行精密的转速控制时，必须考虑 F/V 转换器电路和变频器内部的 A/D 转换电路的零漂，由温度变化带来的漂移，以及分辨率等问题。

当不需要进行无级调速时，可以利用 X1～X3（FRNG9/P9 系列为 X1～X5）输入端子，通过接点的组合使变频器按照事先设定的频率进行调速运行，这些运行频率可以通过变频器的内部参数进行设定，而运行时间可以由 PLC 输出的开关量来控制。同利用模拟信号进行调速给定的方式相比，这种方式的设定精度高，也不存在由漂移和噪声带来的各种问题。图 6-22 所示为一个多级调速的例子。

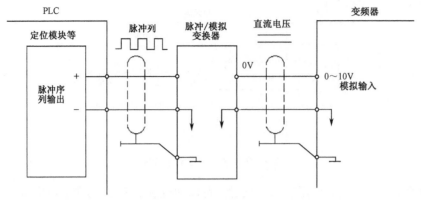

图 6-21　将脉冲序列作为频率指令时的连接

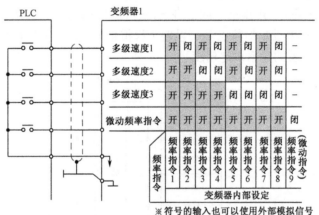

图 6-22　利用变频器内部功能进行多级调速的例子

3. 接点输出信号

在变频器的工作过程中，经常需要通过继电器接点或晶体管集电极开路输出的形式将变频器的内部状态（运行状态）通知外部，如图 6-23 所示。而在连接这些送给外部的信号时，也必须考虑继电器和晶体管的容许电压、容许电流等因素。此外，在连接时还应该考虑噪声的影响。例如，在主电路（AC 200V）的开闭是以继电器进行，而控制信号（DC 12～24V）的开闭是以晶体管进行的场合，应注意将布线分开，以保证主电路一侧的噪声不传至控制电路。

此外，在对带有线圈的继电器等感性负载进行开闭时，必须以和感性负载并联的方式接上浪涌吸收器或续流二极管，如图 6-24 所示。而在对容性负载进行开闭时，则应以串联的方式接入限流电阻，以保证进行开闭时的浪涌电流值不超过继电器和晶体管的容许电流值。

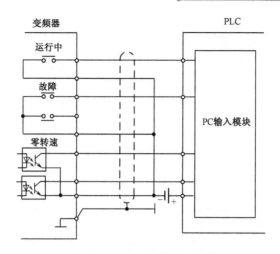

图 6-23 接点输出信号的连接

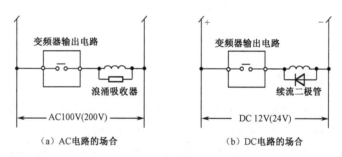

图 6-24 感性负载的连接

6.5.2 使用注意事项

1. 瞬时停电后的继续运行

在利用变频器的瞬时停电后继续运行的功能时，如果系统连接正确，则变频器在系统恢复供电后将进入自寻速过程，并将根据电动机的实际转速自动设置相应的输出频率后重新启动。但是，也会出现由于瞬时停电，变频器可能将运行指令丢失的情况，在重新恢复供电后不能进入自寻速模式，仍然处于停止输出状态，甚至出现过电流的情况。

因此，在使用变频器的瞬时停电后继续运行的功能时，应通过保持继电器或者为 PLC 本身准备无停电电源等方法将变频器的运行信号保存下来，以保证恢复供电后系统能够进入正常的工作状态，如图 6-25 所示。在这种情况下，频率指令信号将在保持运行信号的同时被自动保持在变频器内部。

此外，在利用瞬时停电后继续运行功能时，由于不同的情况下（如有无速度传感器，不同种类的负载或电动机等），系统的组成均不相同，一定要弄清使用的条件及应注意的问题，如有必要，最好向厂家咨询清楚。

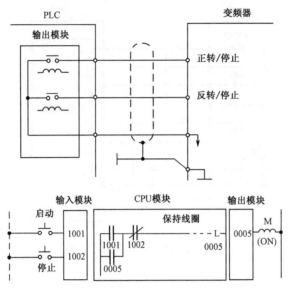

图 6-25　PLC 保持继电器回路

2. PLC 扫描时间的影响

在使用 PLC 进行顺序控制时，由于 CPU 进行处理时需要时间，总是存在一定时间（扫描时间）的延迟。而在设计控制系统时也必须考虑上述扫描时间的影响。尤其在某些场合下，当变频器运行信号投入的时刻不确定时，变频器将不能正常运行，在构成系统时必须加以注意。图 6-26 给出了这样一个例子。

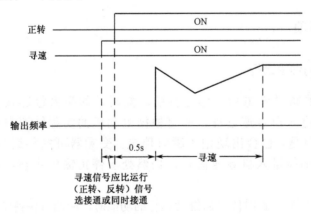

图 6-26　PLC 扫描时间的影响（以自寻速功能为例）

3. 通过数据传输进行的控制

在某些情况下，变频器的控制（包括各种内部参数的设定）是通过 PLC 或其他上位机进行的。在这种情况下，必须注意信号线的连接以及所传数据顺序格式等是否正确，否则将不能得到预期的结果。此外，在需要对数据进行高速处理时，则往往需要利用专用总线构成系统。

4. 接地和电源系统

为了保证 PLC 不因变频器主电路断路器产生的噪声而出现误动作，在将变频器和 PLC 等上位机配合使用时还必须注意以下几点。

① 对 PLC 本体按照规定的标准和接地条件进行接地。此时，应避免和变频器使用共同的接地线，并在接地时尽可能使二者分开。

② 当电源条件不太好时，应在 PLC 的电源模块以及输入/输出模块的电源线上接入噪声滤波器和降低噪声用的变压器等。此外，如有必要，在变频器一侧也应采取相应措施，如图 6-27 所示。

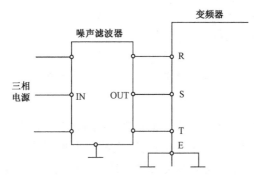

图 6-27 噪声滤波器的连接

③ 当把变频器和 PLC 安装在同一操作柜中时，应尽可能使与变频器有关的电线和与 PLC 有关的电线分开。

④ 通过使用屏蔽线和双绞线达到提高抗噪声水平的目的。此外，当配线距离较长时，对于模拟信号来说应采取 4～20mA 的电流信号，或在途中加入放大电路等措施。

6.5.3 变频器在现场总线控制系统中的应用

现场总线是近几年迅速发展起来的一种工业数据总线，是一种串行、双向的数字数据通信系统，是应用在生产现场，测量、控制设备之间形成开放型测控网络的新技术。它广泛应用于工业生产过程，实现基本控制、补偿计算、参数修改、报警、显示、监控、优化及管理、控制一体化的综合自动化功能。

目前，已经成熟并对工业自动化进程有很大影响的现场总线有 Profibus、LonWorks、FF、CAN 等。其中 Profibus 总线我国引进得比较早，是最为流行的现场总线技术之一，广泛应用于工业、电力、能源、交通等自动化领域。它是符合德国标准 DIN19245 和欧洲标准 EN50170，也是在 2000 年 1 月由国际电工委员会（IEC）所确定的用于工业控制系统的 IEC61158 标准中通过的 8 个现场总线标准之一。Profibus 是一种国际化、开放式，不依赖于生产厂商的现场总线，根据应用的特点分为 Profibus-DP、Profibus-FMS、Profibus-PA 三个兼容版本。其中 Profibus-DP 是一种经过优化的高速通信连接，专为自动控制系统和设备级分散 I/O 之间的通信而设计，可用于分布式控制系统的高速数据传输，其传输速率可达 12Mbps，一般构成单主站系统。该系统分为主站和从站，DP 主站是中央控制器，它在预定的信息周期内与分散的从站交换信息。典型的主站设备包括可编程序控制器（容量大一些）和个人计算机。从站为外围设备，典型的从站包括输入/输出设备、控制器、驱动器和测量变送器。它们没有总线控制权，对接收到的信息给予确认，或当主站发出请求时向主站发送信息。变频器加上配套的通信模块（俗称 DP 头）就可以成为一个从站（总线上的一个节点），执行整个系统分配的控制任务。

图 6-28 所示是 Profibus-DP 控制系统的拓扑结构图，其中各部分的配置及功能如下。

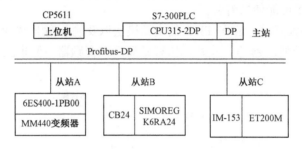

图 6-28　Profibus-DP 控制系统拓扑结构

（1）上位机

本系统采用研华工控机作为上位机，通过 CP5611 接口卡使工控机与现场总线连接成能完成组态、运行、操作等功能的完整的控制网络系统。上位机安装了 SIEMENS 公司提供的 STEP7V5.2 编程软件用来对变频器从站及其他从站分配地址、定义数据格式、设置参数等。

（2）SIMATIC S7 主站

作为 DP 主站，CPU 位于控制中心。本系统选用 CPU315-2DP 模块化 PLC，它集成了 Profibus-DP 现场总线接口装置，具有强大的处理能力。PLC 程序在上位机 STEP7 中编制完成后下载到 CPU315-2DP 并存储，CPU 可自动运行该程序，根据程序内容读取总线上的所有 I/O 模块的状态字，控制相应设备。

（3）从站（Slaue A、B）

从站 A 中，选用 SIEMENS 公司 MM440 系列交流变频器 6ES400-1PB00 作为与之配套的通信模块。从站 B 中，SIMOREGK6RA24 为直流变频器，CB24 为与之配套的通信处理器。当 S7-300 或 S7-400 作为 Profibus-DP 网主站时，可分别带 32 个这样的从站（Slave），如加中继器，最多可达 127 个。SIEMENS 公司的这类交、直流变频器（变流器）产品，可对电动机进行开环或闭环控制。通过通信模块将从 Profibus 网中接收到的数据存入双向 RAM 中的每一个字都被编址，通过这些被编址的参数对从站进行排序，同时可向变频器（变流器）写入控制指令、设置值和读出实际值、诊断信息等参数。

（4）分布式 I/O ET200M

ET200M 是一种模块的分布式 I/O 站，通过 IM-153 接口与 Profibus-DP 现场总线连接。对于 SIEMENS STEP7 开发平台，在 ET200M 上的分散 I/O 节点的地址排布与传统集中式的地址排布是一致的，所以在编程时就和编制集中式控制程序一样，而且分散 I/O 的模块地址可以根据用户需要而改变，以适应实际现场调试时的需要。

建立 Profibus 现场总线的 DP 主站和变频器从站以后，变频器即可驱动交流调速负载。当前世界上许多大的自动化公司，均有自己公司品牌的 PLC、变频器、变送器等自动化产品，同时也支持多种现场总线控制系统，例如罗克韦尔公司、西门子公司等。往往这些公司将自己公司的产品配上通信模块，装在自己公司所支持的现场总线上，构成（打上公司印记的）网络化的自动控制系统，例如西门子公司支持的 Profibus 现场总线，罗克韦尔公司的 Device 现场总线。但是，现场总线是举世公认的彻底开放系统，它的技术和标准实现了完全开放，无专利许可要求；现场总线又是控制彻底分散的系统，要求总线上每一个节点必须是智能化的，变频器中的微处理器功能很强大，具有智能化的优势，无论什么品牌的变频器（功能上要达到一定标准），只要能配上某种现场总线标准的通信模块，就可以被组网，成为该总线上的一个"节点"，融入网络化的控制系统之中。因此说变频器适应了自动控制系统向网络化、智能化发展的趋势，而各类变频器也成为各类现场总线中最重要的基层设备之一。

基于现场总线的变频器控制系统，融合了先进的自动化技术、计算机技术、通信技术、故障诊断和软件技术，具有通信能力强、组网方便、维护容易等特点，特别适用于复杂工作现场或远距离控制现场。这种控制系统在机床、建筑、装配生产线等行业和生产现场中极具推广价值。

思考题与习题

一、填空

1. 变频器是_____设备，属于精密仪器，必须确保设置环境能充分满足_____标准及国标对变频器所规定环境的_____，使变频器能_____工作，发挥所具有的_____。

2. 变频器最好安装在_____，避免阳光直接_____；如果必须安装在室外，则要加装_____。_____、_____和防_____、_____温的装置，在野外运行的变频器还要加设_____，以免遭_____。

3. 变频器工作时，其散热片的温度可达_____℃，故安装底板必须为_____。此外，还要保证不会有_____进入变频器，以免造成_____或更大的_____。

4. 变频器在强制换气时，从外部吸入空气的同时也会吸入_____，所以在吸入口应该安置_____。柜门上设置_____，在电缆引入口设置_____，当电缆引入后，就会自动_____起来。

5. 变频器安装柜的设计是正确使用变频器的_____，考虑到柜内_____，不得将变频器存放于密封的_____之中或在其周围堆置_____、_____等。柜内的温度应保持不超过_____℃。在柜内安装冷却（通风）扇时，应设计成冷却空气能通过_____。

二、选择

1. 变频器最佳换气的方式是（   ）。
A．上进气、下排气   B．下进气、上排气
C．左进气、右排气   D．右进气、左排气

2. 应在变频器和电动机之间加装（   ）。
A．热继电器   B．电磁继电器
C．空气开关   D．按钮开关

3. 变频器系统接地的主要目的是防止（   ）。

A．谐波产生　　　　　　　　　　　　B．干扰侵入

C．漏电保护　　　　　　　　　　　　D．漏电及干扰的侵入和对外辐射

4．变频器检修的重点放在（　　）。

A．微机处理器部分　　　　　　　　　B．主电路

C．主电路及微机处理器以外的接口部分　　D．输出部分

三、简答

1．变频器安装设置场所的条件是什么？

2．一台大型锅炉的鼓风机基本上是露天放置的，需要安装变频器进行节能调速，变频器应该怎样安置（不具备建房的条件）？

3．使用强制换气时，应注意哪些问题？

4．粉尘对变频器运行有什么危害？一般采取哪些措施解决变频器的防尘问题？

5．为什么在变频器与电动机之间要加装热继电器？

6．变频器系统为什么要接地？接地的要求是什么？

7．控制线的选择和铺设与主回路接线有什么不同？电线的种类有哪些？

8．控制电线的接地应注意哪些问题？

9．常用的测量变频器的仪表有哪些类型？如何选择？

10．变频器输入侧需要测量哪些参数？输出侧呢？

11．一台新的变频器在通电前，需要检查哪些事项？

12．变频器带电动机进行哪些内容的空载试验？试验步骤是什么？

13．变频器的负载试验的内容是什么？

14．变频器日常检查有哪些内容？

15．PLC与变频器连接应注意哪些问题？

16．为什么说变频器是各类现场总线最重要的基层设备之一？

四、计算

1．一台功率为22kW，电源为400V的变频器，其电气柜的总发热量为1kW，采用强制换气，其换气流量是多少？

2．一台拖动水泵的电动机其额定数据如下：$P_{MN}=45kW$，$U_{MN}=380V$，$I_{MN}=85.5A$，$N_{MN}=1\,460r/mim$，变频器与电动机之间的距离为50m，要求在工作频率为40Hz时线路电压降不超过3%，请选择传输导线的线径。

项目七

变频器构成的调速系统

【项目任务】
● 掌握通用变频器的特点及应用领域。
● 掌握通用变频器的主要功能及在生产过程中的应用。
● 了解变频器对生产机械的驱动特性。
● 掌握变频调速系统中的异步电动机选择的要求。
● 了解西门子公司最新型 SINAMICS 系列变频器。

【项目说明】
　　当前应用最多的仍是第二代高功能型 U/f 控制通用变频器。这类变频器的性能足以满足大多数生产机械调速控制的需要。值得注意的是，无速度传感器矢量控制通用变频器迅速崛起，价位也在逐步下降，例如西门子 MM440，这种后浪推前浪的势头非常鼓舞人心。本章就以通用型变频器为典型，论述由变频器构成的调速系统的相关知识。本项目最后介绍西门子公司最新型的 SINAMICS 系列变频器。

7.1 应用变频器的目的与效益

【知识目标】　　了解变频器应用领域、应用特点。
　　　　　　　　了解应用变频器后产生的效益。

　　变频器和异步电动机相结合，实现对生产机械的调速传动控制，简称为变频器传动。变频器传动具有它固有的优势，应用到不同的生产机械或设备上可以体现出不同的功能，达到不同的目的，收到相应的效益。

　　使用变频器的目的和应用领域举例如表 7-1 所示。下面就表 7-1 所列的各种应用目的和应用领域举例作概要说明。

表 7-1　使用变频器的目的和应用领域举例

序号	变频器传动的效能	应 用 领 域	主要相关技术	适用变频器
1	节能	风扇、鼓风机、泵、提升机、挤压机、搅拌机、传送带、工业用洗衣机	为提高运行可靠性，台数控制和调速控制并用	通用变频器
2	提高生产率	提升机、起重机、机床、食品机械、挤压机和自动仓库中所需的传动	运行程序或加工工艺的最佳速度，原有设备的增速运行，运转可靠性提高	通用变频器、专门用途的通用变频器

续表

序号	变频器传动的效能	应用领域	主要相关技术	适用变频器
3	产品质量的提高	风扇、鼓风机、泵、机床、食品机械、造纸机、薄膜生产线、钢板加工生产线、印制电路板基板钻孔机、高速刻纹机	平滑加/减速，加工对象所需最佳速度选定，高精度转矩控制，高精度定位停止，无转矩脉动，高速传动	通用变频器、系统用矢量控制式通用变频器、高速通用变频器
4	设备合理化　少维护　低成本　机械的标准化　机械的简单化　全自动化（FA化）	搬送机械、金属加工机械、纤维机械、造纸生产线、薄膜生产线、钢板加工生产线	原有设备的增速运行，高精度转矩控制，多台电动机联动运行，多台电动机联动比例运行，提高运转可靠性，传送控制	通用变频器、通用矢量控制变频器、系统用矢量控制变频器
5	改善或适应环境	空调机、风扇、鼓风机、压缩机、电梯	静音化，平滑加/减速，使用防爆电动机、安全性等技术	通用变频器、专用型通用变频器

7.1.1　节能应用

利用变频器实现调速节能运行，是变频器应用的一个最典型的例子，其中以风机和泵类机械的节能效果最为显著。另外，传送带、搅拌机等一类恒转矩负载的机械，若能在较低速下运行，也可以获得一定的节能效果。

一般情况下，在不影响正常生产的前提下，生产设备的节能可以通过削减其输入功率或缩短其运行时间（也可两者兼用）来实现。以风机、泵类为例，采用变频器调速可以减小输入功率；在生产工艺允许的情况下，使之间歇运转则可以缩短其运行时间。对于某些大容量设备，受电网容量限制，一般不允许频繁启停。若利用变频器实现调频软启动，则可以减小启动电流，频繁启动并不影响电网供电，也可能实现间歇运转了。

1. 风机的节能

在风扇、鼓风机类的负载中，通常调节风量和压力的方法有两种：

① 控制输出或输入端的风门。

② 控制旋转速度。

采用第①种方法虽然控制简单，设备的初投资也比较少，但在调节风量时（减少风量）并不能减小电动机的输入功率（即电源提供的功率），而且还增大了通风管道壁的压力，因而现在较少采用，尤其是输出端风门控制，已基本上不采用。采用变频器驱动风机运行，实际上采用的是第②种方法——控制旋转速度。图7-1所示为两种控制方式下风机运行的特性。其中 r 表示原有的管道阻抗 R 加上调节风门后新增的节流阻抗，而各图中的（pu）均表示标幺值（又称相对单位值）。

图7-2所示为采用不同的调节方法时电动机的输入功率、轴输出功率（即风机轴功率）与风量的关系曲线。从图中可以看出采用不同的调节方法，电动机的输入功率也不同。1为输出端风门控制时电动机的输入功率曲线，2为输入端风门控制时电动机的输入功率曲线，3为转

差功率调速控制时电动机的输入功率曲线，4 为变频器调速控制时电动机的输入功率曲线。

图 7-3 表示输出端风门控制、电磁转差调速电动机控制以及变频调速控制方式下将风量调节到 0.5（pu）时的节电情况。图中画斜线部分的面积表示风量调节到 0.5（pu）时的节电量，在变频调速的情况中，所需电源功率仅为全风量的 12.5%。三个图均是在理想条件下所得到的结果。

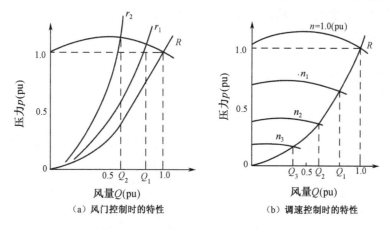

（a）风门控制时的特性　　　　　　（b）调速控制时的特性

图 7-1　两种控制方式下风机运行的特性

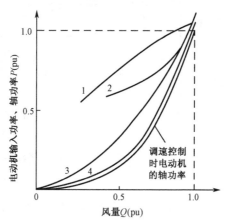

1—输出端风门控制时电动机的输入功率曲线；2—输入端风门控制时电动机的输入功率曲线；
3—转差功率调速控制（采用转差电动机、液力耦合器）时电动机的输入功率曲线；
4—变频器调速控制时电动机的输入功率曲线

图 7-2　电动机的输入功率、轴功率—风量特性曲线

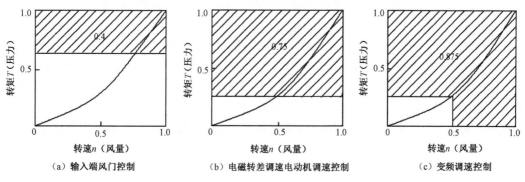

（a）输入端风门控制　　　　（b）电磁转差调速电动机调速控制　　　　（c）变频调速控制

图 7-3　风量为 50%时可节约的电能

2. 泵类的节能

泵类所输送的是液态物质，例如水泵装置中存在一个由吸入侧和排出侧之间液位差所造成的固定的管路阻抗分量，即实际扬程。泵装置模型如图 7-4 所示，其管路阻抗曲线不再通过原点，如图 7-5 所示的全扬程—流量特性管路阻抗曲线。

全扬程 H 表示为

$$H=H_a+H_L \tag{7-1}$$

式中　H_a——实际扬程（m）；

　　　H_L——损失扬程（m）。

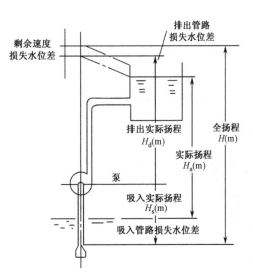

图 7-4　泵装置模型

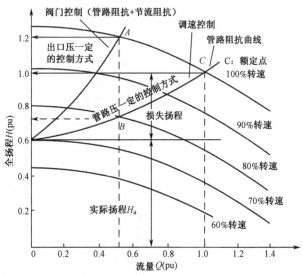

图 7-5　水泵的全扬程—流量特性曲线（以实际扬程 H_a=0.6（pu）为例）

损失扬程中包括吸入管路损失水位差、排出管路损失水位差和剩余速度损失水位差三部分，如图 7-4 所示。

图 7-5 所示为 50%流量情况的特性曲线。排出管路闸门控制的情况下工作点为 A，转速控制情况下工作点为 B（采用管端压一定的控制方式）。与全流量（工作点 C）情况相比较，当采用 50%流量时，工作点 A 及 B 所需轴功率都减小了，但工作点 B（调速控制）所需轴功率更小。可见采用调速的方式节能效果更大。

图 7-6 所示为采用不同的调节方式时，电动机输入功率（即电源提供的功率）与轴输出功率（泵的轴功率）与流量之间的函数关系曲线。1 为排出管路阀门控制时电动机的输入功率曲线，2 为转差功率调速控制时电动机的输入功率曲线，3 为变频器调速控制时电动机的输入功率曲线。由图可见，变频调速控制时，节能效果最好。

风机、泵是一种减转矩负载，随着转速的降低，负载转矩与转速的平方成正比地减小。

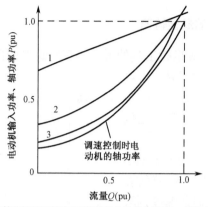

1—排出管路阀门控制时电动机的输入功率曲线；2—转差功率调速控制
（采用转差电动机、液力耦合器）时电动机的输入功率曲线；
3—变频器调速控制时电动机的输入功率曲线

图 7-6　电动机输入功率、轴功率—流量特性曲线

对于这种节能调速运行，通用变频器的 U/f 曲线的图形（模式）应采用图 7-7 所示的专用模式。这种模式与恒转矩负载所采用的模式有所不同，这是因为电动机在低速时负载转矩更小，采用这种模式有利于节能。采用不同 U/f 模式时变频器和电动机总效率的差别如图 7-8 所示。

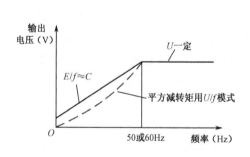

图 7-7　风机、泵类节能用 U/f 模式

图 7-8　采用不同 U/f 模式时总效率的差别（对于风机负载）

7.1.2　提高生产率

提高生产率是变频器传动的另一个重要目的。提高生产率的措施有很多种，利用通用变频器可以实现这些措施。

1. 保证加工工艺中的最佳转速

恰当地选择食品加工机械、金属加工机械、工业洗衣机等在工艺过程中的转速，可以收到缩短运行时间，稳定产品质量的效果。加工工艺过程对具体的加工机械而言，往往具有它固有的一种或几种工作模式，利用变频器可以方便地设定这些工作模式。

2. 适应负载不同工作情况的最佳转速

提升机和传送带货物搬运车等运载工具的最恰当运行速度的确定，往往遇到快速搬运和准确停车之间的矛盾，采用变频器调速，可以采用两段或多段速度运行。高速运行可以缩短搬运时间；低速运行虽慢，但有利于精确定位停车。

例如，自动仓库中货物存取的输送过程，行走机构典型的速度图如图 7-9 所示。货物存入的输送速度较低，而空车返回时的速度则较高，因空车惯量小，加速度较大。货物取出的过程恰与上述情况相反。

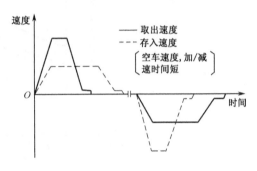

图 7-9　自动仓库货物存取的行走机构典型速度图

3. 原有设备的增速运转

许多原来不调速的机械设备，其机械结构常由主机和传动机构（如皮带传动、齿轮传动）两部分组成。动力机械多数采用异步电动机，其最大速度被异步电动机的额定转速所限制。大多数工业机械设备不可能总是工作在额定状态下，保持着最大生产能力。机械设备轻载运行是一种常见的情况。例如，当传送带用恒速电动机传动时，电动机容量由搬运的材料的最大重量决定。当搬运的材料重量较轻，或者原设计的电动机容量有余量时，采用变频器传动，适当提高转速（超过电网频率），则很容易提高生产率。有资料表明：无论恒转矩负载、恒功率负载，还是风机泵类的平方律负载，当负荷率没有达到100%时，均可以适当增速。例如，河南焦作坚固水泥有限公司的连斗输送机，安装了日本安川 CIMR-G5A4015 型变频器进行调速，在负荷 50%时运行频率60Hz，增速 20%，电动机运行良好，绕组温度没有增加[1]。

原来恒速运行的设备适当增速是可行的，但要考虑增速后机械上的种种问题，例如考虑电动机轴承等的耐高速程度及其负载能力是否允许。电动机增速后可能出现的问题及其对策可参见表 7-2，若出现表中后两种现象，则表明电动机不适应增速。

表 7-2　异步电动机增速时的异常原因及对策

现　象	原　因	对　策
振动增加	因速度增加，转动部分的不平衡加剧	修正转动部分的不平衡
共振声音异常	运行频率与电动机的结构件及安装部位的固有振动频率接近	增加安装部位强度
轴承寿命下降；烧坏	轴承受热增加；润滑油流出 冷却劣化；振动增加	换轴承，使用耐热润滑油
噪声增加	冷却风扇噪声、轴承噪声增加	改小风扇直径
电动机过热	风阻损耗、机械损耗、铁损耗增加	
冷却风扇等旋转部件损坏	转速增加，离心力增加，共振	

---

[1] 注：李焦明"通用电动机变频提速探讨"，电气传动　2003-2

4. 高精度准确停车

提升机和自动仓库等在生产过程中间歇时间的缩短，对提高生产率起到很大的作用。在预定位置的准确停车，对减小间歇时间来说十分必要。

水平方向运转的机械，像图 7-9 所示那样采用两段速度运行，即在到达预定停车位置之前，以低速爬行一小段时间，再采用直流制动，则可保证精确地停止在预定位置上。

提升机和自动仓库的升降机构的传动位能性负载的情况与上述类似，也可以采用两段速度控制，但是停车时应配以机械制动器，以免重物自由滑落。

7.1.3 提高产品质量

引入变频器传动，适应生产工艺的多方面要求，以提高产品质量的例子很多，列举如下。

1. 加工对象的最佳速度

车床、铣床等加工机械，大致分成工件旋转式和刀具旋转式两大类。不论哪一类，控制工件和刀具的相对速度对工件的质量都起关键作用。根据工件的加工精度及光洁度的要求，精细地控制工件和刀具的相对速度，可以使质量大幅度提高。现在许多数控机床均有变频器，尤其是通过在数控机械加工中心应用变频器来提高产品质量和提高加工效率的例子很多。

另外，印制电路板的基板钻孔机和木工机械中的高速刻纹机，其主轴的转速要足够高才能满足加工质量的要求。利用高速变频器调高速度即可满足这种要求。

2. 高精度转矩控制

造纸、塑料薄膜、冷轧带钢等高性能的调速控制装置，对速度精度、转矩精度、动态响应等有较高的要求。为了保证产品质量，以往这些领域都是直流电动机调速控制系统的天下。目前，由西门子、ABB 以及三菱等世界知名大公司生产的高性能矢量控制型通用变频器的性能指标，已经赶上和超过了直流调速装置。由于采用笼形异步电动机，成本低，不用维护，所以有很大的竞争力，已经开始取代直流调速系统。

7.1.4 设备的合理化

如前所述，高性能的调速系统实现交流化，逐渐取代直流电动机，以克服直流电动机因电刷、换向器的原因而难以维护的困难，这是设备合理化的一个侧面。另一个侧面，则是充分利用通用变频器的功能，改造传统的恒速运行的异步电动机传动的生产机械，使一大部分生产机械的功能得以升级。

1. 设备的自动化

通用变频器的使用，可以把诸如传送带、给料机、干燥机风扇、泵等多种机械，根据生产工艺的内在联系适当地组合起来，协调运行实现自动化控制。某些生产过程已经实现了多机联动的自动化控制，生产设备实现了合理化，生产力大幅度提高。

图 7-10 所示是一种多原料配料输送装置，由几台振动给料机和一条传送带组成。该装置由多台变频器协调传动，各变频器之间的关系由可编程序控制器（PLC）来协调，它可以完成

原料配比的自动调整和输送速度与给料量之间的自动协调。这种给料装置是熔炼炉的矿石配料输送系统或家畜饲料生产设备中不可缺少的环节。天津市津酒集团的一条灌装生产线，其控制系统与前述系统相似，将刷瓶、灌装、压盖几道工序分别由多台变频器协调传动，极大地提高了生产率。

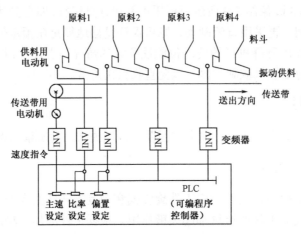

图 7-10　一种多原料配料输送装置

用一台变频器同时控制多台电动机，是 *U/f* 控制型通用变频器的一大特长。例如，轧钢厂中钢坯或成品的输送车辊道就是用一台变频器传动多台异步电动机，而化纤厂中的计量泵，则是用一台变频器传动多台同步电动机同步旋转的例子。

2. 机械装置的简单化、标准化

以传统的工业洗衣机为例，原来的洗涤、清洗和脱水等不同工艺环节，由于转速差别较大，同一台洗衣机常需要 2～3 台电动机按时间顺序切换运行。如果改用变频器传动，由于转速调节范围很宽，用一台电动机就够了，机械结构可以相应地得到简化。

另外，我国电网的频率与世界上一些国家（如日本、美国）电网频率不同，我国工业电网频率为 50Hz，而日本的电网频率为 60Hz，在电动机的选用和机械装置的设计上都有所区别。如果采用变频传动，在新引进这些国家的某些生产线时，不必改变机械设备的结构和电动机型号，即在不同的电网频率下，也可以实现可靠的调速传动运行。

3. 运行可靠性的提高

交流变频调速较之直流电动机调速可靠性大大提高，目前的通用变频器，由于软件功能的充实，保护功能特别完善。对于电源瞬时停电和因噪声干扰引起的一次性异常，变频器可以自动诊断故障的来源，同时利用故障后再启动功能在不停车的情况下进行再启动。再启动成功后，故障的原因存储在内部存储器中，随时调出，可以显示故障原因以供分析和处理。

这些具有的智能化功能使运转可靠性大大提高，可以保证生产的连续性，甚至可以实现夜间无人运转。

7.1.5 适应或改善环境

对环境的适应性强，并且对环境引起的公害小，是变频器传动的又一特点。

1. 对环境的适应性

某些有易爆危险性气体和可燃性溶剂的生产设备，其传动应采用防爆电动机，其他易燃、易爆场合的传动也应如此。在这些场合选用笼形异步电动机制成防爆结构，再配以变频器构成交流变频器调速系统，形状结构简单，价格便宜，宽范围平滑调速，运行可靠，这是任何直流调速系统都不可比拟的。

另外，有腐蚀性气体的场合、户外、极度潮湿的场合或者潜水电动机的调速传动，一般都采用各种特殊型号的笼形异步电动机，调速传动时变频器也大有用武之地。

2. 静音化

新一代的通用 PWM 式变频器，其逆变电路的开关器件已由 IGBT（或 MOSFET）取代了老式的 GTR，将载波频率提高到 10～15kHz ，极大地降低了噪声，电动机的运行声音已经接近于接在工频电网上运行的情况，即变频器传动实现了"静音化"。

当前，在自动化领域中，"现场总线控制技术"已成为最热点之一，而由变频器控制的交流电动机是总线控制系统中的一个基本"执行单元"（节点），现在通用变频器中均有 RS-485 或 RS-232 通信接口，无论哪种类型的总线结构，变频器与之相配合的异步电动机，总是这些总线中不可缺少的一部分，变频器为满足总线的要求，也正在朝智能化方向发展。可以说变频器的应用，为控制系统向网络化方向发展提供了坚实的基础。

7.2 应用变频器的技术优势

【知识目标】　　了解应用变频器传动的技术优势。

　　　　　　　　了解变频器传动产生的应用效能。

在工业生产中应用变频器控制电动机运行，其技术优势是传统的任何控制方式（如继电器—接触器控制、电磁离合器控制等）不可比拟的。变频器的应用效能及技术内容可以从以下几个方面体现。

1. 原有恒速运行的异步电动机的调速控制

应用变频器可以方便地改变异步电动机的频率和电压，实现调速运行。节能用途是这种情况的典型例子。需要注意的是：对标准型电动机，低速时散热能力变差，这是由于电动机轴上起冷却作用的风扇转速变慢所致，这就需要应用变频器所具有的电子热保护功能，以便切实地对电动机实行保护。

2. 实现软启动、软停机并且可实现频繁启停

笼形异步电动机在工频条件下，启动电流是额定电流的 5～7 倍，电动机的容量越大，启动时对电网的影响越大。利用变频器采用变频启动或停车，可以预先设定加、减速时间

（0.1～6 000s），并且可以在较小的电流条件下实现软启动，从而减小对电网的影响并降低电动机发热。需要注意的是：加、减速时的动态转矩不足，为了顺利而可靠地完成启动程序，变频器均具有自动转矩提升功能和加、减速过程中的防失速功能。

3. 不用接触器方便地实现正、反转控制

在变频器中利用逆变电路中电力电子器件（IGBT）的开关功能，实现电动机正、反转的切换控制是很容易的，避免了使用主电路接触器进行机械切换的弊端，可以可靠地实现正、反转之间的联锁。

特别是起重机、小型提升机的应用场合，由于有的变频器已经把"起重机专用软件"存在其软件库中了，因而起重机的程序控制用开关器件均可以省掉，得到一种可靠性高而廉价的传动装置。

4. 可方便地实现电气制动

变频器传动时很容易实现电动机的电气制动。在很多情况下，例如水平传送带、风机、起重机和斜面传送带的应用中，为产生静止时的保持转矩，变频器应与机械式制动器配合使用。

电气制动包括动力制动、电源再生制动和直流制动三种制动方式。当变频器的输出频率为零时，电动机就处于直流的能耗制动状态。一般情况下，某些机床、大型起重机、高速电梯等为了有效地利用再生电能常采用电源再生制动方式，小型升降机等则采用电路结构相对简单的动力制动（采用制动电阻）方式。制动频繁度很低的一类生产机械，当仅要求停车时，也可以采用全范围直流制动方式。

5. 可实现恶劣环境下电动机的调速运行

电磁转差调速电动机和直流电动机一般难以用到环境恶劣的场合。这项功能使得用防爆电动机在技术上的复杂性大大降低。在一般情况下可采用通用笼形异步电动机，特殊情况下可以选用防爆型、防水型、户外型等特殊类型电动机。需要注意的是：防爆型电动机与变频器配合时，禁止采用非变频器专用的防爆电动机（用于工频的普通防爆电动机，不经认证不能用于变频传动）。

6. 实现高频电动机的高速运行

在超精密加工和高性能机械区域中常常要用高速电动机，为了满足高速电动机驱动的需要，出现了采用 PAM 控制方式的高速电动机驱动用变频器。这类变频器的输出频率可以达到 3kHz，驱动两极异步电动机时，电动机的最高速可以达到 180 000r/min。

在高速电动机由高频变频器驱动的场合，变频器的压频关系应该按高速电动机固有的 U/f 关系来决定。如果将通用异步电动机升速运行，有必要校核电动机的机械强度。

7. 单台变频器的多电动机调速运行

变频器的多电动机传动方式，是用一台变频器同时为多台电动机供电，多用于轧钢的辊道和纤维机械中的卷筒等的传动。电动机可以采用异步电动机，也可以采用同步电动机。各台电动机

的容量不必相同，但电动机的容量之和不得超过变频器的额定容量。如果采用异步电动机，各电动机的转速可能因为转差率不同而略有差异；而采用同步电动机时，各电动机的转速则完全相同。

多台同步电动机传动方式中，如果在运行中有一台电动机突然接入，则必须考虑新接入的电动机启动时和接近同步时的过大电流对运行中的其他电动机的冲击。

8. 电网的功率因数可以保持较高的值

变频器中的整流电路，采用三相全波整流将交流电变换成直流电，电流的相位基本没有滞后，较之电动机直接接到电网上，电网的功率因数要高得多，基本上接近1。变频器的电源侧功率因数在低速时有所减小。图 7-11 所示为采用二极管整流器的 PWM 变频器的输入功率因数特性。图 7-12 所示为采用晶闸管整流器的 PWM 变频器的输入功率因数特性。

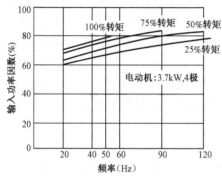

图 7-11 采用二极管整流器的 PWM 变频器的输入功率因数特性

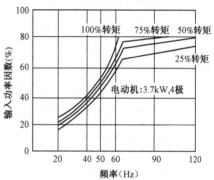

图 7-12 采用晶闸管整流器的 PWM 变频器的输入功率因数特性

应该注意的是：电动机的输入侧（变频器的输出端）不能接改善功率因数用电容器，因为电容器可流入过大的高次谐波电流，并因此而损坏。

7.3 通用变频器的主要功能

【知识目标】 了解通用变频器控制系统的功能。
　　　　　　掌握变频器中的频率设定功能。
　　　　　　掌握变频器与运行方式有关的功能。
　　　　　　了解变频器与状态监测有关的功能及其他功能。

经历了近 20 年的发展历程，变频器的功能不断丰富，性能不断提高。在本节中将以通用型变频器为例，按其用途将变频器的主要功能进行分类并加以简单说明。

7.3.1 系统所具有的功能

为了构成系统，变频器必须具有以下功能。

1. 全区域自动转矩补偿功能

由于电动机转子绕组中阻抗的作用，当采用 U/f 控制方式时，在电动机的低速区域将出现转矩不足的情况。因此，为了在电动机进行低速运行时对其输出转矩进行补偿，在变频器中采取了在低频区域提高 U/f 值的方法。这种方法称为变频器的转矩补偿功能或转矩增强功能。

所谓全区域全自动转矩补偿功能，指的是变频器在电动机的加速、减速和稳定恒速运行的所有区域中，可以根据负载情况自动调节 U/f 值，对电动机的输出转矩进行必要的补偿。

2. 防失速功能

变频器的防失速功能包括加速过程中的防失速功能、恒速运行过程中的防失速功能和减速过程中的防失速功能 3 种。

加速过程和恒速运行过程中的防失速功能的基本作用是：当由于电动机加速过快或负载过大等原因出现过电流现象时，变频器将自动降低变频器的输出频率，以避免变频器因为电动机过电流而出现保护电路动作和停止工作的情况。

对于电压型变频器来说，由于在电动机的减速过程中回馈能量将使变频器直流中间电路的电压上升，并有可能出现因保护电路动作带来的变频器停止工作的情况。减速过程中防失速功能的基本作用是：在电压保护电路未动作之前暂时停止降低变频器的输出频率或减小输出频率的降低速率，从而达到防止失速的目的。

对于具有上述防失速功能的变频器来说，即使在变频器的加速或减速时间设置过短的场合也不会出现过电流、失速或者变频器跳闸的现象，所以可以充分保证变频器驱动能力的发挥。

3. 过转矩限定运行

过转矩限定运行功能的作用是对机械设备进行保护和保证运行的连续性。利用该功能可以对电动机的输出转矩极限值进行设定，使得当电动机的输出转矩达到该设定值时，变频器停止工作并给出报警信号。

4. 无速度传感器简易速度控制功能

无速度传感器简易速度控制功能的作用是为了提高通用变频器的速度控制精度。当选用该功能时，变频器将通过检测电动机电流而得到负载转矩，并根据负载转矩进行必要的转差补偿，从而达到提高速度控制精度的目的。利用该功能通常可以使速度变动率得到 $1/5 \sim 1/3$ 的改善。在利用该功能时，为了能够正确地进行转差补偿，必须将电动机的空载电流和额定转差等参数事先输入变频器。因此，必须对每台电动机分别进行设定。

5. 带励磁释放型制动器电动机的运行

带励磁释放型制动器电动机的运行功能的作用是为了使变频器能够对带励磁释放型制动器的电动机进行可靠驱动和调速控制。对于起重机、自动仓库等负载来说，为了达到防止滑落和进行稳定可靠的停止的目的，需要使用带励磁释放制动器的电动机。为了与这种电动机进行有效配合，在变频器低频区提高输出电压的同时，设定一个防止电动机长时间流过饱和电流的区域，以保证在使用这种电动机时

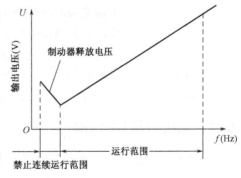

图 7-13 带励磁释放型制动器电动机的运行

制动器能够被可靠释放，如图 7-13 所示。

6. 减少机械振动，降低冲击的动能

减少机械振动，降低冲击的动能主要用于机床、传送带和起重机等，其作用是为了达到减少机械振动，降低冲击，保护机械设备和提高产品质量的目的。这些功能包括对 U/f 和转矩补偿值进行调节，选择 S 形加/减速模式，选择停止方式，对载频进行调节，对电动机参数设定值进行调节，设定跳跃频率等。

表 7-3 所示为通用变频器减轻冲击和减少机械振动的方法。

表 7-3　通用变频器减轻冲击和减少机械振动的方法

目　　　的	作　　用	变频器操作
减轻冲击	降低产生的转矩	对 U/f 进行调节、切换
	增加产生的转矩	调节转矩
	减轻加速时的冲击	选择 S 形加/减速模式，并适当设定加速时间
	减轻减速时的冲击	选择 S 形加/减速模式，并适当设定减速时间
减少振动	调节输出频率	调节速度上、下限和增益
	调节速度控制增益	改变电动机参数设定值
	避免产生共振	合理设置跳跃频率

7. 运行状态检测显示

运行状态检测显示功能主要用于检测变频器的工作状态，根据工作状态设定机械运行的互锁，对机械进行保护并使操作者及时了解变频器的工作状态。

表 7-4 所示为这类功能的名称和内容。

表 7-4　运行状态检测显示

名　　称	内　　　容
运行中信号	在电动机运行时为"闭合"状态，可以作为与停止状态进行互锁的信号
零速信号	当输出变频器在最低频率以下时可为"闭合"状态，可以作为机床的送刀、反转信号
速度一致信号	当频率指令（速度指令）和输出频率一致时为"闭合"状态，可以作为切削等用途时的互锁信号
任意速度一致信号	仅在和任意速度一致时才成为"闭合"状态
输出频率检测（1）	输出频率高于设定频率时成为"闭合"状态
输出频率检测（2）	输出频率低于设定频率时成为"闭合"状态
过转矩信号	当电动机产生的转矩超过设定的过转矩检测值时成为"闭合"状态，用于检测机床刀具磨损和过载检测，主要用作机械保护的互锁信号
低电压信号	当变频器检测出电压过低，并切断输出时成为"闭合"状态，当外部采用了停电对策时，可以作为停电检测继电器使用
基极遮断信号	当变频器的输出被切断时处于"闭合"状态
频率指令急变检测	当检测出频率指令发生设定值的 10%以上的急变时成为"闭合"状态，主要用于检测上位 PLC 异常

8. 出现异常后的再启动功能

变频器的这项功能的作用是：当变频器检测到某些系统异常时将进行自我诊断和再试，并在这些异常消失后自动进行复位操作和启动，重新进入运行状态。具有这项功能的变频器在系统发生某些轻微异常时无须使系统本身停止工作，所以可以达到增加系统可靠性和提高系统运行效率的目的。

由于在进行自我诊断的过程中变频器处于停止输出的状态，在此过程中电动机的转速将会有一定程度的降低。对于这种速度降低，变频器将通过自己的自寻速功能对电动机的实际转速进行检测后输出相应的频率，直至电动机恢复原有的速度。

通常用户可以根据需要设定 10s 以内的再试次数。

9. 通过外部信号对变频器进行启/停控制

变频器通常都还具有通过外部信号强制性地使变频器停止工作的功能，这类功能包括：

① 外部基极遮断信号接点。通过外部基极遮断信号接点的外部信号可以强制性地关断变频器逆变电路的基极（门极）信号，使变频器停止工作。在这种情况下，电动机将自由减速停止。

② 外部异常停止信号接点。当被驱动的机械设备出现异常时，也可以利用外部异常停止信号接点的外部信号强制性地使变频器停止工作。在这种情况下可以将电动机的停止模式选为控制频率减速停止模式或自由减速停止模式。

7.3.2 频率设定功能

变频器中与频率设定有关的功能主要有以下内容。

1. 多级转速设定功能

多级转速设定功能又称多段速度运行设定功能，可以使电动机以预定的速度按一定的程序运行。用户可以通过对多功能端子的组合选择记忆在内存中的频率指令，其速度图如图7-14 所示。与用模拟信号设定输入频率相比，采用此种控制方式时，可以达到对频率进行精确设定和避免噪声影响的目的。此外，该功能还为和 PLC 进行连接提供了方便的条件，并可以通过极限开关（行程开关或限位开关）实现简易位置控制。

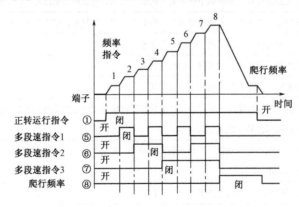

图 7-14　频率设定的速度图

2. 频率上、下限设定功能

频率上、下限设定功能是为了限制电动机的转速，从而达到保护机械设备的目的而设置的。它设置频率指令的上、下限，并规定了相对于频率设定值的偏置量和增益，如图 7-15 所示。

3. 特定频率设定禁止功能（频率跳跃功能）

由于在进行调速控制的过程中，机械设备在某些频率上可能因与系统的固有频率形成共振而造成较大振动，应该避开这些共振频率，以防止机械系统发生共振。特定频率设定禁止功能的工作状态如图 7-16 所示。

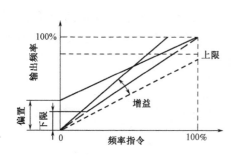
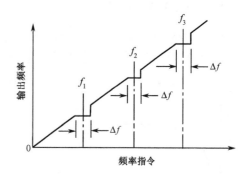

图 7-15　频率指令上、下限及信号偏置、增益设定功能　　图 7-16　特定频率设定禁止功能的工作状态

4. 指令丢失时的自动运行功能

指令丢失时的自动运行功能的作用是：当模拟频率指令由于系统故障等原因急剧减少时，可以使变频器按照原设定频率 80% 的频率继续运行，以保证整个系统正常工作。

5. 频率指令特性反转功能

为了和检测仪器等配合使用，某些变频器中还设置了将输入频率特性进行反转的功能，如图 7-17 所示。

6. 禁止加/减速功能

为了提高变频器的可操作性，在加/减速过程中，可以通过外部信号使频率的上升/下降在短时间内暂时保持不变，如图 7-18 所示。

7. 加/减速时间切换

加/减速时间切换功能的作用是利用外部信号对变频器的加/减速时间进行切换，变频器的加/减速时间通常可以分别设为两种，并通过外部信号进行选择。该功能主要用于机械设备的紧急停止，用一台变频器控制两台不同用途的电动机，或在调速控制过程中对加/减速速率进行切换等，如图 7-19 所示。

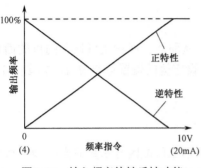

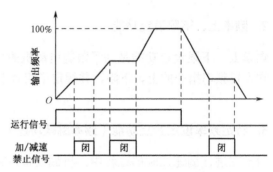

图 7-17 输入频率特性反转功能　　　　　　图 7-18 禁止加/减速功能

8. S 形加/减速功能

S 形加/减速功能的作用是为了使被驱动的机械设备能够进行无冲击的启/停和加/减速运行。在选择了该功能时，变频器在接收到控制指令后，可以在加/减速的起点和终点使频率输出的变化成为弧形，从而达到减轻冲击的目的，如图 7-20 所示。

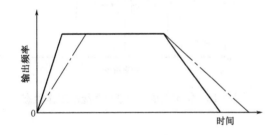

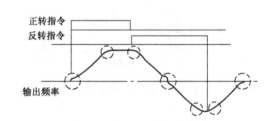

图 7-19 加/减速时间切换　　　　　　图 7-20 S 形加/减速功能

7.3.3 与运行方式有关的功能

与运行方式有关的功能包括以下内容。

1. 直流制动（DC 制动）停机

该功能的作用是不用机械制动器实现制动和准确停车。在变频器通过降低输出频率使电动机减速过程中，当频率减小到设定的 DC 制动起始频率时，电动机定子绕组通入直流电流，实现直流制动停机，其中 DC 制动电流 I_{DB}、DC 制动时间 t_{DB}、DC 制动起始频率 f_{DB} 都可以在控制面板上通过功能码人为设定。图 7-21 所示为直流制动停机特性。

2. 无制动电阻的直流制动快速停机

该功能的作用是：对于诸如高速刻纹机一类的高速轻载机械，不用制动电阻和机械闸实现快速停机。通常的做法是：通直流电的制动在高速时进行，其制动量（用暂载率 ED 表示）常小于 5%，此时制动力矩可达到 50%～70%。

3. 运行前的直流制动

对于泵、风机等机械设备来说，由于电动机本身有时处于在外力的作用下进行自由运行的状态，其旋转方向不定。该功能能使此类电动机在启动前通过直流制动使其迅速停转，然后开始正常的调速控制。图 7-22 所示为运行前的直流制动特性。其中，f_{DB} 为启动频率，t_{DB} 为制动时间，I_{DB} 为制动电流。

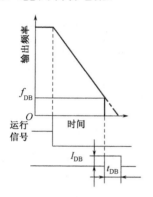

图 7-21　直流制动（DC 制动）停机特性

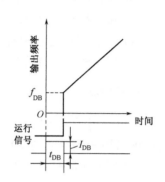

图 7-22　运行前的直流制动特性

4. 自寻速跟踪功能

此种功能又称为滑行再启动功能。对于风机、绕线机等惯性负载来说，当由于某种原因使变频器暂时停止输出时，电动机处于滑行状态，变频器可以在没有速度传感器的情况下，通过检测其残余电动势的频率，自动寻找电动机的实际转速，使变频器的输出频率自动与之适应，并且自动地按设定的加速时间加速到设定的转速，而无须等到电动机停止后再进行驱动。此种自寻速跟踪功能，使得瞬时停电再启动、故障后再启动的功能能得到保证。

5. 瞬时停电后自动再启动功能

发生瞬时停电时，变频器仍然能够根据原定工作条件自动进入运行状态，从而避免进行复位、再启动等复杂操作，保证整个系统的连续运行。

该功能的具体实现是在发生瞬时停电时利用变频器的自寻速跟踪功能，使电动机自动返回预先设定的速度。一般通用变频器，当电源瞬时停电时间不大于 2s 时，可以保证不出现停机情况，而连续运行。

6. 电网电源/变频器切换运行功能

在用变频器进行调速控制时，变频器内部总是会有一些功率损失，所以在需要以电网电源频率进行较长时间的恒速驱动时，有必要将电动机由变频器驱动改为由电网电源直接驱动，从而达到节能的目的。与此相反，当需要对电动机进行调速驱动时，又需要将电动机由电网电源直接驱动改为由变频器驱动。而变频器的电网电源/变频器切换运行功能就是为了满足上述目的而设置的。

在需要将电动机由电网电源直接驱动改为由变频器驱动时要用到变频器的自寻速跟踪功能，以避免电流的冲击。

7. 节能运行

该功能主要用于冲压机械和精密机床，其目的是为了节能和降低振动。在利用该功能时，变频器在电动机的加速过程中将以最大输出功率运行，而在电动机进行恒速运行的过程中，则自动将功率降至设定值。图 7-23 所示为节能运行时的输出电压特性。

该功能对于实现精密机床的低振动化也很有效。

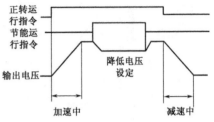

图 7-23　节能运行时的输出电压特性

8. 多 *U/f* 选择功能

该功能的作用是用一台变频器分别驱动几台特性各异的电动机或者用变频器驱动变极电动机以得到较宽的调速范围。利用变频器的这个功能，可以根据电动机的不同特性设定不同的 *U/f* 值，然后通过功能输入端子进行选择驱动。该功能可以用于机床的驱动等。

7.3.4　与状态监测有关的功能

与状态监测有关的功能包括以下内容。

1. 显示负载速度

变频器的 LCD 显示窗（数字操作盒）除了可以显示变频器的输出频率外，还可以显示电动机的转速（r/min）、负载机械的转速（r/min）、线速度（m/min）和流量（m^3/min）等内容。

2. 脉冲监测功能

变频器可以与数字计数器配合，准确地显示出变频器的输出频率。可能的显示方式为 1、6、10、12、36 倍的输出频率（由用户设定）。

3. 频率/电流计的刻度校正

该功能的作用是：当需要对接在模拟量监测端子上的输出频率计和输出电流计进行刻度校正时，可以不专门接入刻度校正用电阻，而只通过调节输出增益来达到进行刻度校正的目的。

4. LCD 显示窗（数字操作盒）的监测功能

通过 LCD 显示窗不但可以监测变频器的输出频率和电流，还可以检测输出电压、直流电压、输出功率、输入/输出端子的开闭状态、电动机电流及故障内容等。此外，利用 LCD 显示还可以很容易地检测机械设备的运行状态。即使在断电的情况下，LCD 显示窗仍可以通过记忆功能保持已发生异常的内容和顺序。变频器的检测功能使操作者可以很容易地掌握变频器和系统的运行状态，并在系统发生故障时，容易查找故障的原因并及时排除故障。

7.3.5 其他功能

变频器的其他功能包括以下内容。

1. 载频频率设定功能

该功能的作用主要是通过适当地调节逆变器 PWM 的载波频率，降低电动机和机械装置的运行噪声，避免共振现象。如图 7-24 所示，载波频率和输出频率的关系可以通过调整最低频率和增益来实现。

2. 高载波频率运行

变频器中主开关器件采用 IGBT 及其他高频率开关器件时，可以提高载波频率，实现"静音"控制。如图 7-25 所示为富士变频器中采用功率晶体管与采用 IGBT 作为开关器件时产生噪声的比较图。

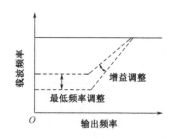

图 7-24 载波频率和输出频率的调整

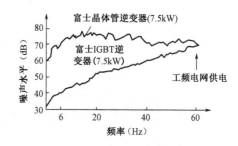

图 7-25 噪声比较图

3. 平滑运行

在新型变频器中，通过提高载频等方法，使变频器的输出电流更趋近正弦波，尤其在低速状态下，使电动机的转矩脉动减轻，达到平滑运行的目的。在不同载波频率下电动机旋转平稳性比较如图 7-26 所示。

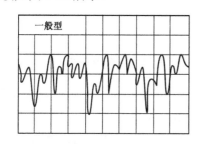

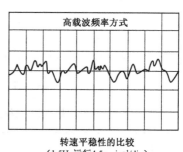

转速平稳性的比较
（1.5Hz运行4.5r·min⁻¹/div）

图 7-26 电动机旋转平稳性比较

4. 全封闭结构

为了使变频器能够在恶劣的环境下使用，某些变频器采用了将散热片移至变频器箱体之外安装的全封闭结构，以保证变频器内部不受外部环境的影响。

*7.3.6 多控制方式

近两年，通用变频器产品出现了一种"多控制方式"的趋势。西门子公司的 SIMOVERT MASTERDRIVES-6SE70 系列、安川公司的 VS-616G5 系列等都属于"多控制方式"通用变频器。在这里以 VS-616G5 为背景，从总体概念上介绍此类变频器的功能。

它有四种控制方式可供选用：无 PG（速度传感器）U/f 控制方式；有 PG U/f 控制方式；无 PG 矢量控制方式；有 PG 矢量控制方式。这是全数字控制技术不断发展而获得的硕果。四种控制方式的性能与应用见表 7-5，由表中可知，这种"多控制方式"通用变频器的性能可以满足多数工业传动装置的需要。变频器出厂时，厂家将其控制方式设定在无 PG 矢量控制方式下。用户根据自己的需要，可以改变这种设置。投入使用之前，可以按图 7-27 所示的顺序，设定变频器的控制方式和电动机的有关参数。

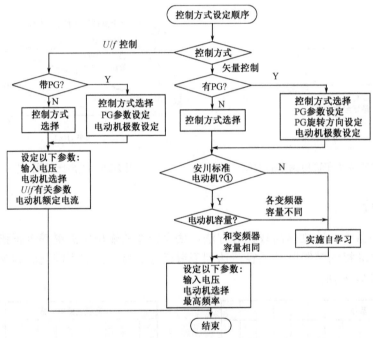

注：①安川标准（普通）电动机是指无PG全封闭外扇FEF、FEQ型4极电动机

图 7-27　控制方式设定顺序

表 7-5　四种控制方式的性能与应用

控制方式	无 PG U/f 控制	有 PG U/f 控制	无 PG 矢量控制	有 PG 矢量控制
基本控制	电压/频率控制	带速度补偿电压/频率控制	无 PG 电流矢量控制	有 PG 电流矢量控制
速度检测器	不要	要（编码器）	不要	要（编码器）
速度检测用可选件	不要	PG-A2 或 PG-D2	不要	PG-B2 或 PG-X2
速度控制范围	1:40	1:40	1:100	1:1 000
启动转矩	150%/3Hz	150%/3Hz	150%/1Hz	150%/0Hz

续表

控制方式	无 PG U/f 控制	有 PG U/f 控制	无 PG 矢量控制	有 PG 矢量控制
速度控制精度(%)	±2～3	±0.03	±0.2	±0.02
转矩限制	不可	不可	可能	可能
转矩控制	不可	不可	不可	可能
应用实例	● 多电动机传动 ● 不能自学习的场合	● 简单速度反馈控制 ● 机械附有 PG 场合	● 变速传动	● 简易伺服驱动 ● 高精度速度控制 ● 转矩控制

由图 7-27 可知，最简单的无 PG U/f 控制方式下，只要选定了控制方式，再设定少数几个必要的数据，就可以运行。图中最左侧无 PG U/f 控制要求的设定中，"输入电压"是指变频器所接的电网电压；"电动机选择"是指应设定所用电动机是否是安川标准电动机，只须确认是与否；"U/f 有关参数"是指对 U/f 曲线模式的设定；"电动机额定电流"是指所用电动机的额定线电流。在无 PG 方式下，有的机型也须设定"电动机极数"，它是指所用电动机的磁极个数（不是极对数）。

有 PG U/f 控制方式下，选定控制方式之后，除了必要的设定外，还要设定速度传感器 PG 的有关参数，主要是 PG 的每转脉冲数。

矢量控制方式包括有 PG 和无 PG 两种情况。一个很重要的特点是必须"实施（电动机参数）自学习"。这是指由变频器的软件功能自动地对电动机等效电路的参数进行测定，并存储在数据区内，以备进行矢量控制运算时调用。

这种"自学习"，相当于对负载电动机自动地进行一次"等效电路参数测定实验"，以求出电动机漏感、绕组电阻等参数，因为矢量控制算法需要这些参数。

"自学习"（又称"自调谐"）的方法大致是：

① 将空载的电动机接到变频器的输出端，应将电动机轴上的机械负载拆除（容量与变频器容量相同的安川标准电动机不须进行"自学习"）。

② 操作变频器的数字式操作器，将电动机铭牌的有关数据输入到变频器中。这些数据是电动机的额定电压、电动机额定电流、电动机的额定频率（如需恒功率调速，应选"基频"）、电动机的额定转数（如需恒功率调速，应选"基速"）和电动机的极数（不是极对数）。

③ 输入速度传感器的每转脉冲数、PG 脉冲数。如果是无 PG 矢量控制，则输入 0。

④ 按下 RUN 按钮，启动变频器，电动机旋转。在此过程中，自动测试电动机参数。在测试进行中，变频器数字操作器的液晶显示窗口（LCD）会显示参数测定是否完成，完成后将自动停机。

在参数测试中，变频器将忽视控制端子的输入信号。由于载波频率采用 2kHz，电动机噪声可能较大。如电动机轴上有机械制动器，应先松开制动器后启动。测试中如果按 STOP 键，将终止测试，电动机自由停车，数据区数据将返回到原值。

当前通用变频器的性能向着更完善化方向发展，不仅具有以变频器构成的调速系统能适应各类负载的各种运行方式的功能，还具有完善的保护、灵活的连锁与通信及对基本功能通过选项卡进行扩展等功能。

7.4　生产机械的驱动

【知识目标】　掌握机械负载与电动机转矩的关系。

掌握各种负载的转速—转矩特性。

了解变频器驱动不同负载时应注意的事项。

7.4.1　机械负载与电动机转矩

变频器传动系统，简单地说，就是可调速交流电动机驱动系统，常由变频器、异步电动机和生产机械构成一个整体。就电动机和生产机械之间的关系看，多数情况下是通过一种机械传动装置互相连接起来。这样就构成了由电动机和生产机械及传动装置所组成的统一的旋转运动系统。其运行规律可以用运动方程式来描述。

$$T_M - T_L = \frac{GD^2 \mathrm{d}n}{375 \mathrm{d}t} \tag{7-2}$$

式中　T_M——电动机产生的转矩（N·m）；

　　　T_L——机械负载转矩（N·m）；

　　　GD^2——折合到电动机轴上的总的飞轮惯量（N·m²）；

　　　n——电动机轴转速（r/min）；

　　　t——时间（s）；

　　　375——具有加速度量纲的系数。

式（7-2）中，电动机的转矩 T_M 是由电动机的类型及其控制方式决定的，而生产机械的负载转矩 T_L，则是由生产机械的负载特性决定的。两者是相互独立的，如果人为地控制电动机的转矩 T_M，使之与 T_L 之间存在某种关系，则可以控制旋转系统的运转状态。例如，$T_M > T_L$，则系统处于加速状态；$T_M < T_L$，则系统处于减速状态；$T_M = T_L$，则系统处于稳速状态（或静止状态）。

以异步电动机驱动风机、泵类生产机械为例，电动机负担着由生产机械的转矩特性所决定的负载转矩和电动机转子、联轴及制动轮等旋转部件在加/减速过程中所需要的加/减速转矩。以加速为例，电动机的转矩包括两部分：

电动机的转矩=负载转矩+加速转矩　　　　　　　　　　　　　（7-3）

以加速转矩基本恒定的情况为例，加速运行的情况如图 7-28 所示。为使负载从速度 $n=0$ 加速到速度 $n=n_0$，必须控制电动机的转矩，使之大于负载转矩。若保持加速转矩恒定，速度则随时间按直线规律上升（图 7-28（b）中实线），加速过程结束时，电动机的转矩在图 7-28（a）中由 b 点变到 c 点。若使电动机转矩从图 7-28（a）中的 a 点变化到 c 点，则电动机转速随时间的变化规律如图 7-28（b）中的虚线所示。从上述可以看出，只要解决好电动机转矩和负载转矩，就可以自如地控制机械负载的转速。

7.4.2　转速–转矩特性

正确地把握变频器驱动的机械负载对象的转速—转矩特性，是选择电动机及变频器容量，决定其控制方式的基础。机械负载包罗万象，但归纳其转速—转矩的特性，主要有三大类：恒转矩负载、平方降转矩负载、恒功率负载。

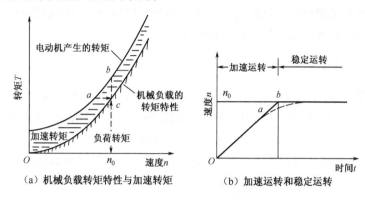

（a）机械负载转矩特性与加速转矩　　　（b）加速运转和稳定运转

图 7-28　加速运行的情况

1. 恒转矩负载

对于传送带、搅拌机、挤压成形机等摩擦负载，吊车或升降机等重力负载，无论其速度变化与否，负载所需要的转矩大体上是一个定值。此类负载称为恒转矩负载，其转速—转矩特性如图 7-29 所示。例如，吊车所吊起的重物，其重量在地球引力作用下而产生的重力是永远不变的。所以，无论升降速度大小，在近似匀速运行条件下，即为恒转矩负载。由于功率与转矩、转速两者之积成正比，所以生产机械所需的功率与转矩、转速成正比。电动机的功率应与最高转速下的负载功率相适应。

2. 平方降转矩负载

风扇、风机、泵等流体机械，在低速时由于流体的流速低，所以负载只需很小的转矩；而随着电动机转速增加而流速加快，所需的转矩大小以转速的平方的比例增加，这样的负载称为平方降转矩负载，其转速—转矩特性如图 7-30 所示。在这种场合，因为负载所消耗的能量正比于转速的三次方，所以通过变频器控制流体机械的转速可以得到显著的节能效果。

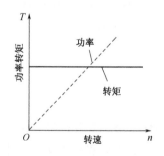

图 7-29　恒转矩负载的转速—转矩特性

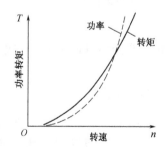

图 7-30　平方降转矩负载的转速—转矩特性

3. 恒功率负载

机床的主轴驱动、造纸机、塑料胶片生产机械的中央传动部分、卷扬机等输出功率为恒值，与转速无关，这样的负载称为恒功率负载。其转速—转矩特性如图 7-31 所示。例如，卷纸机要求以一定的速度和相同的张力卷取纸张。在卷取初期由于纸卷的直径较小，所以为保持恒定的线速度纸卷必须以较高转速旋转，而且转矩可以较小；但随着纸卷直径的逐渐变大，纸卷的转速也应随之变低，而转矩必须相应增大。

4. 电动机的转矩特性

在采用变频器驱动的电动机调速控制系统中，电动机的输出特性取决于变频器的输出特性。其中，变频器输出的 U/f 值决定电动机连续额定输出，而变频器的最大输出电流将决定电动机瞬间最大输出。图 7-32 所示为普通电动机在 U/f 控制方式变频器驱动下的输出转矩特性。当电动机在 50Hz 以上运行时，属恒功率调速运行，其转矩与转速成反比。当变频器的输出频率在 $f_1 \sim 50$Hz 之间时，可以按原来的恒转矩特性考虑，但由于转速的降低将导致电动机冷却能力下降，所以可允许的连续运转转矩也将下降。

在 6Hz $\sim f_1$ 之间，电动机冷却能力下降，而且电动机定子线圈的阻抗压降的相对影响增大，使得连续运转转矩大幅度下降。此时，运转频率越低，变频器输出电压越低，电动机内部压降的影响越大，转矩急剧减小。

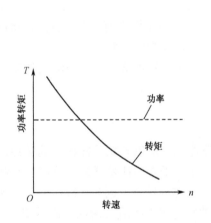

图 7-31　恒功率负载的转速—转矩特性

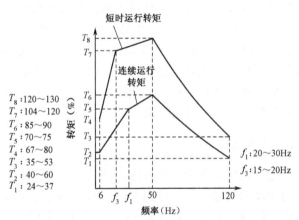

图 7-32　普通电动机在 U/f 控制方式变频器驱动下的输出转矩特性

7.4.3　变频器驱动不同负载时需要注意的问题

1. 驱动恒转矩负载

采用变频器和普通异步电动机驱动恒转矩负载，例如传送带、升降机等，由于高次谐波的原因，电动机的温升要有些增大；此外，由于低速时风扇的冷却效果变差，在选择电动机时，根据变频器的不同，转矩要打相应的折扣，因此电动机的容量要适当增大。另外，由于是恒转矩负载，即使转速变化，电动机的电流也基本不变，若电动机构造为全封闭外扇型，则低速运转时电动机的冷却能力下降，会发生过热现象，为此要注意下列事项。

① 考虑为恒转矩负载选用变频器专用电动机。

② 加装专用冷却风扇。

③ 增大一挡电动机容量，降低负载率。

若增大了电动机的容量，空载电流或启动电流及波动电流也随之增加，有时也要同时增大变频器的容量。

变频器驱动恒转矩负载时，低速下的转矩要足够大，并且有足够的转矩过载能力。对于 U/f 控制方式的变频器而言，应有低速下的转矩提升功能。低速下如果 U/f 的值不足，电动机产生的转矩可能无法满足启动或低速稳定运行的需要；如果 U/f 的值过大，又可能使电动机出现高饱和。因此对 U/f 特性的仔细调整是十分必要的。通用变频器的转矩提升强度是可以人为设定和调整的。如果采用具有转矩控制功能的第二代通用变频器，对恒转矩负载更适合。这类变频器具有 U/f 模式的自动调整功能，低速下的过载能力比较大。

2. 驱动平方降转矩负载

对于平方降转矩负载来说，随着转速的降低，所需转矩以平方的比例下降，所以低频时的负载电流很小，即使选用普通异步电动机也不会发生过热现象。因此一般的风机、水力机械很适合由 U/f 控制的变频器进行驱动。一般 U/f 控制变频器都预先设置了平方降转矩负载用的 U/f 特性。但是由于机械种类不同，飞轮转矩 GD^2 有很大不同。比如，由于负载的 GD^2 很大，必须设定很长的加速时间，或者再启动时出现超出预想的大启动转矩等特殊事例，所以需要仔细斟酌。另外应该注意的是，当电动机以超过基频转速以上的速度运转时，所需功率随转速增长过快，与转速 n^3 成正比，所以通常不应使此类负载超工频运行。

3. 驱动恒功率负载

卷扬机、机床主轴等恒功率负载，其特性如图 7-33 所示。pu 为标幺值，采用 U/f 控制变频器驱动，通常在基频 50Hz 以下恒转矩调速，而在基频以上属弱磁调速，即恒功率调速。如果驱动系统的恒转矩和恒功率调速范围与负载的恒转矩和恒功率范围一致，即所谓的"匹配"，则不仅运行良好，而且所需要驱动系统的容量最小。但是如果负载要求的恒功率范围很宽，要维持低速下的恒功率关系，对变频器调速而言，驱动系统的容量不得不加大，装置的成本必然提高。如图 7-34 所示，驱动恒功率负载时，一般将转速 0～1.0（pu）之间作为恒转矩区域，1.0（pu）的转速称为基频转速。以基频

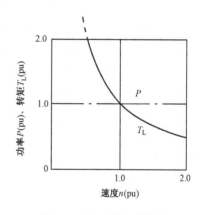

图 7-33 恒功率负载特性

转速的 m（$m>1$）倍转速进行恒功率运转，称为 1:m 的恒功率运转。图 7-34（a）所示为 1:2 恒功率控制时的特性。例如采用矢量控制时，当转差频率 f_s 一定时，在恒功率区域，对电动机电压（变频器输出电压）与转速（变频器输出频率）的比以 $\sqrt{m}$ 的比例进行控制，可推算出转矩与 $(E_1/f_1)^2$ 成正比，因此在转速 2.0（pu）点上，转矩有如下关系：

$$T_L \propto (E/f)^2 = (1/\sqrt{m})^2 = 1/m = 1/2 \tag{7-4}$$

即转矩为基频转速时的 1/2。

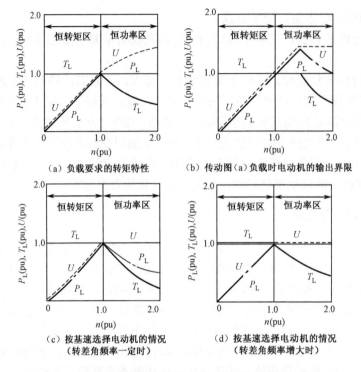

（a）负载要求的转矩特性　　　　　（b）传动图（a）负载时电动机的输出界限

（c）按基速选择电动机的情况　　　　（d）按基速选择电动机的情况
　　　（转差角频率一定时）　　　　　　　（转差角频率增大时）

图 7-34　恒功率负载的传动方式（恒功率范围为 1:2）

在图 7-34（a）中，忽略了定子漏阻抗压降的影响，认为电动机端电压近似等于感应电动势，即 $U_1=E_1$，并且略去低速所需的电压补偿。变频器输出电压的最大值，可以近似地认为与变频器网侧的电源电压相同。最高速度 n(pu)=2.0 应与变频器的最高输出电压对应。例如变频器电源电压为 380V，转速为 2.0(pu)时，电动机电压为 380V。而在基频转速，即 n=1.0(pu)时，电动机电压为上述电压的 $1/\sqrt{2}$ 倍，约为 268V。

如上述情况选定变频器，那么与之相匹配的电动机的输出能力的界限则如图 7-34（b）所示。若变频器在达到电源电压之前始终保持 E_1/f_1 恒定，即实行恒转矩控制，则电动机的输出转矩、功率的范围扩大。允许将恒转矩控制的范围延伸到 n(pu)=1.4 处，相应的电动机的输出功率也为负载所需功率的 1.4 倍，即 $\sqrt{m}$ 倍。在这种情况下，电动机的功率有下述关系。

$$P_M=P_L\times\sqrt{m} \tag{7-5}$$

式中　P_M——电动机额定功率（kW）；

　　　P_L——负载功率（kW）；

　　　m——恒功率调速范围的转速比。

图 7-34（c）所示是以基频转速点为变频器最大输出电压，恒功率区域电压固定的输出特性，由于最高转速 n=2 (pu)时的 E_1/f_1 值是基频转速以下 E_1/f_1 恒值时的 1/2，转矩是恒转矩时的 1/4，功率是恒功率时的 1/2。以上是保持转矩差频率 f_s 为一定的情况，实际 U/f 控制的变频器会使 f_s 增大，输出的是如图 7-34（d）所示的恒功率特性。

对于一般的普通异步电动机来说，由于结构的限制，只能实现 1:2，最大 1:3 的恒功率运转。为了使机床主轴驱动拥有更广泛的恒功率运转范围，有的厂家设计了可进行绕组切换的电动机，以达到降低基频转速的目的。当采用矢量控制的变频器对其进行驱动时，恒功率范围可达到 1:12 以上。

4. 驱动四象限运行的负载

以起重机、电梯、吊车等为代表的机械设备，要求在四象限运转。例如，吊车将重物提升与放下时需要克服地球的引力（重力），此时，重物与电动机运转的关系如图 7-35 所示。当电动机的能量输出为正时，电动机将电能转换为势能；反之，输出为负时，重物受地球引力的作用，势能反馈回电动机或由抱闸吸收。所以驱动四象限的负载时，必须考虑到电动机和变频器不仅能进行电动驱动，而且也能进行回馈制动，在回馈制动频繁的场合，需特别注意制动电阻容量的选定。与此同时，确定抱闸动作的时序以及电动机能否产生足够的制动转矩，认真考虑驱动系统的运转顺序也非常重要。

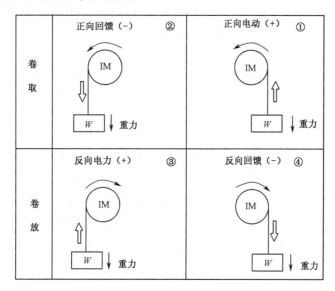

图 7-35　重物与电动机运转的关系

5. 驱动脉动转矩负载

往复式压缩机中利用曲轴将电动机的旋转运动转换成往返运动，转矩随着曲轴的角度而变动。在这种情况下，电动机的电流随着负载的变动而产生大的脉动，若脉动电流的尖峰达到了使变频器防失速功能动作的程度，就可能由于变频器防失速功能动作而迫使频率下降，导致系统不能加速到所规定的速度。在这种场合，可采用加大飞轮的方法平滑脉动转矩，但此时的 GD^2 很大，加/减速时间必须设定得长一些。此外，因为减速时的回馈能量变大，所以需要缩短减速时间时，必须重新考虑变频器的回馈放电回路。

6. 驱动冲击负载

对冲击机械等用离合器开合的负载机械来说，重负载被瞬间加上，电动机的速度瞬间下降，电流急剧增加，所以为了避免变频器因过流保护动作而跳闸，一般采用增加变频器容量和加装大飞轮等措施。

7. 驱动大惯性负载

离心分离机等惯性负载的 GD^2 比较大，若加速时间设定得太短，则在启动时防失速功能动作而不能加速，因此应当加大加速时间，否则变频器会因过流而跳闸。而在减速时由于回馈能量很大，减速时间过短也会使变频器产生过压跳闸的现象，此时，可将加/减速时间设定得长一些。希望比自由停止快些停止时，确认回馈放电回路和核算制动电阻的容量。

8. 驱动高速运转的负载

木工机械、机床、纺织机械、印刷机械、离心分离机、真空泵、电子部件加工机及电动工具等一般使用 3 600～30 000r/min 的高速电动机。若采用 PWM 控制的通用变频器驱动，则由于电动机的电流波形失真较大，极易发生电动机过热，变频器跳闸，加速时防失速功能动作而无法加速等现象。因此，须考虑变频器容量的选定，以及在变频器输出端设置减低电流波动用的电抗器，或采用 PAM 控制方式的变频器。

高速运转的负载必须配备高速电动机，若不得不配备普通异步电动机，则必须要经过机械校核。

9. 驱动大启动转矩负载

对于挤压成形机、搬运机械、金属加工机床等需要大启动转矩的负载，应考虑下述因素。通常采用 U/f 控制通用变频器和普通异步电动机组合时，启动转矩能保证 70%～120%（50Hz 电动机容量在几十千瓦以下）。如前所述，U/f 特性的转矩补偿量增大，启动转矩也会增大，但是，若补偿量过大，则低速运转时会出现电动机过励磁并产生振动、噪声、过热、过流等现象。通常启动时的转矩补偿量应为额定电压的 10%，当需要更大的启动转矩时可采取如下措施。

① 将电动机的极数由 4 极改为 6 极。此时启动转矩增大，如图 7-36 所示。

② 增加变频器的容量，提高过载电流值，再加上转矩补偿的量，可使启动转矩增大。

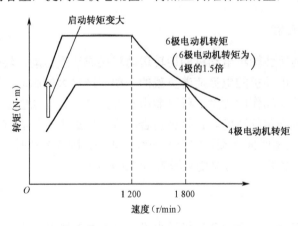

图 7-36　4 极和 6 极电动机的转矩特性

7.5　异步电动机的选择

【知识目标】　掌握异步电动机类型与容量选择的方法。

掌握负载功率的计算方法。

掌握变频器专用电动机的选择方法。

电动机的选择，应根据生产机械的情况恰当地选择其容量，还应根据用途和使用环境选择适当的结构形式、通风方式和防护等级等。

7.5.1　异步电动机形式与容量的选择

1. 形式的选择

电动机形式的选择除了根据使用状况和被驱动机械的要求，合理选择结构形式、安装方式以及与传动机械的连接方式外，还应根据温升情况和使用环境，选择合适的通风方式和防护等级等。

为了保护电动机正常稳定地运转，防止电动机对人身产生伤害，以及保护电动机避免受到外部环境的影响或损害，我国于 1985 年 2 月颁布了《电动机外壳防护分级》（GB4942.1—85）。

电动机的防护等级有：防止人体接触电动机内带电或转动部分和防止固体异物进入电动机内的防护等级；防止水进入电动机内的防护等级。

防护标志由特征字母 IP 和两个表示防护等级的表征数字组成。表征数字的意义见表 7-6 和表 7-7。

表 7-6　第一位表征数字表示的防护等级

第一位表征数字	防护等级	
	简　述	定　义
0	无防护	无专门防护
1[①]	防止直径大于 50mm 的固体进入电动机	能防止大面积的人体（如手）偶然或意外地接触及接近机内带电或转动部件（但不能防故意接触）；能防止直径大于 50mm 的固体异物进入机内
2[①]	防止直径大于 12mm 的固体进入电动机	能防止手或长度不超过 80mm 的物件触及或接近机内带电或转动部件；能防止直径大于 12mm 的固体异物进入机内
3[①]	防止直径大于 2.5mm 的固体进入电动机	能防止直径大于 2.5mm 的工具或导线触及或接近机内带电或转动部件；能防止直径大于 2.5mm 的固体异物进入机内
4[①]	防止直径大于 1mm 的固体进入电动机	能防止直径或厚度大于 1mm 的导线或金属条触及或接近机内带电或转动部件；能防止直径大于 1mm 的固体异物进入机内
5[②]	防尘电动机	能防止触及或接近机内带电或转动部件，不能完全防止尘埃进入，但进入量不足以影响电动机的正常运行

注：① 如固体的三个相互垂直的尺寸大于"定义"栏中规定的数值时，能防止形状规则和不规则的固体异物进入。

② 这是一条一般规定，当规定了尘埃的性质（如颗粒大小，性质如纤维粒等）时，条件可由用户和制造厂协商确定。

表 7-7　第二位表征数字表示的防护等级

第二位表征数字	防护等级	
	简　述	定　义
0	无防护电动机	无专门防护
1	防滴电动机	垂直滴水应无有害影响
2	15°防滴电动机	当电动机从正常位置倾斜至 15°以内任意角度时，垂直滴水应无有害影响
3	防淋水电动机	与垂线成 60°以内任一角度的淋水应无有害影响
4	防溅水电动机	任何方向的溅水应无有害影响
5	防喷水电动机	将水从任何方向喷向电动机时，应无有害影响
6	防海浪电动机	在猛烈的海浪冲击或强烈喷水时，电动机的进水量不应达到有害的程度
7	防浸水电动机	电动机在规定的压力下和时间内浸入水中时，电动机的进水量不应达到有害的程度
8	潜水电动机	按制造厂规定的条件，电动机可连续浸在水中[①]

注：① 通常，电动机是气密的，但对某些典型的电动机，水可以进入，但不产生有害的影响。

根据需要还常采用附加特征字母，如 IPW23S，其中各项含义如下。

IP——特征字母。

W——附加特征字母：W 为气候防护式。

2——第一位表征数字：防接触和防异物等级。

3——第二位表征数字：防水等级。

S——防水实验在电动机静止时进行（M：防水实验在电动机旋转时进行）。

根据使用环境可按表 7-8 所示选择电动机的类型。

表 7-8　按环境条件选择电动机的类型

环境条件		要求的防护类型	可选用的电动机类型举例
正常环境条件		一般防护型	各类普通型电动机
湿热带或潮湿场所		湿热带型	①温热带型电动机 ②普通型电动机加强防潮处理
干热带或高温车间		干热带型	①干热带型电动机 ②采用高温升等级绝缘材料的电动机或外加管道通风
粉尘较多的场所		封闭型或管道通风型	
户外、露天场所		气候防护型，外壳防护等级不低于 IP23，接线盒应为 IP54。封闭型电动机外壳防护等级应为 IP54	
户外，有腐蚀性及爆炸性气体		户外，防腐、防爆型，防护等级不低于 IP54	YBDF-WF
有腐蚀性气体或游离物		化工防腐型或采用管道通风	
有爆炸危险的场所	0 区	隔爆型、防爆通风充气型	YB、BJ03、JBR、UB、JBJ 等
	1 区	任意防爆类型	
	2 区	防护等级不低于 IP43	

续表

环 境 条 件		要求的防护类型	可选用的电动机类型举例
	10 区	任意一级隔爆型、防爆通风充气型	YB、BJ03、JBR、UB、JBJ 等
	11 区	防护等级不低于 IP44	
有火灾危险的场所	21 区	防护等级至少应为 IP22	
	22 区	防护等级至少应为 IP44	
	23 区	防护等级至少应为 IP44	
水中		潜水型	JQS、JQB、QY、JL、B2、JQSY

2. 容量的选择

电动机容量选择步骤如图 7-37 所示。在校核电动机的温升、最小启动转矩、允许最大飞轮转矩等项目时，应从生产机械诸项负载中选择最繁重的条件进行计算，并且明确电动机运行的工作制（连续工作制、短时工作制、周期性断续工作制）。

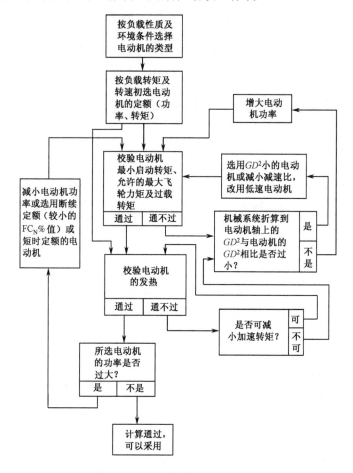

图 7-37 选择电动机容量的步骤

选择电动机的容量是一个比较复杂的过程，往往是在对类似机械设备进行多方面的实地调查和统计的基础上，才能得出用于容量计算所必需的数据。在选定电动机容量时，必须考虑下述各点。

① 所选择的电动机容量应大于负载所需功率。

② 电动机的启动转矩必须大于负载所需启动转矩。

③ 电源电压下降10%的情况下转矩仍能满足启动或运行中的需要。

④ 考虑传动装置的效率和负载波动等因素，必须要有一定的裕量。

⑤ 从电动机温升角度考虑，为了不降低电动机的寿命，温升必须在绝缘所限制的范围以内。

⑥ 与负载性质相配合，对电动机应选用合适的工作制。

7.5.2 负载功率的计算

负载种类很多，计算功率所考虑的因素也各不相同，下面仅就常见的几种负载进行论述。

1. 重力负载

起重机、提升机等负载（如图7-38所示）进行垂直移动的设备所需要的功率为

$$P = \frac{W \cdot v}{\eta} \times 10^{-3} \tag{7-6}$$

式中　P——电动机功率（kW）；

　　　W——额定载荷重力、吊钩重力、钢绳重力之和（N）；

　　　v——提升速度（m/s）；

　　　η——机械效率。

机械效率主要考虑各种齿轮箱的传动效率，一般情况下为0.9左右；如果用涡轮传动，则效率较低（小于0.8）。图7-39所示为$\eta = 0.75$条件下所需提升功率和不同的提升力、提升速度之间的关系曲线。例如，由该曲线可以查得，当$v = 0.1$m/s，$W = 9\ 800$N时，所需电动机的容量为1.5kW。

2. 摩擦负载

起重机的平移机构、轨道上移动的水平台车等搬送机械，其负载与重力负载不同之处在于负载的运动方向不同，功率计算中需要考虑摩擦系数μ（见图7-40）。

$$P = \frac{\mu W \cdot v}{\eta} \times 10^{-3} \tag{7-7}$$

式中　P——电动势功率（kW）；

　　　W——负载重力（N）；

　　　v——负载移动速度（m/s）；

　　　μ——摩擦系数；

　　　η——机械效率。

如图7-41所示，斜面上的移动台车以一定速度行走时牵引钢绳的张力为

$$F = W(\sin\theta + \mu\cos\theta) \tag{7-8}$$

式中　θ——斜面的倾斜角（°）。

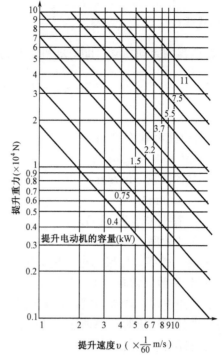

图 7-39 $\eta=0.75$ 条件下提升所需的功率和不同提升力、提升速度之间的关系曲线

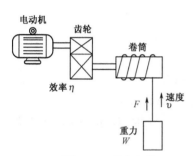

图 7-38 重力负载

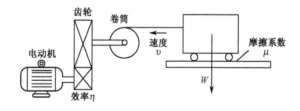

图 7-40 摩擦负载（水平运动）

在这种情况下，所需要的功率则为

$$P = \frac{W \cdot v}{\eta}(\sin\theta + \mu\cos\theta) \tag{7-9}$$

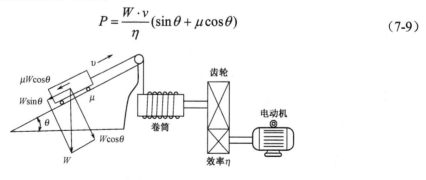

图 7-41 摩擦负载（斜面运动）

3. 离心式泵

离心式泵所需的驱动功率，即电动机功率为

$$P = \frac{k \cdot r \cdot Q(H + \Delta H)}{\eta \cdot \eta_C} \times 10^{-2} \qquad (7\text{-}10)$$

式中　P——电动机功率（kW）；

　　　r　——流体密度（kg/m³）；

　　　Q　——泵的流量（m³/s）；

　　　H　——水头（m）；

　　　ΔH——主管损失水头（m）；

　　　η　——泵的效率，一般取 0.6～0.84；

　　　η_C——传动效率，如果与电动机直接连接，则 $\eta_C = 1$；

　　　k——裕量系数，常取 1.05～1.7，功率越小，该数应取得越大。

当管道长，流速快，弯头与阀门数量较多时，裕量系数还应酌情放大。

为离心泵选择电动机时，必须注意转速的配合。因为其水头 H、流量 Q、转矩 T、轴功率 P 与转速 n 之间有以下关系：

$$\frac{H_1}{H_2} = \frac{n_1^{\,2}}{n_2^{\,2}}\ ;\quad \frac{Q_1}{Q_2} = \frac{n_1}{n_2}\ ;\quad \frac{T_1}{T_2} = \frac{n_1^{\,2}}{n_2^{\,2}}\ ;\quad \frac{P_1}{P_2} = \frac{n_1^{\,3}}{n_2^{\,3}} \qquad (7\text{-}11)$$

4. 离心式风机

功率计算式为

$$P = \frac{k \cdot Q \cdot H}{\eta \cdot \eta_C} \times 10^{-3} \qquad (7\text{-}12)$$

式中　P——电动机功率（kW）；

　　　Q——送风量（m³/s）；

　　　H——空气压力（Pa）；

　　　η　——风机效率，一般取 0.4～0.75；

　　　η_C——传动效率，直接传动时 $\eta_C = 1$；

　　　k——裕量系数，容量为 5kW 以上取 1.15～1.10，小于 5kW 取 1.25～1.2。

5. 离心式压缩机

功率计算式为

$$P = \frac{Q(A_d + A_r)}{2\eta} \times 10^{-3} \qquad (7\text{-}13)$$

式中　P——电动机功率（kW）；

　　　Q——压缩机生产率（m³/s）；

A_d——压缩 $1m^3$ 空气至绝对压力 P_1 时的等温功率（N·m）；

A_r——压缩 $1m^3$ 空气至绝对压力 P_1 时的绝热功率（N·m）；

η ——压缩机总效率，约 $0.62\sim0.8$。

A_d 与 A_r 与终点压力的关系见表 7-9。

表 7-9　A_d、A_r 值与终点压力 P_1 的关系

P_1 大气压	1.5	2.0	3.0	4.0	5.0
A_d (N·m)	39 717	67 666	107 873	136 312	157 887
A_r (N·m)	42 169	75 511	126 506	167 694	201 036
P_1 大气压	6.0	7.0	8.0	9.0	10.0
A_d (N·m)	175 539	191 230	203 978	215 746	225 553
A_r (N·m)	230 456	255 954	280 470	301 064	320 677

7.5.3　选用异步电动机时的注意事项

笼形异步电动机由通用变频器驱动时，由于高次谐波的影响和电动机运行速度范围的扩大，将出现一些新的问题，在此就这些问题说明如下。

1. 谐波的影响

采用通用 PWM 变频器对笼形异步电动机供电时，定子电流中不可避免地含有高次谐波，电动机的功率因数和效率都会变差。

高次谐波损耗基本与负载大小无关，空载情况下，谐波损耗所占的比例相对较大，其影响也相对较大。高次谐波损耗主要包括铜损耗和铁损耗两部分，其中铁损耗是磁感应强度和频率的函数，由于 PWM 变频器中含有载波频率，与谐波有关的铁损耗比较大。统计规律表明，电动机在额定运转状态下（电动机的电压、频率、输出功率均为额定值），用变频器供电与用工频电网供电相比较，电动机电流增加 10%，而温升增加 20% 左右。

选择电动机时，应考虑这种情况，适当留有裕量，以防温升过高，影响电动机使用寿命。

2. 散热能力的影响

通用的标准笼形异步电动机的冷却风扇是装在电动机轴上的（即自扇式），在调速运行时，速度下降冷却风量将变小，散热能力差。电动机的温升与冷却风量之间的关系如下：

$$\theta \propto \frac{1}{Q^{0.4\sim0.5}} \propto \frac{1}{n^{0.4\sim0.5}}\tag{7-14}$$

式中　θ ——电动机的温升（℃）；

Q——冷却风量（m³/min）；

n——电动机转速（r/min）。

当电动机损耗不变时，温升与转速的 $0.4\sim0.5$ 次方成反比。因此通用标准电动机实际应用时，低速下必须限制负载转矩，以抑制其温升。图 7-42 所示为变频传动下通用标准异步电动机的允许连续运行转矩和允许短时过载转矩的一例。

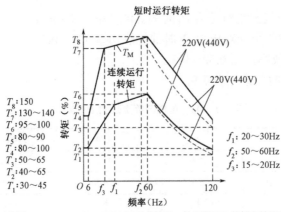

（a）电源为60Hz，200/220V(400/440V)时的情况，转矩以60Hz的额定转矩为100%

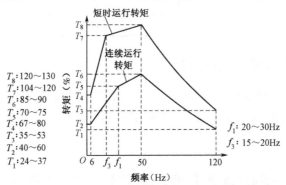

（b）电源为50Hz，220V(440V)时的情况，转矩以50Hz的额定转矩为100%

图 7-42　通用标准电动机的输出转矩特性

变频器在 60Hz（或 50Hz）以上的情况下，输出电压通常保持不变，由于 U/f 的值减小，输出转矩随频率的上升而减小。由于转速升高，冷却风量增加，温升不会有问题。

当变频器在图示的 f_1～60Hz（50Hz）之间，如仍按恒转矩方式考虑，则由于转速降低冷却风量变小，将出现不允许的温升，且连续运行的允许转矩变小。6Hz～f_1 范围内，电动机的冷却风量更小，连续运行允许转矩迅速变小。

另一方面，短时运行的转矩由变频器的瞬时过电流能力决定。频率降低，在 U/f 一定的方式下，电动机的临界转矩变小。这就要求转矩提升功能起作用。由于是瞬时过载，温升稍大并无大碍。

如果需要在额定速度以下连续运行，实现恒转矩输出，则必须改善低速下的散热能力或提高绝缘等级。图 7-43 所示为采取强迫通风或提高绝缘等级措施后电动机的恒转矩输出特性。若是原有设备的改造，采用另外设置恒速冷却风扇的办法可以保证低速下的允许输出转矩，不失为一种简单易行的方法。

7.5.4　变频器专用电动机的选择

通用标准鼠笼异步电动机是按工频电源下能获得的最佳特性而设计的。用变频器传动运转时，总有不尽如人意的地方。因此，近年来，为变频传动而设计的各种专用电动机已在市场上大行其道，并且应用越来越广泛。

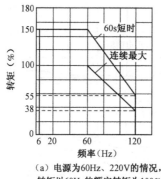
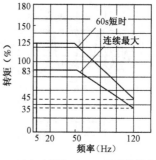

（a）电源为60Hz、220V的情况，
转矩以60Hz的额定转矩为100%

（b）电源为50Hz、200V时的情况
转矩以50Hz的额定转矩为100%

图 7-43　采取强迫通风或提高绝缘等级措施后电动机的恒转矩输出特性

变频器专用电动机的分类有以下几种。

① 在运转频率区域内低噪声、低振动。

② 在低频区内提高连续容许转矩（恒转矩式电动机）。

③ 高速用电动机。

④ 用于闭环控制系统的带测速发电动机的电动机。

⑤ 矢量控制用电动机。

变频器专用电动机是适合于变频器传动的电动机，选用时要十分注意。下面说明各种专用电动机的基本情况及选择时要注意的事项。

1．低噪声、低振动的专用电动机

磨床、自动车床等机床，由于加工精度上的原因要求低振动，近年来，电动机的调速多使用变频器。另外，从消除公害和改善工作环境等方面，也要求电动机低噪声。因此，作为系列化的产品，变频器专用电动机同一般电动机相比，多数是解决了噪声、振动问题。这种专用电动机用变频器传动时，其噪声、振动同标准电动机的比较如图 7-44 和图 7-45 所示。

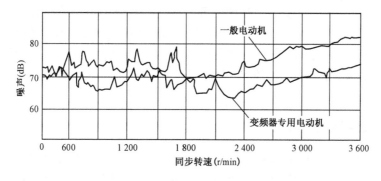

图 7-44　标准电动机与变频器专用电动机的噪声比较（全封闭外扇式，3.7kW，4 极）

如前所述，变频器传动时噪声、振动变大，是由较低次的脉动转矩引起的，特别是电动机气隙的不平衡和转子的谐振是振动较大的原因，也是电磁噪声增大的原因。另外，与风扇罩等电动机零件的谐振也能产生电磁噪声，其大小随电磁脉动的增大而增大。因此为降低振动与电磁噪声，可以考虑以下几点。

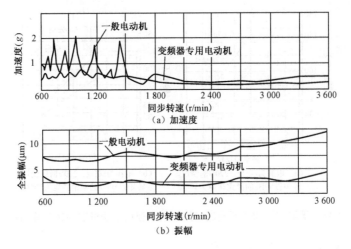

图 7-45　标准电动机与变频器专用电动机的振动比较（全封闭外扇式，3.7kW，4 极）

① 减小气隙不平衡。

② 使各部件的固有频率与脉动的分量错开。

③ 减少电磁脉动。

④ 采用五相集中绕组变频器调速异步电动机，此种电动机具有功率密度高、输出转矩大、电磁振动和噪声低等优点。

2. 提高转矩特性的变频器专用电动机

标准电动机用变频器传动时，即使频率与工频电源相同，电流也增加约 10%，温升则要提高 20%；在低速区，冷却效果和电动机产生的最大转矩均降低，因而必须减轻负载。但是有些场合，要求低速有 100%的转矩或者为了缩短加速时间，要求低速输出大转矩的情况时有发生。对于这种需求，如果采用标准电动机，则电动机容量需要增大，根据情况变频器的容量也要增大。基于此，制造厂家生产 100%转矩可以连续使用到低速区的专用电动机，并系列化。这种专用电动机如图 7-46 所示，从图中可以看出，从 6～60Hz 可以用额定转矩连续运转。给这种专用电动机供电的变频器，可以采用 U/f 控制模式的变频器。提高转矩特性专用电动机与标准电动机的转矩—转速曲线的比较如图 7-47 所示。但是由于电流受变频器容许电流的限制，对于需要急加/减速的场合，即使连续使用转矩足够，也会发生转矩不足。此时应该将变频器的容量增大。

3. 高速度变频器专用电动机

这种电动机使用转速为 10 000～30 000r/min 左右，为了抑制高频铁损产生的温升，多采用水冷却。另外，它采用空气轴承、油雾轴承、磁轴承等，在结构上与一般电动机完全不同，是一种特殊电动机。

另外，在通用变频器的普及方面，变频器的最高频率已上升到 60Hz、120Hz、240Hz，与此相应，达到 10 000r/min 左右的廉价高速电动机需求量也增加了。

高速化时的问题有：

① 轴承的极限转速。

② 冷却风扇、端子的强度。

③ 由于机械损耗的增加造成的轴承温度升高。

④ 噪声的增加。

⑤ 转子的不平衡等。

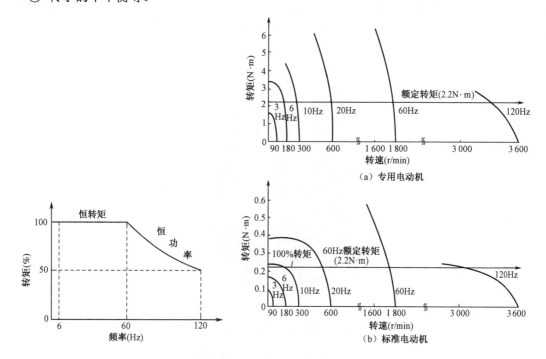

图 7-46 100%转矩专用电动机的连续定额范围 图 7-47 专用电动机与标准电动机的转矩—转速曲线比较

为此，可去掉端环风叶，去掉冷却风扇（采用全封闭自冷或冷却风扇单独传动的强迫通风方式），设置平衡环等措施。

4. 带测速发电动机的专用电动机

为变频器闭环控制而设计制造的带测速发电动机的专用电动机，多用于提高速度精度，要求采用转差频率控制的闭环控制。测速发电动机的规格是三相交流式，能产生较高的输出电压。

5. 矢量控制用电动机

矢量控制调速系统要求电动机惯性小，作为专用电动机已系列化。检出器采用磁编码器、光编码器等，电动机为特殊构造时，变频器也是专用的。

7.6 西门子公司新型变频器介绍（SINAMICS 系列变频器介绍）

【知识目标】 了解 SINAMICS 系列变频器的结构特点。

　　　　　　了解 G120 变频器的特点及应用。

　　　　　　了解 S120 变频器的特点及应用。

7.6.1 SINAMICS 系列变频器介绍

在跨入新世纪前后，西门子公司陆续、全面推出了 SINAMICS 系列变频器，此系列变频器是全面适用于各种传动应用的变频器新家族。包括 G110、G120、G130/G150 和高性能的 S120、S150 低压变频器以及 GM150/SM150 高压变频器。SINAMICS 系列变频器的简单比较见表 7-10 ，图 7-48 为 SINAMICS 系列 G120 变频器。

图 7-48　SINAMICS 系列 G120 变频器

表 7-10　SINAMICS 系列变频器

种　类	低　压					高　压
	G100	G 120	G130/G150	S120	S150	G,M150/SM150
功率范围	0.12～3KW	0.37～90KW	75～1500KW	0.12～250KW	75～1200KW	0.8～28MW
控制方式	U/f 控制	U/f 控制、闭环矢量控制		U/f 控制、闭环矢量控制伺服进给控制		U/f 控制、闭环矢量控制
典型方式	泵、风机、传送带	泵、风机、传送带、压缩机、搅拌机、研磨机、挤出机		包装、纺织、印刷、造纸、化纤加工、机床、加工生产线	试验间、切割机、离心机	泵、风机、传送带、压缩机、搅拌机、研磨机、挤出机、轧钢机、矿用升降机

SINAMICS G 系列用于标准的传动，相当于 MM4 系列变频器，而 SINAMICS S 系列满足于高标准的矢量控制、伺服控制要求，相当于 6SE70 系列变频器，而 SINAMICS 系列有别于西门子公司原有系列的变频器，具有以下三大特点。

① 结构模块化

无论 G 系列、S 系列的变频器，其结构完全实现模块化，确保它们的紧凑和高效，便于安装，而且机壳外面带有散热器，便于通风散热，保证连续工作的稳定性。

② 参数设置软件化

在 G 系列变频器中参数的设置可以通过面板输入来完成，也可以通过参数设置软件 STEP7 来完成，而 S 系列的变频器基本上采用编程软件来输入参数。因为 S 系列（仅以 S120 为例）分为单轴驱动和多轴驱动，及拖动单台电动机或拖动多台电动机。在多轴驱动时，采用面板输入操作时，需要多次切换参数组，既复杂也易出错，所以多用软件输入参数。

③ 更方便于组网和通信

现代控制技术更趋向于网络化和智能化。SINAMICS 系列变频器在网络通信上考虑得更全面、更完善，不仅设置了多种网络接口，而且从系统中设置了能支持多种"协议"的"软件"，使"组网"、"通信"更方便，适应了现代控制系统的要求。

本文以 G120 和 S120 为典型，介绍 SINAMICS 系列变频器的应用特点。

7.6.2 G120 变频器

1. 概述

G120 是全新的模块化结构的变频器，功率模块 PM、控制单元 CU 和操作面板 BOP 都是分体设计完全独立的。参数设置既可通过面板操作，也可通过通信接口和编程软件输入。G120 集成了故障安全保护功能和通用现场总线通信，并具有再生能量回馈功能。它是更加灵活、节能、可靠的变频器。

G120 的功率范围：0.37~75kW（CT/HO），0.37~90kW（VT/LO）；电压有三相 400V 或三相 690V。

SINAMICS G120 功率模块有 PM240/PM250/PM260，在功率单元 15kW 以上的变频器其外形尺寸比同等功率的 MM440 变频器要小。其功率单元 PM250 内置制动回馈功能，制动时无需制动电阻可直接回馈电网，全功率段都能实现换相整流。2.2kW 以上 G120 可选内置 A 级滤波器，无需进线电抗器。功率模块 PM260 采用创新的碳化硅 IGBT 技术，集成了 LC 滤波器。

SINAMICS G120 控制单元 CU240S/CU240E 采用 U/f 控制，基于 MM440 上的改进了控制方式。特点见表 7-11

表 7-11　G120 控制单元

控制单元种类	CU240S	CU240S DP	CU240S PN	CU240S DP-F	CU240E
端子	9 个 DIN；3 个 DOUT(24V 继电器)；2 个 AIN(mA 或 V)；2 个 AOU(mA 或 V)；PTC/KTY；TTL/HTL 编码器；MMC 插槽			6 个 DIN；2 个 DINfailsafe（4 个 DI 每个功能 2 个 DI）；其余的与 CU24DS 相同	6 个 DIN；3 个 DOUT(24V 继电器)；2 个 AIN(mA 或 V)；PTC/KTY；MMC 插槽
通信	RS485/USS (SUB.D)	PROFIBUS 带有地址 DIP 及 SUB-D 接头	PROFINET	PROFIBUS 带有地址 DIP 及 SUB-D 接头	RS485/USS(SUB-D)

SINAMICS G120 含有安全保护的模块，包括 PROFINER，能量回馈，散热；安全保护包括人员的保护，设备保护、自动监测、连续监控等。模块化可实现更有效的资源管理和灵活扩展。PROFINET 保证了简单的操作，高性能、统一性以及集成到 IT 系统。利用能量回馈功能可实现节能与连续制动，而且不需要附加的冷却，对电源要求低。良好的散热方式使得 G120 具有更高的环境承受能力，更高的可靠性及更长的使用寿命。

由于 G120 的模块化结构，功率模块和控制单元可以自由组合，是组建传动系统时，可选择的最优方案，其部件支持带电插拔（热插拔），能够适应传动系统的革新和优化的周期而且维护简单。

G120 的能量耗散都通过一个外部的散热片来散放，冷却风只流过散热片，风道中没有任何电子模块。电子模块采用自然冷却方式，控制单元采用对流冷却方式。这种冷却方式明显提高了耐受性、可靠性，保证了变频器很少受环境和外界影响，显著提高了变频器的寿命和使用时间。

G120 的能量回馈功能，可实现全功率段再生能量回馈，因此无需制动电阻，不再需要制动单元、变频控制柜外加冷却风扇，节省能量，减少了接线成本。反馈给电网的谐波达到最低水平，且可以对无功功率进行补偿，因此不再需要电抗器，需要的电缆的横截面积减小了，接线端子也减少了。与同功率的传统变频器相比，在相同的输出电流的情况下，变频器的输入电流低 20%（具有更小的输入功率），无须外加其他附件，节省了安装空间。

2. G120 变频器的可选部件

（1）进线电抗器：进线电抗器用于平滑电源电压中包含的尖峰脉冲，或者平滑桥式整流电路换相时产生的电压凹陷。此外，进线电抗器可降低谐波对变频器和供电电源的影响。

（2）输出电抗器：输出电抗器可以改善驱动电动机的电流波形，同时降低 du/dt 的负面影响。

（3）外置进线滤波器：附加的 B 级 EMC 滤波器是带有内置 A 级 EMC 滤波器的变频器可以选用的滤波器，使用这种滤波器时，要求采用长度不超过 25m 的屏蔽电缆。这种限制符合 EN55011-2000（工业、科学及医疗高频设备的无线电干扰的极限和测量标准）。

G120 的独立选件：基本操作板（BOP）、PC 连接组件（RS232）、STARTER 工程工具软件，普通抱闸的继电器模块，安全抱闸的继电器模块，安装导轨适配器，屏蔽层端接组件及 LC 输出滤波器等。

3. G120 变频器的调试

与 MM4 系列变频器相似，SINAMICS 系列变频器也可以应用基本操作面板（BOP）或高级操作面板（AOP）进行参数的设定和配置。G120 变频器一般是应用 BOP 进行参数的基本调试，包括恢复工厂设置、数据备份等几方面。如果参数不合适，那么要进行矢量控制和 U/f 控制，就必须进行快速调试及电动机参数识别。

快速调试功能主要完成变频器与电动机的匹配和重要的参数设置，如果变频器中保存的额定电动机参数与电动机铭牌上的数据一致，则不用进行快速调试。G120 变频器快速调试时的参数设置见表 7-12，参数设定值根据电动机的铭牌值及实际应用情况设定。

表 7-12　G120 变频器快速调试时的参数设置

参 数 类 型	参 数 名	参 数 号
辅助参数	用户访问级	P0003
	参数过滤器	P0004
	欧洲北美输入电动机频率	P0010
	变频器应用	P0100
	控制方式	P0205
电动机数据	电动机类型	P0300
	电动机的额定电压	P0304
	电动机的额定电流	P0305
	电动机的额定功率	P0307
	电动机的额定功率因数	P0308
	电动机的额定效率	P0309
	电动机的额定频率	P0310
	电动机的额定速度	P0311
	电动机的冷却	P0335
	电动机极对数	P0314
	电动机的过载因子	P0640
	选择编码器类型	P0400
	编码器每转脉冲数	P0408
	电动机环境温度	P0625
命令源、给定值源	选择命令信号源	P0700
	选择频率设定值	P1000
频率时间参数	最小频率	P1080
	最大频率	P1082
	斜坡上升时间	P1120
	斜坡下降时间	P1121
	OFF3 斜坡下降时间	P1135
	控制方式	P1300
	转矩设定值选择	P1500
	结束快速调试	P3900

4. G120 的应用

G120 是用于生产机械和驱动系统的远程控制（即传动自动化）。SINAMICS G120 提供了许多产品功能，以满足许多新的应用和不同工段的要求。G120 的应用介绍如下。

（1）压缩机。控制单元 CU240E 或 CU240S 集成了 BS485 通信，增加了 I/O 的数量，PM240 集成了内置制动斩波器，增强了设备的鲁棒性，可以满足高度灵活的应用（"鲁棒性"——

Robustness，简写为 Robus，即稳健性，指控制系统在某种类型的扰动作用下，其基本特性或某些性能指标保持不变的能力）。

（2）纺织机。PM240 都带有动态缓冲功能，有定位斜坡曲面，增强了耐受性，支持多台 PM240 的共直流母线连接。

（3）印刷和包装机械。分布式通信可以使物料的传送更加容易，集成的 PROFIBUS& PROFINET 实现了全集成的自动化。PROFIDRIVE profile4.0 的安全保护通信，以及集成的安全保护功能，保护了 G120 在印刷和包装机械的成功应用。

（4）钢铁。PM250 能够将制动能量回馈给电网，可以提供 400V 和 69V 电压等级的功率模块，再加上增强的鲁棒性，可以用于钢铁的主线和辅线。

（5）油气田和钻井平台。G120 的 PM250/PM260 显著降低了谐波，可以很好地运行在容量较低的电网中，可以提供 400V 和 690V 电压等级的功率模块，再加上增强的鲁棒性，可以在油气田和钻井平台使用。

（6）汽车行业。G120 有安全转矩截止、安全停车和安全降速新特性，而且通过安全抱闸模块控制安全抱闸使设备更加安全，符合 SIL2/IEC61508，Cat.3 标准，符合 EN954-1 标准的集成安全保护功能。定位斜坡，PROFIBUS&PROFISAFE（CU240S DP，CU240S DP-F）及其鲁棒性，保证了 G120 在汽车工业中的应用。

（7）化工行业。G120 的 PM250/PM260 显著降低了谐波，可以提供 400V 和 600V 电压等级的功率模块，以及 PROFIDRIVE profile4.0（包含 NAMUR 扩层）。

7.6.3　S120 变频器

1. 概述

SINAMICS S120 是西门子公司推出的全新的集 U/f、矢量控制及伺服控制于一体的驱动控制系统，它不仅能控制普通三相异步电动机，还能控制同步电动机、转矩电动机及直线电动机，其强大的定位功能可以实现进给轴的绝对、相对定位，其驱动控制图表功能，能实现逻辑、运算及简单的工艺等功能。

SINAMICS S120 产品包括：用于直流母线的 DC/AC 逆变器和用于单轴的 AC/AC 变频器（与 6SE70 变频器相似）。共直流母线的 DC/AC 逆变器通常又称为 SINAMICS S120 多轴驱动器，其结构形式为电源模块和电动机模块分开，一个电源模块将三相交流电整流成 540V 或 600V 的直流电，将电动机模块（一个或多个）都连接到该直流母线上，特别适用于多轴控制，尤其是造纸、包装、纺织、印刷、钢铁行业。优点是各电动机轴之间的能量共享，接线方便、简单。根据功率的大小，S120 DC/AC 型变频器分为书本型、装机装柜型两种形式。单轴控制的 AC/AC 变频器，通常又称为 SINAMICS S120 单轴交流驱动器，其结构形式为电源模块和电动机模块集在一起，特别适用于单轴的速度和定位控制。图 7-49 为 SINAMICS S120 书本型和装柜型变频器。

2. S120 变频器电源结构

电源模块：电源模块就是常说的整流或整流/回馈单元，它是将三相交流电整流成直流电，供给各电动机模块（又称逆变器），有回馈功能的模块还能够将直流电回馈给电网。根据是否有回馈功能及回馈方式，将电源模块分成下列 3 种。

图 7-49　SINAMICS S120 书本型和装柜型变频器

① 基本型电源模块（Basic Line Modules，BLM）:有整流单元，但无回馈功能，靠接制动单元和制动电阻才能实现快速制动。

② 智能性电源模块（Smart Line Modules，SLM）：又称非调节型电源模块，有整流/回馈单元，但直流母线电压不可调。

③ 主动性电源模块（Active Line Modules，ALM）：又称调节型电源模块，有整流/回馈单元，且直流母线电压可调。

3 种电源模块的相关特性或参数见表 7-13。

表 7-13　3 种电源模块的相关特性或参数

电源模块类型	基本型电源模块（BLM）	智能型电源模块（SLM）	主动型电源模块（ALM）	
	装机装柜型	书本型	书本型	装机装柜型（ALM+AIM）
功率范围	3AC 380~480V 20~710kW； 3AC 660~690V 250~1 100kW	3AC 380~480V 5~36kW	3AC 380~480V 16~120kW	3AC 380~480V 132~900kW 3AC 660~690V 560~1 400kW
基本特征	有整流，没有回馈功能；$1.41 \times V_L > V_{DC} > 1.32 \times V_L$ V_L: 电网电压 V_{DC}:直流母线电压	有整流/回馈，但母线电压不可调；$1.41 \times V_L > V_{DC} > 1.32 \times V_L$	有整流/回馈，母线电压可调 3AC 380~400V V_{DC}=600V，3AC 400~415V V_{DC}=625V，3AC 416~480V V_{DC}=$1.35 \times V_L$（此时 ALM 工作在 Smart 方式）	装机装柜型的 ALM 总是与其接口模块 AIM 一起使用，AIM 位于电网和 ALM 之间；整流/回馈，母线电压可调，还能实现无功补偿；AIM 包含基本滤波器、预充电回路及电网电压检测电路
功率因数（基波）	> 0.96	> 0.96	在 Active Mode：1.0 在 Smart Mode：0.96	1.0

变频器技术应用（第2版）

续表

电源模块类型	基本型电源模块（BLM）	智能型电源模块（SLM）	主动型电源模块（ALM）	
	装机装柜型	书本型	书本型	装机装柜型（ALM+AIM）
电源要求	3AC 380~480V±10%（-15% < 1min）或 3AC 660~690V±10%（-15% < 1min）；频率：47~63HZ；24VDC 供电：+24V -15%/+20%			
工作环境	工作时环境为 0~40℃，当温度在 40~55℃之间需要降容使用；存储和运输时为-40~70℃			
安装高度	书本型：海拔 <= 1 000m 无需降容。装机装柜型：海拔 <= 2 000m 无需降容			
冷却方式	对于书本型的电源模块有：内部风冷、外部风冷、水冷 3 种冷却方式			

书本型电源模块的过载特性，$P_{MAX}=（1.46~2.19）\times P_N$，$P_N$ 是额定功率；P_{MAX} 是最大功率；装机装柜型电源模块的过载特性，通常 $I_{MAX\cdot DC}=1.5\times I_{N\cdot DC}$，$I_{N\cdot DC}$ 是额定直流电流，$I_{MAX\cdot DC}$ 是最大直流电流。

3. SINAMICS S120 的选件

（1）电源滤波器。和电源电抗器相连，并且根据 EMC 安装准则安装设备，电源滤波器可以将功率模块产生的和导线相关的干扰降低到安装地点工业区的允许值。

（2）电源电抗器。电源电抗器可以限制低频的电源反作用；它被用于平整峰值电压（电源干扰）或者被用于搭接换向电压扰动。因此建议将电源电抗器与 PM340 机箱式功率模块一起使用。

（3）制动电阻。功率模块 PM340 不会将制动电流反馈回电网之中，对于制动运行，比如振动物质的制动，需要连接一个制动电阻，用来将储存的电能转换成热能。

（4）电动机电抗器。通过降低电动机端子上由于变频器运行引起的电压增长速率，电动机电抗器降低了电动机绕组的电压负载，同时也降低了电容充电电流，在使用较长的电动机电缆时，该电流会额外的由负载功率模块输出。功率模块 3AC 380~480V 的电动机电抗器适合 4kHz 的脉冲频率，不允许更高的脉冲频率。

（5）正弦波滤波器。功率模块输出端上的正弦波滤波器可以提供近似电动机上的正弦形态电压。这样就可以在不使用屏蔽电缆且不减小功率的情况下使用符合标准的电动机。布线时可用未屏蔽的电缆，并且在电动机馈电电缆较长时无需使用另外的电动机电抗器。正弦滤波器可以提供 200kW 以下的功率，为使用正弦滤波器，要将电动机模块的脉冲频率调节至 4kHz，借此降低功率模块的输出电流。在使用正弦滤波器时，输出电压会减小 15%。

（6）du/dt 滤波器。du/dt 电抗器和电压限制器（电压峰值限制），后者用来限制电压峰值并将能量反馈回直流母线中。带有 VPL 的 du/dt 滤波器适用于那些绝缘系统耐压强度不明或不足的电动机，ILA5、ILA6 和 ILA8（德国标准）系统的标准电动机只有在连接电压大于 500V+10% 时才需要使用它。带有 VPL 的 du/dt 滤波器将电压上升速度限制在 500V/μs 以下，并当电源电压小于 575V 而且电动机导线长度小于 150m 时，将电源额定电压时的电压峰值限制在小于 1 000V 的范围内。

4. S120 变频器的调试

S120 参数的设置、查看和修改，可以由基本操作面板 BOP 或高级操作面板 AOP 来完成，但由于操作比较复杂，系统组态与调试一般用专用调试软件 STARTER 来完成。STARTER 集成有软件操作面板，可以方便地完成监控 I/O 端子以及起停变频器、正反转变换及调速等操作。

5．S120 变频器的应用

SINAMICS S120 是西门子公司新型驱动系列，"单轴驱动"模式时，凡 G120 变频器应用的领域 S120 变频器也能应用，且运算更快速，控制更精准。S120 变频器更具有"多轴驱动"的特点，一个带扩层性能卡的 CU320（控制单元）可以驱动 6 个伺服轴或者 4 个矢量轴，8 个 *U/f* 轴（矢量与伺服不能混合）。目前，西门子公司又推出性能更高的控制单元 CU320-2，分为 DP 和 PN 两种类型，其运算能力更强，可以带 6 个伺服轴或者 6 个矢量轴，12 个 *U/f* 轴。

SINAMICS S120 用于工业机床与设备结构，为下面的驱动任务提供了解决方案。
① 加工工业中简易的泵和风扇应用；
② 离心机、压力机、挤压机、升降机、输送和运输设备的高要求单一驱动；
③ 纺织、薄膜和造纸机器，以及轧钢设备的驱动连接；
④ 车床、包装机和印刷机的高级动态伺服驱动。

7.6.4　SINAMICS 系列变频器的软件工具

整个 SINAMICS 家族的调试和组态都可以采用统一的软件工具，SINAMICS 家族以它标准和统一的工程工具显示出了它作为一个新型传动系列的家族特点。SINAMICS 变频器可以通过 SIZER 进行工程设计，可以通过 STARTER 进行调试。SIZER 和 STARTER 可以提供统一的界面外观及感受，并具有很高的数据集成度，STARTER 还提供测试和诊断功能。

STARTER 可以完全集成到西门子的工程管理系统中去，是西门子 SINAMICS 变频器调试的图形启动工具软件，运行在 Windows NT/2000/XP Professional 操作系统环境下，它可以对变频器的"参数表"进行读出、修改、存储、读入和打印等操作。STARTER 包括 Drive ES、STEPT 和 SIMOTION SCOUT。

SIZER 用来设计整个驱动系统，包括选件、附件和一些相连的设备，它可以用于设计从单机的简单系统到多级的复杂系统（工段控制），它能够提供特性曲线、数据文档、安装图样等工程所需资料。SIZER 为用户提供强大的理论和技术支持。

SINAMICS 系列变频器可以通过 STARTER 来调试，STARTER 有不断增强的应用能力。工程的组态可以直接通过内部的各种驱动元器件的电子模块来完成。对于标准的应用，STARTER 通过图形和分步指导的形式给出了便捷和向导两种方式，其"专家参数表"用于精准调试。

思考题与习题

一、填空

1．变频器和异步电动机相结合，实现对生产机械的_____控制，简称为_____传动。

变频器传动具有它固有的优势，应用到不同的生产机械或设备上可以体现出_____功能，达到_____目的，收到_____效益。

2．提高生产率是_____的另一个重要目的。提高生产率的措施有很多种，利用通用变频器可以实现这些措施，诸如：保证加工工艺中的_____；适应负载_____的最佳转速；原有设备的_____；高精度_____。

3．所谓全区域全自动转矩补偿功能，指的是变频器在电动机的_____和_____运行的所有区域中，可以根据_____情况自动调节_____值，对电动机的_____进行必要的补偿。

4．变频器的防失速功能包括_____中的防失速功能、_____过程中的防失速功能和_____过程中的防失速功能3种。

5．正确地把握变频器驱动的机械_____的转速—转矩特性，是选择_____及_____容量，决定其_____的基础。机械负载包罗万象，但归纳其转速—转矩的特性，主要有三大类：_____负载、_____负载、_____负载。

二、选择

1．为提高生产效率，当电动机轻载时，可以增速运行，但出现哪种情况时不允许增速？（　　）

　　A．震动增加　　　　　　　　　　　　B．声音异常
　　C．电动机过热或旋转部件损坏　　　　D．噪声增加

2．变频器驱动的电动机，一般都具有"瞬时停电后再启动"功能，因为变频器均具有（　　）功能。

　　A．自动继电　　　B．自寻速跟踪　　　C．自动辨识　　　D．自动启动

3．为使变频器驱动的机械设备能够进行无冲击的启/停和加/减速运行。应该选择什么功能？（　　）

　　A．禁止加/减速功能　　　　　　　　B．指令特性反转功能
　　C．频率上、下限设定功能　　　　　　D．S形加/减速功能

4．为使变频器传动时能实现"静音化"，关键是在SPWM调制时提高载波频率，能够将载波频率提高到10～15kHz，一般选择电力电子器件为（　　）。

　　A．BJT　　　　　　B．SVR　　　　　C．IGBT　　　　　D．GTR

三、简答

1．简述变频器应用领域及应用特点。

2．简述应用变频器会产生哪些效能。

3．通过水泵的流量特性曲线，试分析为什么调速控制是最佳的控制方式。

4．结合实践，举出应用变频器调速后，使生产设备合理化的例子。

5．采用变频器传动的交流调速系统有哪些技术优势？

6．变频器怎样实现无速度传感器简易速度控制功能？利用此项功能时，变频器需要准备什么条件？

7．通用变频器的频率设定功能有哪些具体内容？

8．变频器与运行方式有关的功能有哪些？

9．从电动机转矩曲线上看，为什么在 6HZ～f1 区间，连续运转的转矩会大幅下降？

10．变频器在驱动四象限运行的负载时应注意哪些问题？

11．变频器在驱动冲击性负载或大惯性负载时应注意哪些问题？

12．电动机防护标志中第一位表征数字表达的是什么意思？第二位表征数字呢？

四、计算

选一台起重机用的电动机，由变频器驱动，机械效率 $\eta = 0.75$，提升速度 $v = 0.15\text{m/s}$，提升力 $W = 7\,500\text{N}$，分别采用查表法和计算法确定电动机的容量。

松下变频器（VFO）的运行与操控

【项目任务】
- 学习并掌握松下 VFO 变频器的面板操作。
- 学习并掌握松下变频器启动、制动及节能运行的功能原理。
- 掌握松下变频器运行参数和运行方式的设定及接线方法。
- 掌握通用变频器的特点及应用领域。

【项目说明】

在 2000 年左右，由日本松下公司与当时的国家劳动部（现为人力资源和社会保障部）所属的大学——天津工程技术师范学院（现为天津职业技术师范大学）合作，建立了"现代工程技术教育师资培训基地"，"变频技术"是培训课程之一。该课程就选用了松下"VFO"系列变频器为教学机型，配备了简单的教材，并向全国"劳动系统"的职业学校推广。松下 VFO 变频器体积小巧，结构紧凑，指令、参数系统简单易学，容易操控，非常适宜选作变频技术"入门级"学习机。尽管国内厂家绝少采用松下变频器为实际生产设备，但是国内许多职业院校都购置了这种"松下变频器"作为教学设备，它除了具有价格优势外，更重要的是拥有很大的、学过它的师资群体。

在本书中我们增加了这个项目，就是为这些老师们提供教学参考。

8.1 松下 VFO 变频器的基本操作

【知识目标】 学习 VFO 变频器的基本操作，能通过状态显示板和基本操作板对变频器进行参数设置操作。

8.1.1 VFO 变频器的介绍

日本松下电器公司生产的 VFO 型变频器是一种超小型变频器，交流供电方式有单相供电（200V）和三相供电（400V）两种；容量一般选择 0.75kW；安装方式一般选择垂直安装，四周留出一定的空间便于散热；接线简单，安全性较好，便于学员学习操作。其主要特点介绍如下。

- 小巧 变频器体积很小，在同类产品中可称为最小型化（见图 8-1）。
- 操作简单 因为部分功能已简化，所以操作很简单，采用了新设计的调频电位器，使调频操作简单轻松，用操作盘就可方便地更换运行方式。
- 可由 PLC 直接调节频率 VFO 可直接接收 PLC 的 PWM（脉宽调制）信号，并可直接控制电动机频率（见图 8-2）。

● 功能简单而实用　主要功能为：

*8 段速控制制动功能；

*再试功能；

*根据外部 SW（脉宽）调整频率，增减和记忆功能；

*再生制动功能充实（400 系列内藏制动电路）。

图 8-1　松下 VFO 变频器

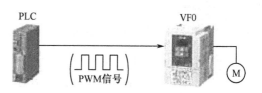

图 8-2　PLC 直接控制变频器 VFO

8.1.2　基本接线

1. 变频器外围元件及接线（见图 8-3）

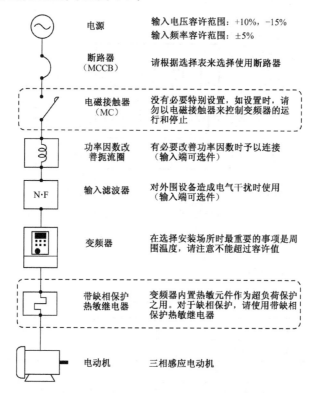

图 8-3　变频系统接线图（单线图）

2. 标准接线图

图 8-4 是 VFO 变频器标准接线图。

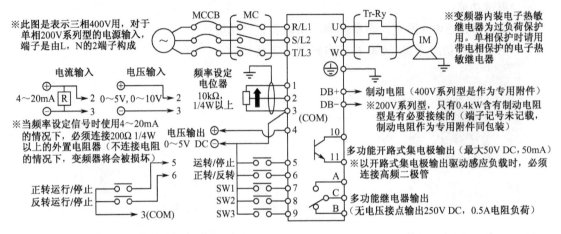

图 8-4　VFO 变频器接线图

8.1.3　面板基本操作方法及功能

1. 用状态显示面板进行调试

图 8-5 显示了松下 VFO 变频器的面板。

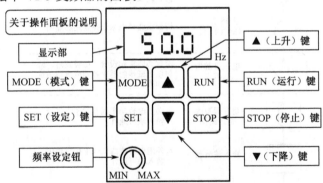

图 8-5　VFO 变频器的面板

面板各部分的说明见表 8-1，

表 8-1　面板上的键的说明

显示部	显示输出频率·电流、线速度、异常内容、设定功能时的数据及其参数 NO.
RUN（运行）键	使变频器运行的键
STOP（停止）键	使变频器运行停止的键
MODE（模式）键	切换"输出频率·电流显示"、"频率设定·监控"、"旋转方向设定"、"功能设定"等各种模式以及将数据显示切换为模式显示所用的键

续表

SET（设定）键	切换模式和数据显示以及存储数据所用键。在"输出频率·电流显示模式"下，进行频率显示和电流显示的切换
▲UP（上升）键	改变数据或输出频率以及利用操作面板使其正转运行时，用于设定正转方向
▼DOWN（下降）键	改变数据或输出频率以及利用操作面板使其反转运行时，用于设定反转方向
频率设定钮	用操作面板设定运行频率而使用的旋钮

2. 正/反转控制

在操作面板上设定频率和正转/反转功能有两种方式。

● 设定频率：电位器设定方式、数字设定方式。

● 正/反转运行：正转运行/反转运行方式、运行/停止·旋转方向模式设定方式。

（1）设定频率

● 电位器设定方式（将参数 P09 设定为"0"）：旋转操作面板上的频率设定钮的角度进行设定。Min 的位置是停止，Max 的位置是最大设定频率。

● 数字设定方式（将参数 P09 设定为"1"）：按下操作面板上的 MODE 键，选择频率设定模式（Fr），按下 SET 键之后，显示出用▲上升键或▼下降键所设定的频率，按下 SET 键进行设定确定。另外，在运行过程中可以通过持续按着上升键或下降键而改变频率（称为 MOP 功能）。但是，当参数 P08 为"1"时，MOP 功能不能使用。

（2）正转/反转功能

● 正转运行/反转运行方式（将参数 P08 设定为"1"）：按下操作面板上的▲上键（正转）或▼下键（反转）来选择旋转方向，按下 RUN 键则开始运行，按下 STOP 键为停止运行。

注意：*仅按下 RUN 键时不会运行。

*当频率设定为数字设定方式，MOP 功能不能使用。

● 运行/停止·旋转方向模式设定方式（参数 P08 设定为"0"）

最初按两次 MODE 键使其变为旋转方向设定模式，用 SET 键显示旋转方向数据。用▲上升键或▼下降键改变旋转方向，用 SET 键进行设定，然后，按下 RUN 键开始运行，按下 STOP 键停止运行。

（3）"MOP 功能"、"旋转方向设定模式"和正传/反转功能的组合（见表 8-2）

表 8-2 MOP 功能的使用

正转/反转功能	MOP 功能	旋转方向设定模式的内容
正转运行/反转运行方式	✕（不能使用）	仅有监控功能
运行/停止·旋转方向设定模式的设定方式	○（可以使用）	有监控功能和方向设定功能

注：当正转/反转功能设定为"正转运行/反转运行方式"时，即使频率设定为数字设定方式，MOP 功能也不能使用。

运行频率为 25Hz 时的正转运行示例：

运行频率为 25Hz 时的反转运行示例：

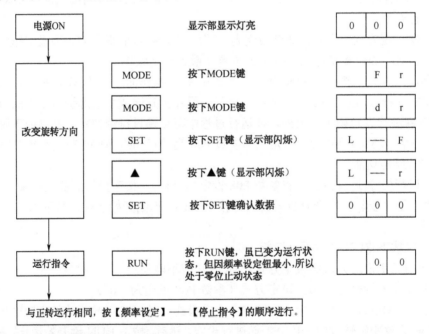

8.2 模式的转换及运行参数

【知识目标】 掌握松下 VFO 变频器基本模式的相互关系，了解运行参数的功能。

8.2.1 各种模式的关系

松下 VFO 变频器由以下 5 种模式构成：①输出频率·电流显示模式；②频率设定·监控模式；③旋转方向设定模式；④控制状态监控模式；⑤功能设定模式。

通常情况下使用"输出频率·电流显示模式"，如图 8-6 所示。

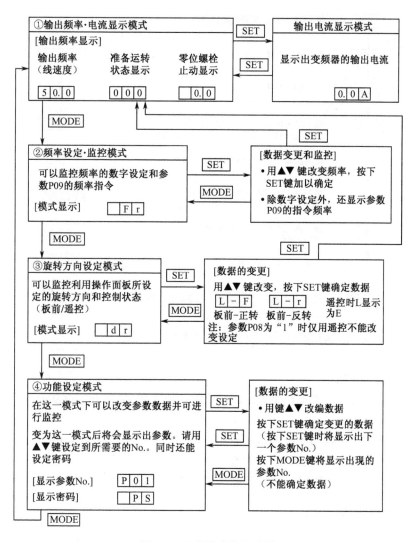

图 8-6　各种模式的关系图

8.2.2　功能设定和变更方法

各种功能的数据变更，一般在停止状态下进行，但是，一部分功能可以在运行过程中进行变更。

1．停止状态下的功能设定

最大频率由 50Hz 改变为 60Hz 的示例（将参数 P03 的数据由 "50" 改变为 "60"）：

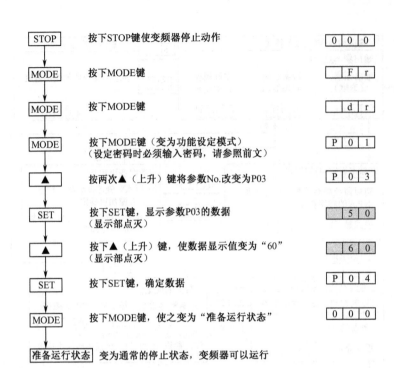

STOP	按下STOP键使变频器停止动作	0 0 0
MODE	按下MODE键	F r
MODE	按下MODE键	d r
MODE	按下MODE键（变为功能设定模式） （设定密码时必须输入密码，请参照前文）	P 0 1
▲	按两次▲（上升）键将参数No.改变为P03	P 0 3
SET	按下SET键，显示参数P03的数据 （显示部点灭）	5 0
▲	按下▲（上升）键，使数据显示值变为"60" （显示部点灭）	6 0
SET	按下SET键，确定数据	P 0 4
MODE	按下MODE键，使之变为"准备运行状态"	0 0 0

准备运行状态 变为通常的停止状态，变频器可以运行

设定时应注意的事项：

（1）功能设定结束后，如不按下"MODE"键，使之成为"准备运行状态"，变频器将不能运行。

（2）变更数据时，在返回"准备运行状态"时，为了安全，将显示 OP 异常而使变频器不运行（可根据异常中断的复位方法进行复位）。

（3）确定（SET）后的数据，在电源被切断后仍被存储。

2. 运行过程中的功能设定

提示：在运行过程中如改变数据，电动机及相关负载将产生很大变化，有时也会发生突然停止或启动。如确实需要，要采取措施，保证人员和设备的安全。

运行过程中可改变数据的参数：

P01，02：第一加速，减速时间　　　　　P56，57：偏置增益频率

P05，42：力矩提升，第二力矩提升　　　P59：模拟量·PWM 输出修正

P29～31：点动频率，加速·减速时间　　P61：线速度倍率

P32～38：第 2～8 速频率　　　　　　　P64：载波频率

P39，40：第二加速·减速时间

力矩提升由 5%改变为 15%的示例：

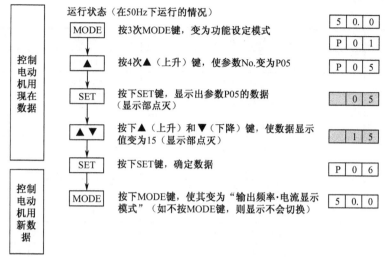

设定时应注意的事项：

（1）在运行过程中除了可变更的参数外，其他参数只可以显示数据，但不能改变数据。

（2）在改变数据过程中，如有停止信号进入而使变频器停止，将会返回"准备运行状态"。

（3）在改变数据过程中，如将变频器变为零位止动，则会返回"零位止动状态"。

（4）在"零位止动状态"下，改变数据过程中，如变频器转为运行状态，则会返回"输出频率·电流显示模式"。

8.2.3 松下 VFO 变频器的参数

松下 VFO 系列变频器的参数系统条目不算少，但常用的不多。有些可以更改数据，有些则不允许更改。详见表 8-3 "参数功能说明"。

表 8-3 参数功能说明

	No.	功 能 名 称	设 定 范 围	出 厂 数 据
★	P01	第一加速时间（s）	0·0.1～999	05.0
★	P02	第一减速时间（s）	0·0.1～999	05.0
	P03	V/F 方式	50·60·FF	50
	P04	V/F 曲线	0·1	0
★	P05	力矩提升（%）	0～40	05
	P06	选择电子热敏功能	0·1·2·3	2
	P07	设定热敏继电器电流（A）	0.1～100	*
	P08	选择运行指令	0～5	0
	P09	频率设定信号	0～5	0
	P10	反转锁定	0·1	0
	P11	停止模式	0·1	0
	P12	停止频率（Hz）	0.5～60	00.5
	P13	DC 制动时间（s）	0·0.1～120	000

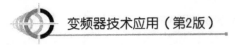

	No.	功 能 名 称	设 定 范 围	出 厂 数 据
	P14	DC 制动电平	0～100	00
	P15	最大输出频率（Hz）	50～250	50.0
	P16	基底频率（Hz）	45～250	50.0
	P17	防止过电流失速功能	0・1	1
	P18	防止过电压失速功能	0・1	1
	P19	选择 SW1 功能	0～7	0
	P20	选择 SW2 功能	0～7	0
	P21	选择 SW3 功能	0～8	0
	P22	选择 PWM 频率信号	0・1	0
	P23	PWM 信号平均次数	1～100	01
	P24	PWM 信号周期（ms）	1～999	01.0
	P25	选择输出 TR 功能	0～7	0
	P26	选择输出 RY 功能	0～6	5
	P27	检测频率（输出 TR）	0・0.5～250	00.5
	P28	检测频率（输出 RY）	0・0.5～250	00.5
★	P29	点动频率（Hz）	0.5～250	10.0
★	P30	点动加速时间（s）	0・0.1～999	05.0
★	P31	点动减速时间（s）	0・0.1～999	05.0
★	P32	第二速频率（Hz）	0.5～250	20.0
★	P33	第三速频率（Hz）	0.5～250	30.0
★	P34	第四速频率（Hz）	0.5～250	40.0
★	P35	第五速频率（Hz）	0・0.5～250	15.0
★	P36	第六速频率（Hz）	0・0.5～250	25.0
★	P37	第七速频率（Hz）	0・0.5～250	35.0
★	P38	第八速频率（Hz）	0・0.5～250	45.0
★	P39	第二加速时间（s）	0.1～999	05.0
★	P40	第二减速时间（s）	0.1～999	05.0
	P41	第二基底频率（Hz）	45～250	50.0
★	P42	第二力矩提升（%）	0～40	05
	P43	第一跳跃频率（Hz）	0・0.5～250	000
	P44	第二跳跃频率（Hz）	0・0.5～250	000
	P45	第三跳跃频率（Hz）	0・0.5～250	000
	P46	跳跃频率宽度（Hz）	0～10	0
	P47	电流限流功能（s）	0・0.1～9.9	00
	P48	启动方式	0・1・2・3	1

续表

	No.	功 能 名 称	设 定 范 围	出 厂 数 据
	P49	选择瞬间停止再次启动	0・1・2	0
	P50	待机时间（s）	0.1～100	00.1
	P51	选择再试行	0・1・2・3	0
	P52	再试行次数	1～10	1
	P53	下限频率（Hz）	0.5～250	00.5
	P54	上限频率（Hz）	0.5～250	250
	P55	选择偏置/增益功能	0	0
★	P56	偏置频率（Hz）	−99～250	00.0
★	P57	增益频率（Hz）	0・0.5～250	50
	P58	选择模拟・PWM 输出功能	0	0
★	P59	模拟・PWM 输出修正（%）	75～125	100
	P60	选择监控	0	0
	P61	线速度倍率	1～100	03.0
★	P62	最大输出电压（V）	1～500	000
	P63	OCS 电平（%）	1～200	140
★	P64	载波频率（kHz）	0.8～15	0.8
	P65	密码	1～999	000
	P66	设定数据清除（初启化）	0	0
	P67	异常显示 1	最新	
	P68	异常显示 2	1 次之前	
	P69	异常显示 3	2 次之前	
	P70	异常显示 4	3 次之前	

注 1：有*号者为变频器的额定电流。

注 2：有★号者表示是在运行过程中可以改变数据参数。

8.3 PLC 控制变频器运行

【知识目标】掌握 PLC 直接控制松下 VFO 变频器基本型式；掌握 PLC 编程方式及 VFO 运行方式。

在工业生产实际中，通常采用 PLC 控制变频器来驱动电动机拖动生产机械进行生产。拖动方式有单轴驱动、多轴驱动，甚至是多控制、多驱动、结构较复杂的现场总线自动控制系统。用 PLC 控制变频器运行就是充分展现了 PLC 编程灵活、控制方式多样的优势；同时又发挥了变频器所具有的连续、平滑调速、高效、节能运行的特点，可谓最佳"配合"。下面通过两个示例，介绍 PLC 与变频器的"配合"。

在两个示例中均选择西门子公司 S7-200 型 PLC，CPU 为 226 控制松下 VFO 变频器，其"实训装置"见图 8-7。

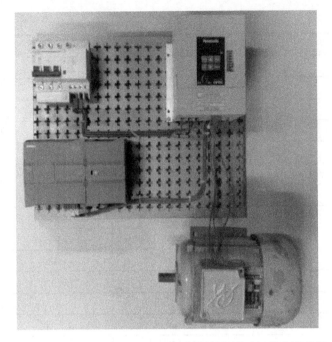

图 8-7　西门子 S7-200 CPU226 PLC 控制松下 VFO 的实训装置

8.3.1　应用示例

1．示例 1

实现以下功能：当按下启动按钮 SB1 之后，首先电动机以 15Hz 的速度正转运行；10s 之后，以 25Hz 的速度反转运行；10s 后再以 15Hz 的速度循环运行；当按下停止按钮 SB2 后，电动机立即停止转动。图 8-8 是电气原理图，表 8-4 是 I/O 分配表。

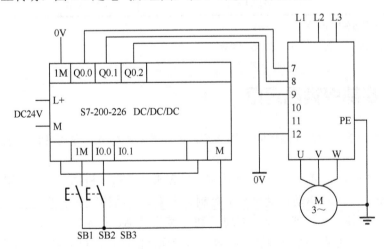

图 8-8　电气原理图

表8-4　I/O分配表

输　入		输　出	
名称	地址	名称	地址
启动按钮 SB1	I0.0	正转启动	Q0.0
停止按钮 SB2	I0.1	反转控制	Q0.1
		反转启动	Q0.2

PLC 程序如下：

```
网络1
LD      SM0.1
R       Q0.0, 3
网络2
LD      I0.0
AB=     QB0, 0
EU
S       Q0.0, 1
网络3
LD      Q0.0
LPS
AN      T37
TON     T37, 200
LRD
AW=     T37, 100
EU
S       Q0.1, 2
LPP
A       T37
EU
R       Q0.1, 2
```

变频器所需设置参数：

P01=0.5（加速时间）

P02=0.5（减速时间）

P08=2 （控制命令）

P09=1 （频率来源）

P19=0 （SW1 反转功能）

P20=0 （SW2 多段速功能）

P23=0 （多段速运行功能）

Fr=15 （启动速度）

P36=25（第二速度）

2. 示例2

实现以下功能：当按下启动按钮 SB1 之后，首先电动机以 10Hz 的速度运行；5s 之后，以 15Hz 的速度运行；10s 后以 20Hz 的速度运行；15s 之后以 25Hz 的速度运行；当按下停止按钮 SB2 后，电动机立即停止转动；在运行过程中可以用反转按钮 SB3 实现电动机的反转控制。图 8-9 是电气原理图，表 8-5 是"示例2"的 I/O 分配表。

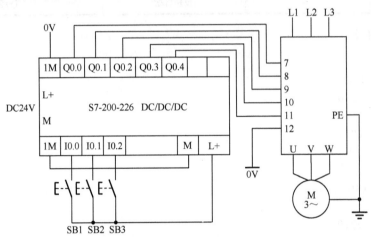

图 8-9 电气原理图

表 8-5 S7-200PLC I/O 分配表

输 入		输 出	
名称	地址	名称	地址
启动按钮 SB1	I0.0	变频启动第一速	Q0.0
停止按钮 SB2	I0.1	反转启动	Q0.1
反转按钮 SB3	I0.2	第二速	Q0.2
		第三速	Q0.3
		第四速	Q0.4

S7-200PLC 程序如下：

```
网络1
LD    SM0.1
R     Q0.0, 8
网络2
LD    I0.0
AB=   QB0,0
EU
S     Q0.0,1
网络3
LD    Q0.0
LPS
```

```
AN      Q0.2
TON     T37, 50
LPP
A       T37
EU
S       Q0.2, 1
```
网络 4
```
LD      Q0.2
LPS
AN      Q0.3
TON     T38, 50
LPP
A       T38
EU
S       Q0.3, 1
```
网络 5
```
LD      Q0.3
LPS
AN      Q0.4
TON     T39, 50
LPP
A       T39
EU
S       Q0.4, 1
```
网络 6
```
LD      I0.1
EU
R       Q0.0, 8
```
网络 7
```
LD      I0.2
=       Q0.1
```

变频器所需设置参数：

P01=0.5（加速时间）

P02=0.5（减速时间）

P08=2 （控制命令）

P09=1 （频率来源）

P19=0 （SW1 反转功能）

P20=0 （SW2 多段速功能）

P21=0 （SW3 多段速功能）

P22=0 （SW4 多段速功能）

P23=0 （多段速运行功能）

Fr=10 （启动速度）

P36=15（第二速度）

P38=20（第四速度）

P42=25（第八速度）

8.3.2 多速 SW 功能及其他功能

1. 多速 SW 功能

一般的变频器都具有多段速功能，松下 VFO 具有 8 段速功能。将 SW 功能设定为多速功能时的 SW 输入组合动作如表 8-6 所示。

表 8-6 SW 输入组合表

SW2（端子 No.9）	SW3（端子 No.10）	SW4（端子 No.11）	运行频率
OFF	OFF	OFF	第 1 速
ON	OFF	OFF	第 2 速
OFF	ON	OFF	第 3 速
ON	ON	OFF	第 4 速
OFF	OFF	ON	第 5 速
ON	OFF	ON	第 6 速
OFF	ON	ON	第 7 速
ON	ON	ON	第 8 速

将参数 P08 设为 2，参数 P20、P21、P22、P23 均设为 0，即可现多段速功能。

● 第 1 速为用 P09 设定的频率设定信号的指令值。

● 第 2~8 速频率为参数 P36~P42 设定的频率。

● 第 2~4 速加减速时间用参数 P43~P48 设定。

2. 模拟量控制一（用给定电位计给定）

参数说明：①选择运行指令（参数 P08），如表 8-7 所示。

表 8-7 运行指令

设 定 数 据	面板 外控	面板 复位
0	面板	有
1		
2	外控	无
3		有
4	外控	无
5		有
6	通信	无
7		有

② 频率设定信号（参数 P09），如表 8-8 所示。

表 8-8　频率设定信号

设定数据	面板外控	设定信号内容	操作方法
0	面板	旋钮设定（面板）	频率设定旋钮 Max：最大频率；Min：最低频率（或零位止动）
1		数据设定（面板）	MODE，▲，▼，SET 键，"Fr方式"设定
2	外控	电位器	端子 No.1, 2, 3（在 2 上连接电位器中间接头）
3		0～5V（电压信号）	端子 No.2, 3（2：+ 3：-）
4		0～10V（电压信号）	端子 No.2, 3（2：+ 3：-）
5		4～20mA（电流信号）	端子 No.2, 3（2：+ 3：-）2-3 之间连接 200Ω
6	通信	RS485	使通信传送来的频率指令有效

将参数 P08 设置为 0、1、2，将参数 P09 设置为 4、5、6 时，即可实现模拟量控制，慢慢旋转电位器，使其从 Min 慢慢转至 Max，在此时该状态下最大速度存于 n05 中。

3. 模拟量控制二（外接 0～10V 直流电源给定信号）

参照 2 中的 P08 以及 P09 两个参数，P08 仍然设置为 0、1、2，P09 设置为 4（0～10V 电压信号，根据具体情况），P68 设置为 0，P69 设置为 4，P72 设置为 10，慢慢给定信号，使信号从 0V 缓慢增至 10V。

（1）参数说明

① 第 2 模拟输入功能选择·信号选择（参数 P68·P69）。

② 第 2 模拟输入端子（控制电路端子 No.4）的控制功能和设定信号选择。

参数 P68：第 2 模拟输入功能的选择如表 8-9 所示。

表 8-9　第 2 模拟输入功能的选择

设 定 数 据	功 能 选 择
0	第 2 频率设定信号
1	PID 控制的反馈信号（测定值 PV）

（2）第 2 频率设定信号

① 可以把第 2 模拟输入端子作为第 2 频率设定信号使用。

② 将 SW 功能选择设定为频率信号切换输入，通过设定 SW 的 ON/OFF，将频率设定指令在第 1 频率。

设定信号和第 2 频率设定信号之间切换使用。

参数 P69：第 2 模拟输入信号的选择如表 8-10 所示。

表 8-10　第 2 模拟输入信号的选择

设定数据	设定信号内容	操作方法
3	0～5V（电压信号）	端子 No 3, 4（3：-4：+）
4	0～10V（电压信号）	端子 No 3, 4（3：-4：+）
5	4～20mA（电流信号）	端子 No 3, 4（3：-4：+）、3 与 4 之间连接 200Ω

★使用 4～20mA 信号时，必须在端子 No.3～4 之间连接 200Ω 的电阻。如果没有，则可能导致变频器损坏。

参数 P72 模拟输入过滤：可以设定模拟输入端子（控制电路端子 No.2、No.4）的过滤常数，对除去外部电压或者电流频率设定符号的外部干扰有效，如表 8-11 所示。

表 8-11　输入过滤设定

数据设定范围（次）	10~200（设定单位：1）

★控制电路端子 No.2 和 No.4 的模拟输入信号的过滤常数是相同的设定值。

★增大设定值（平均次数），则频率指令稳定，但是响应速度变慢。

思考题与习题

一、填空

1. VFO 型变频器是一种_____变频器，交流供电方式有两种：_____；_____。

2. 松下 VFO 变频器_____，_____，指令、参数系统简单易学，_____，非常适宜选作变频技术"入门级"学习机。

3. VFO 可直接接收 PLC 的_____信号，并可直接控制电动机_____。

4. 各种功能的数据变更，一般在_____下进行。

5. 用 PLC 控制变频器运行就是充分展现了 PLC_____、_____多样的优势；同时又发挥了变频器所具有的_____、_____调速，_____、_____运行的特点。

二、选择

1. VFO 在运行过程中如改变数据，电动机及相关负载将产生很大变化，有时也会发生突然停止或启动。如确实需要，应（　　　）。

A. 紧急制动

B. 切断电源

C. 提前采取安全措施

D. 无碍，继续操作

2. VFO 变频器在选择安装场所时最重要的事项是（　　　）。

A. 粉尘污染

B. 周围温度

C. 环境潮湿

D. 噪声干扰

3. 许多型号的变频器均可以和 PLC 组成控制驱动系统，VFO 可以直接接收 PLC（　　　）信号，直接控制电动机频率。

A. 编码通信信号

B. 开关信号

C．模拟信号

D．PWM（脉宽调制）信号

三、简答

1．松下 VFO 变频器具有什么特点？

2．松下 VFO 变频器由几种模式构成？

3．在变频器驱动电动机的整个电路中，电磁继电器可以设置，也可以不设置，如果设置了，不要用电磁继电器来控制变频器的运行和停止。为什么？

4．在设定 VFO 的参数时，应该注意哪些问题？

项目九

变频器的应用

【项目任务】
- 了解变频器在不同场合的应用方式和工作特点。
- 了解变频器在冶金机械（高炉卷扬机、线材绕线机）、造纸机械（造纸机、胶片机）、水泵（恒压供水系统）及机床改造（龙门铣床）中的应用。
- 通过学习掌握不同应用场合变频器的选择及参数设置。
- 掌握通用变频器的特点及应用领域。

【项目说明】

自上世纪八十年代，我国引进变频技术至今已有三十多年了，以变频器为核心元件的交流变频技术已经十分成熟，中小变频器的应用实例，俯拾皆是，不胜枚举。在这里，选取一些大型机械和连续生产系统的事例，介绍变频器的应用。

9.1 变频器在高炉卷扬机中的应用

【知识目标】 了解料车上料机、高炉卷扬机的基本结构、工作特点。
掌握变频器的选用、控制电路设计及参数预置。

9.1.1 料车上料机、高炉卷扬机的基本结构和工作特点

1. 料车上料机的基本结构与工作特点

在冶金高炉炼铁生产线上，一般把将按照品种、数量称量好的炉料从地面的储矿槽运送到炉顶的生产机械称为高炉上料设备。它是高炉供料系统的重要设备，主要包括料车坑、料车、斜桥、卷扬机或带式上料机。料车上料机主要由斜桥、料车、卷扬机三部分组成。料车上料机结构紧凑，占地面积小，对于中、小高炉有足够的上料能力，能实现自动控制，并且运转可靠。料车上料机运动示意图如图 9-1 所示。

工作过程中，两个料车交替上料，当装满炉料的料车上升时，空料车下行，空车重量相当于一个平衡锤，平衡了重料车的车箱自重。这样，当上行或下行两个料车用一个卷扬机拖动时，不但节省了拖动电动机功率，而且电动机运转时，总有一个重料车上行，没有空行程，从而使得电动机总是处于电动状态运行，免去了电动机处于发电运行状态所带来的种种问题。料车机械传动系统示意图如图 9-2 所示。

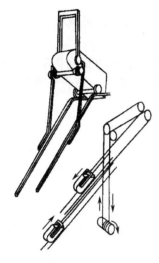

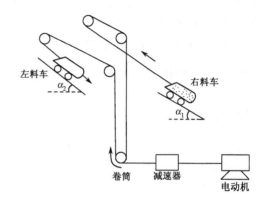

图 9-1 料车上料机运动示意图

图 9-2 料车机械传动系统示意图

2. 高炉卷扬机的结构与工作特点

高炉卷扬机是料车上料机的拖动设备，其示意图如图 9-3 所示。

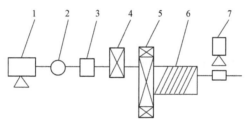

1—电动机；2—联轴节；3—抱闸；4—减速机；5—卷筒齿轮传动机构；6—卷筒；7—断电器

图 9-3 高炉卷扬机示意图

根据料车运动的工作过程，其工作特点是：

① 能够频繁启动、制动、停车、反向，转速平稳，过渡时间短。

② 能按照一定的速度图运行。

③ 能够广泛地调速，调速范围一般为 0.5～3.5m/s。

④ 系统工作可靠。在进入曲轨段及离开料坑时不能有高速电动机拖动冲击，确保在终点位置准确停车。

9.1.2 电动机的选用

炼铁高炉卷扬机变频调速拖动系统的设计，主要是在原拖动系统的基础上进行改造。对于原系统所采用的绕线转子异步电动机，只要将转子回路短接，即可在变频调速中使用。如原系统为直流电动机拖动，则在选择交流异步电动机及变频器时，要注意以下几方面的问题。

（1）频率范围

高炉卷扬机的调速范围通常为 1：10，对应变频器的工作频率范围为 5～50Hz。

（2）机械特性

料车卷扬机为摩擦性恒转矩负载，应注意低频时的有效转矩必须满足要求。

（3）启动转矩

启动时，应考虑静摩擦转矩的问题。因电动机必须有足够大的启动转矩来确保重载启动。我国生产的 YZ、YZR 系列的异步电动机，其启动转矩接近于最大转矩，适合于重载启动。在选型时，要特别注意低频启动转矩的变化。

9.1.3 变频器的选用

1. 变频器的容量

变频器的容量及选型，大体上应注意以下几方面的问题。

高炉卷扬系统具有恒转矩特性，重载启动，变频器的容量应按运行过程中可能出现的最大工作电流来选择。

变频器的过载能力通常为 1.5 倍/1min，这只在电动机的启动或制动过程中才有意义，不能作为变频器选型的最大电流来考虑。

在选择变频器容量时，应比变频器说明书中的"配用电动机容量"加大一挡至两挡，并应具有无反馈矢量控制功能，使电动机在整个调速范围内，具有真正的恒转矩，满足负载特性要求。

2. 制动问题

料车在减速或定位停车时，应注意选择相应的制动单元及制动电阻，使变频器直流回路的泵升电压保持在允许范围内。

3. 控制与保护

料车卷扬系统是炼铁生产中的重要环节，因而拖动控制系统应保持绝对安全可靠。高炉炼铁生产现场环境较为恶劣，因而系统的故障检测和诊断应完善。

9.1.4 系统设计及接线

高炉上料卷扬变频调速系统原理如图 9-4 所示。

高炉上料卷扬运行速度曲线如图 9-5 所示。

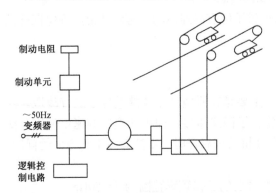

图9-4　高炉上料卷扬变频调速系统原理图

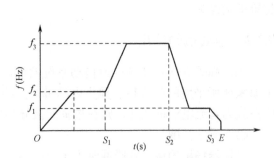

图9-5　高炉上料卷扬运行速度曲线

图中，S_1、S_2、S_3 位置点为变速点，对应主令开关 KX_{11}、KX_{12}、KX_{13} 的状态；E 为料车上限位点；f_1、f_2、f_3 为运行频率，应该按工艺和现场调试为准。左、右料车的运行速度曲线一致。

变频调速器接线图如图 9-6 所示，KA_1 传输左料车的上行信号；KA_2 传输右料车的上行信号；KA_3 传输中速上行信号，对应频率为 f_2；KA_4 传输高速上行信号，对应频率为 f_3；KA_5 传输低速上行信号，对应频率为 f_1。下面以日本富士 G9S 系列变频器为例，说明其应用实例。

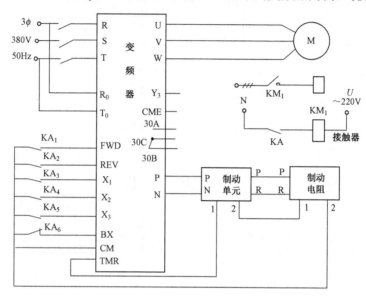

图 9-6 变频调速器接线图

变频器各控制端子的功能介绍如下：

CM——控制电路公共端子；

FWD——正转启/停控制端子，这里用于左料车上行控制；

REV——反转启/停控制端子，这里用于右料车上行控制；

BX——滑行停止控制端子，这里用于急停控制；

TMR——外部故障保护，用于外部制动电阻感温热继电器动作保护；

X_1、X_2、X_3——中、快、慢速度选择输入端子；

Y_3、CME——频率水平检测输出信号，用来控制抱闸回路；

30A、30B、30C——变频器故障报警输出，30B、30C 为常闭，30C、30A 为常开，应接到抱闸回路；

R_0、T_0——辅助控制电源输入端子，380V AC。

上料卷扬逻辑控制电路图如图 9-7 所示。

其中，Y_1、Y_2 来自 PLC 上料命令，SQ_{11}～SQ_{23} 来自卷扬机主令开关，左、右车上限来自现场。

左料车上行运行曲线如图 9-8 所示。

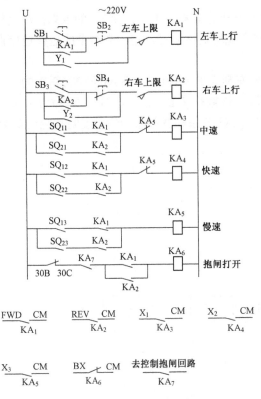

图 9-7　上料卷扬逻辑控制电路图

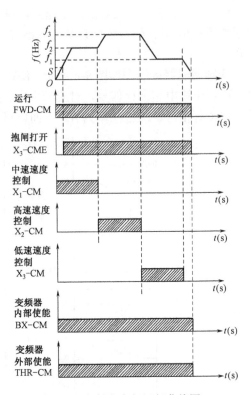

图 9-8　左料车上行运行曲线图

卷扬电动机的正、反转运行方向由 FWD 和 REV 来控制，其频率给定可以用 0～10V 模拟量电压信号，也可以用 X_1、X_2、X_3、X_4、X_5 端子的多步速度控制。这里用 X_1、X_2、X_3 端子来控制料车的中、快、慢三种速度，其频率设定分别在功能码 F_{20}、F_{21}、F_{23} 中，功能码 $F_{32}=00$。

变频器的启动频率的预置范围为 0.5～5Hz，可维持 0～10s。为确保电动机启动时有足够大的启动转矩来确保重载启动的安全性，利用其"频率到达"检测信号端子 Y_3 打开抱闸，即 Y_3 和 CME 端子的输出信号控制继电单元，利用继电单元的动合点去控制抱闸接触器线圈（Y_3 和 CME 是无源点，当变频器输出频率超过预置的到达频率时，此信号有，否则无），如图 9-9 所示。"频率到达"由功能码 F_{49}、F_{50} 预置，预置的数据码应大于 50Hz。

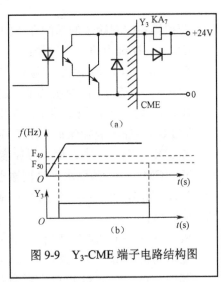

图 9-9　Y_3-CME 端子电路结构图

制动单元和变频器之间的连线应注意极性和线号不能接反，否则制动单元将不能正常工作或不起制动作用。

将主令开关零位时的常闭点接到变频器的滑行停止信号端子 BX 和 CM 上，从而使变频器在主令开关回零位时或在零位时立即将输出端封锁。

辅助控制电源 R_0、T_0 端子应从主接触器的电源端引接，以确保在变频器故障跳闸或人为停运时，变频器能正确显示故障类型。

9.2 变频恒压供水控制系统

【知识目标】　了解恒压供水控制系统的基本结构、工作特点。

掌握变频器的选用、控制电路设计及参数预置。

了解 PID 控制方式。

恒压供水是指无论用户端用水量是多少，都能保持管网中水压基本恒定。这样既可满足各部位的用户对水的需求，又不使电动机空转，造成电能的浪费。为了实现上述目标，利用变频器根据给定压力信号和反馈压力信号，调节水泵转速，从而达到控制管网中水压恒定的目的。

9.2.1 变频恒压供水控制系统的工作原理

1. 水泵供水的主要参数

水泵供水的主要参数如表 9-1 所示。

表 9-1　水泵供水的主要参数

参数名称	说　明
流量	泵在单位时间内所抽送液体的数量，常用的流量是体积流量，用 Q 表示，其单位是 m³/h
扬程	单位质量的液体通过泵后所获得的能量通常称为扬程。扬程主要包括三个方面： ① 提高水位所需的能量 ② 克服水在管路中流动阻力所需的能量 ③ 使水流具有一定的流速所需的能量。通常用所抽送液体的液柱高度 H 表示，其单位是 m。习惯上常用将水从一个位置上扬到另一个位置时水位的变化量（即对应的水位差）来代表扬程 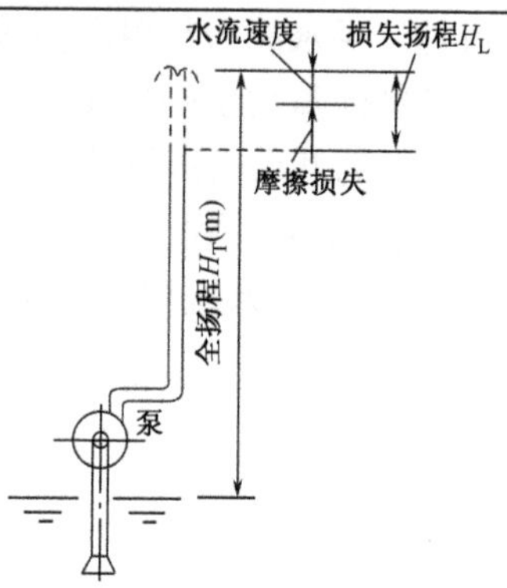
全扬程	全扬程也叫总扬程，是表征水泵泵水能力的物理量，包括把水从水池的水面上扬到最高水位所需的能量、克服管阻所需的能量和保持流速所需的能量，符号是 H_T。在数值上它等于在没有管阻，也不计流速的情况下，水泵能够上扬水的最大高度，如右图所示 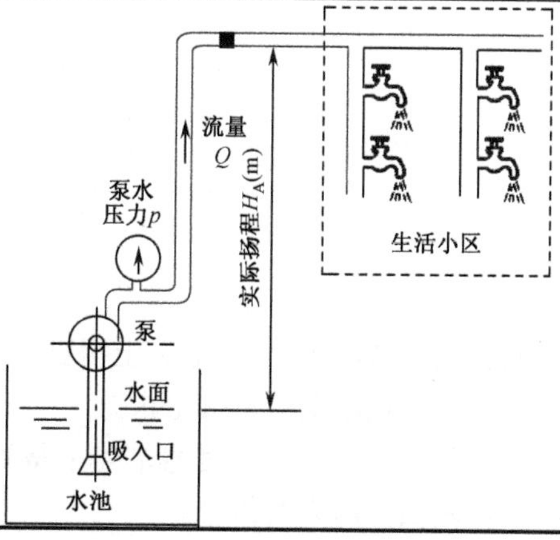

参数名称	说　　明
实际扬程	实际扬程是通过水泵实际提高水位所需的能量，符号是 H_A。在不计损失和流速的情况下，其主体部分正比于实际的最高水位与水池水面之间的水位差，如上图所示
损失扬程	全扬程与实际扬程之差，即为损失扬程，符号是 H_L $$H_T = H_A + H_L$$
管阻	管道系统（包括水管、阀门等）对水流阻力的物理量，符号是 P。其大小在静态时主要取决于管路的结构和所处的位置；而在动态情况下，还与供水流量和用水流量之间的平衡情况有关

2. 变频调速恒压供水系统

（1）恒压供水的控制要求

对供水系统进行控制，实质就是为了满足用户对流量的需求，所以流量是供水系统的基本控制对象，而流量的大小取决于水泵的扬程。但扬程难以进行具体测量和控制，考虑到在动态情况下，管道中水压的大小与供水能力（用供水流量 Q_G 表示）和用水需求（用水流量 Q_u 表示）之间的平衡情况有关，即

若供水能力 $Q_G >$ 用水需求 Q_u，则压力上升（$P\uparrow$）；

若供水能力 $Q_G <$ 用水需求 Q_u，则压力下降（$P\downarrow$）；

若供水能力 $Q_G =$ 用水需求 Q_u，则压力不变（$P=$常数）。

可见，供水能力与用水需求之间的矛盾具体地反映在流体压力上的变化，从而压力就成为用来控制流量大小的参变量。这就是说，保持供水系统中某处压力的恒定，也就保证了该处的供水能力和用水流量处于平衡状态，这就是恒压供水所要达到的控制要求。

（2）恒压供水系统构成和工作原理

① 恒压供水系统构成。恒压供水系统框图如图 9-10 所示，由图可知变频器有两个控制信号。

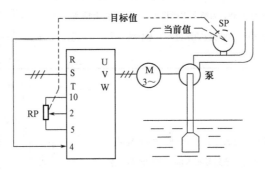

图 9-10　恒压供水系统框图

目标信号 X_T，即给定端 2 上得到的信号，该信号与压力的控制目标相对应，通常用百分数表示，也可以用键盘直接给定。

反馈信号 X_F，即反馈信号端 4 上得到的信号，是压力传感器 SP 反馈回来的信号，该信号是一个反映实际压力的信号。

② 某生活小区恒压供水控制系统。如图 9-11 所示是某生活小区住宅楼宇自动恒压供水泵

站的控制系统电路图。

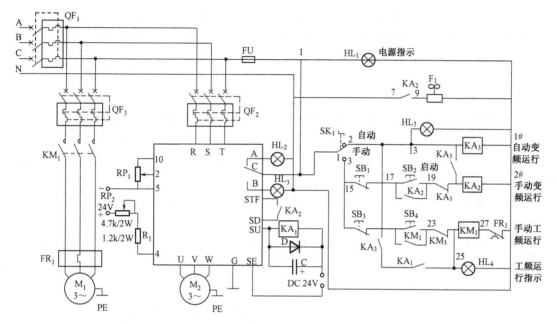

图 9-11　某生活小区住宅楼宇自动恒压供水泵站控制系统电路图

a. 主电路。该装置主电路采用变频常用泵和工频备用泵自动与手动双重运行模式。由于管道设计采取了易分解结构，各泵可以独立运行、检修。两台水泵中一台变频运行，当 SK$_1$ 打到自动时，用户用水量增加，变频调速达到上限值，SU 输出为 ON，KA$_1$ 线圈吸合，常开接通 KM$_1$ 线圈，自动切换到工频备用泵运行，原变频常用泵继续以较低频率运行，以满足用户用水量要求。当 SK$_1$ 打到手动时，需按下 SB$_2$ 启动 KA$_2$，其常开触点接通 STF 和 SD 端子，变频器拖动电动机 M$_2$ 正转启动运行。当用户用水量增加，变频调速达到上限值时，须人为按下 SB$_4$ 接通 KM$_1$ 使电动机 M$_1$ 工频运行。图 9-11 中 M$_2$ 为主泵电动机，M$_1$ 为备用泵电动机，QF$_1$、QF$_2$、QF$_3$ 为低压断路器，HL$_2$、HL$_3$ 分别为工频、变频运行指示灯。

b. 控制电路。该电路主要由三菱 FR-A540 变频器和外围控制电路组成。

● 该控制电路可以实现变频、工频、一用一备自动与手动转换控制运行，通过内置的频率信号变化范围，设定开关量输出，控制主泵电动机和备用泵电动机之间的相互切换。

各端子含义如下。

SD——输入公共端。

SU——频率到达。

STF——正转启动。

SE——输出公共端。

A、B、C——输出保护，正常时：A-C　OFF，B-C　ON；

　　　　　　　　　　　　　故障时：A-C　ON，B-C　OFF。

2——频率设定电压输出端，0～5V。

4——频率设定电流输入端，4～20mA。

5——频率设定公共端。

10——+5V DC 频率设定电源端子。

● 压力给定和流量反馈通过电位器 RP_1 和流量传感器 RP_2 实现。

● 利用变频器内 PID 控制，比较给定压力信号和反馈信号的大小，输出相应的 0～5 V 电压控制信号，自动控制水泵进行调速运行。

● 控制系统的各控制参数可通过变频器面板进行显示。

● 具有短路、过电流、过载等保护功能。

③ PID 调节功能。系统之所以能实现恒压供水，主要是因为利用了变频器的 PID 调节功能。现代变频器一般都具有 PID 调节功能，其内部框图如图 9-12 中的虚线框所示。由图可知，X_T 与 X_F 两者相减的合成信号 X_D 经过 PID 调节处理后得到频率给定信号，从而决定变频器的输出频率 f_x。

当用水流量减小时，供水能力 Q_G 大于用水流量 Q_u，则压力上升，$X_F\uparrow\to$ 合成信号 $X_D\downarrow\to$ 变频器输出 $f_x\downarrow\to$ 电动机转速 $n_x\downarrow\to$ 供水能力 $Q_G\downarrow$，直至压力大小回复到目标值，供水能力与用水流量重新平衡（$Q_G=Q_u$）时为止。反之，当用水流量增加，使 Q_G 小于用水流量 Q_u 时，则 $X_F\downarrow\to X_D\uparrow\to n_x\uparrow\to Q_G\uparrow\to Q_G=Q_u$，又达到新的平衡。

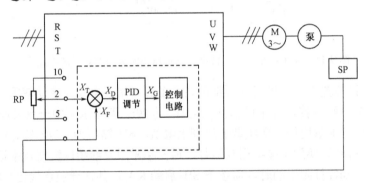

图 9-12 变频器的 PID 控制内部框图

假定管道工作压力的目标值为 0.5MPa，压力传感器的量程为 0～1MPa，则目标值为 50%，同时对应于流量传感器在 0～1MPa 范围内，流量传感器中压差信号电流范围是 6.4～16mA 的输出。这时，对应于目标值为 0.5MPa（50%）的实际流量传感器中信号电流值为 12.8mA。

9.2.2 变频器的选型及功能预置

1. 变频器的选型与控制方式

（1）变频器的选型

现在大部分变频器制造商都专门设计生产适于风机、水泵专用的变频器，无特殊情况下可直接选用。但对于用于特殊场合（如抽吸杂质、泥沙）的水泵，应考虑其过载能力，建议选用通用型变频器。风机、水泵专用型变频器有如下主要特点。

① 过载能力较低。这是因为风机、水泵在运动中很少发生过载。

② 具有闭环控制和 PID 调节功能。水泵在具体运行时常常需要进行闭环控制，如在供水系统中，要求进行恒压供水控制，在中央空调系统中要求恒温控制、恒温差控制等。故此类变频器大多设置了 PID 调节功能。

③ 具有"1 控 x"的切换功能。为了减少设备投资，常采用 1 台变频器控制若干台水泵的控制方式，所以许多变频器专门设置了切换功能，在选型时应注意。

（2）控制方式与 U/f 设定

对于二次方律负载，以选用 U/f 控制方式为宜。大部分变频器都给出了两条以上"负补偿"的 U/f 线，不同的变频器对 U/f 线的设计方法略有差异。例如，变频器对所提供的 U/f 线是从小到大编号，编号越大补偿量也越大。有些可直接预置起点补偿量，当 $f_x=0$ 时的补偿量为 $U_C\%$（此值等于 $U_C/U_N \times 100\%$，U_C 为起点补偿电压）。对于水泵来说，宜选用负补偿程度较轻的 U/f 线。

2. 变频器的基本功能预置

变频器的基本功能预置如表 9-2 所示。

表 9-2　变频器的基本功能预置

功　　能	预　　置
最高频率	水泵属二次方律负载，当转速超过其额定转速时，转矩将按平方规律增加。变频器的工作频率是不允许超过额定频率的，其最高频率只能与额定频率相等，即 $f_{max}=f_N=50\text{Hz}$
上限频率	一般上限频率也可以等于额定频率，但最好以预置得低点为宜。将上限频率预置为 49Hz 或 49.5Hz 是恰当的
下限频率	在供水系统中，转速过低，会出现水泵的全扬程小于实际扬程，形成水泵"空转"的现象。下限频率应设定为 30～35Hz。特殊需要可以设定得更低，应根据具体情况而定
启动频率	水泵在启动前，其叶轮全部在水中，启动时，存在一定的阻力。在从零开始启动时的一段频率内，实际上转不起来，应适当预置启动频率，使其在启动瞬间有一点冲力。当启动电流为额定电流的 15% 时，启动转矩可达到额定转矩 20% 左右，现场设置应视具体情况而定
升速与降速时间	水泵不属于频繁启动与制动的负载，其升、降速时间的长短并不涉及生产效率问题。因此，可将升、降速时间预置得长一些。通常确定升、降速时间的原则是，在启动过程中其最大启动电流接近或等于电动机的额定电流，升、降速时间相等即可
暂停（睡眠与苏醒）功能	在日常供水系统中，夜间的用水量常常是很少的，即使水泵在下限频率下运行，供水压力仍能超过目标值，这时，可使主水泵暂停运行，如下图所示

功　能	预　置
暂停（睡眠与苏醒）功能	① 暂停运行（睡眠）功能。在恒压供水系统中，当由于用水流量太小而使压力超过其预置值（如图中的 P_{SL} 所示）时，便开始计时。如在预置的时间 t_d 内压力又低于预置值 P_{SL} 时，则不必暂停；但如压力大于预置值的时间超过了 t_d，则令主水泵暂停（睡眠）。在主水泵停机期间，为了不影响个别用户的用水，应启动附加的小功率水泵以保证供水，也可采用气压罐来保证一定的供水能力。 ② 暂停中止（唤醒）功能。当由于用水流量增大，使供水压力低于压力下限值 P_{WU} 时，暂停中止（唤醒），重又进入正常的恒压供水运行状态

3. 变频器的 PID 调节功能

PID 控制属于闭环控制，是使控制系统的被控量在各种情况下都能迅速而准确地无限接近控制目标的一种手段。具体地说，就是随时将传感器测得的实际信号（称为反馈信号）与被控量的目标信号相比较，以判断是否已经达到预定控制目标。如尚未达到，则根据两者的差值进行调整，直至达到预定的控制目标为止。

（1）变频器的 PID 接线

各种系列的变频器都有标准接线端子，只不过标志的符号各厂家有所区别，它们的这些接线端子、功能和使用要求相差不大。

① PID 控制基本原理接线图如图 9-13 所示。

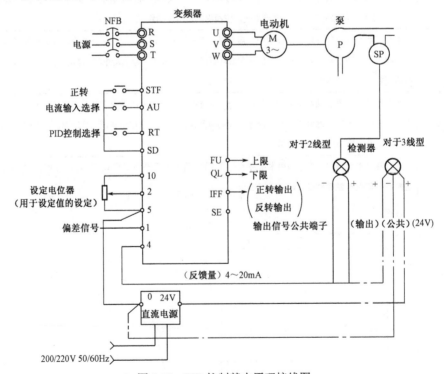

图 9-13　PID 控制基本原理接线图

② 控制系统的接线。

反馈信号的接入：图 9-13 中 SP 是流量传感器，将红线与黑线分别接至外接电源+24V 与负极上，绿线接至变频器 4 端上，电源负极接至 5 端子上。

目标信号的接入：采用由电位器输入目标信号的方式，目标信号通常接在给定频率的输入端，当变频器预置为 PID 工作方式时，2 端所得到的便是目标值信号。

（2）PID 控制的工作过程

PID 控制的基本工作过程流程如图 9-14 所示。

（3）系统调试

由于 PID 的取值与系统的惯性大小有很大关系，因此很难一次调定，这里根据经验介绍一个大致的调试过程。

调试过程中，首先将微分功能调为 0，即无微分控制。在许多要求不高的控制系统中，微分功能可以不用，将比例放大和积分时间可设定得较大一点或保持变频器出厂设定值不变，使系统运行起来，观察其工作情况。

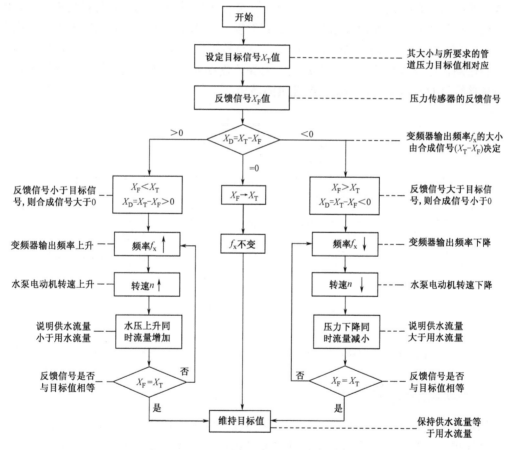

图 9-14　PID 控制的基本工作过程流程

如果在压力下降或上升后难以恢复，说明反应太慢，则应加大比例增益，修正 P 增益参数，直至比较满意为止。在增大 K_P 后，虽然反应快了，但却容易在目标值附近波动，说明系统有振荡，应加大积分时间（即修正 I 积分时间常数参数），直至基本不振荡为止。

总之，在反应太慢时，应增大 K_P 或减小积分时间；在发生振荡时，应调小 K_P 或加大积分时间，最后调整微分时间，使 D 稍稍增大，使过程控制更加稳定。至此调试结束。

9.3 线材绕机的变频调速

【知识目标】 了解线材绕机的基本结构、工作特点。
掌握变频器的选用、控制电路设计及参数预置。

9.3.1 线材绕机概述

1. 线材绕机

线材绕机的平面布置如图 9-15 所示。精轧部分分四条线轧制，每条线有两台卷线机轮流将线材卷成盘卷。轧制原材料为钢坯，产品为线材。卷线机的作用是把精轧机出来的成品线材卷成盘卷送出。卷线机为钟罩式，其传动系统如图 9-16 所示。卷线机将精轧机组出来的线材，通过转动的钟罩，成圈地按松卷方向放到滑板上卷成盘，再由推卷装置推到运输机上。盘卷内径约 850mm，外径约 1 150mm，盘卷大小与卷线机转速直接相关。当精轧转速一定时，卷绕机转速高，则盘卷直径小，反之则大。为保证盘卷外观整齐和减少精轧与卷线机之间堆钢，要求卷线机的转速能良好地跟随精轧机的转速。

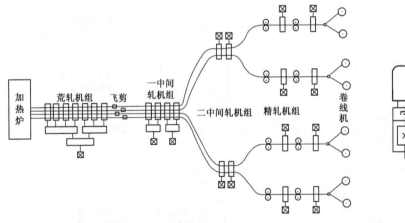

图 9-15　线材绕机的平面布置

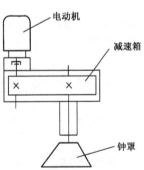

图 9-16　卷线机的传动系统图

2. 原拖动系统及存在的问题

卷线机的原拖动系统是由电子管、磁放大器控制的水银整流器变流装置供电的直流调速系统，是模拟量控制系统，十分复杂。加之卷线机所处的环境极为恶劣，温度高，振动大，故系统故障率高，维护量大。可由交流异步电动机变频调速系统来代替直流拖动系统。

9.3.2 拖动系统的改造方案

变频调速系统的选型如下。
（1）主电动机的选型
在决定主电动机容量时，考虑了以下因素。

① 原直流电动机由于长时间工作在基速以上（弱磁状态），所采用的"调磁调速电动机"为了增加转矩，加大了电枢的直径与长度，其尺寸比同容量的普通电动机大得多。

② 卷线机调速范围大，对过载能力要求较高。

基于以上原因，将电动机容量加大为原直流电动机的两倍左右。

（2）变频器的选型

采用日本富士公司生产的 G9S 系列产品。

9.3.3 变频调速系统的控制方式

变频调速系统基本电路如图 9-17 所示。它具有以下特点。

① 采用一台变频器控制一台电动机的方式；

② 不需要速度反馈装置。

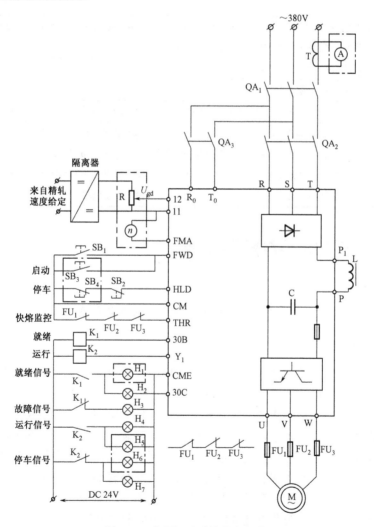

图 9-17 变频调速系统基本电路

9.3.4 变频器的基本功能预置

变频器的基本功能预置如表 9-3 所示。

表 9-3 变频器的基本功能预置

功　能	预　　置
基本频率	基本频率预置为 50Hz
最高频率	最高频率预置为 60Hz
上限频率	上限频率预置为 55Hz
频率增益	变频器的给定信号为 0～10V，10V 时对应 60Hz。当给定信号为 7.5V 时，对应的给定频率为 45Hz，对应的同步转速为 1 350r/min，达不到 1 500 r/min 的调速范围，故将频率增益预置为 125%
升速时间	5s
降速时间	由于卷线机转动惯量大，如减速时间小于 20s，会引起过电压跳闸。经多次调试，将降速时间预置为 30s，非但满足了生产工艺的要求，同时可不外加制动器件
拖动转矩限值	拖动转矩限值预置为 150%
制动转矩限值	制动转矩限值预置为 30%
转差补偿	转差补偿大于 1Hz 时，容易产生过电压跳闸。实际预置为 0.8Hz，已完全满足调速精度的要求
输出频率信号	由于卷线机并无速度反馈装置，为了使操作台有一个电动机转速的指示，在操作台上设置了一块转速表。此转速表实际上是 0～10V 的直流电压表，接在变频器的输出信号端 "FMA" 与 "11" 之间。当变频器输出最高频率时，FMA 端输出+10V。表上的刻度是和变频器的输出频率对应的电动机同步转速成正比的。为使操作台转速表的显示值和变频器显示的转速一致，将 FMA 输出的直流电压调整比预置为 125%

9.4　变频器在光缆护套机的应用

【知识目标】　了解光缆护套机的基本结构、工作特点。
　　　　　　　掌握变频器的选用、控制电路设计及参数预置。

9.4.1　光缆护套机概述

　　光缆护套机是通信光缆制造过程中的最后工序使用的设备，它的作用是在成缆后的缆芯上加综合保护层，以保护缆芯不受外界机械、热、化学及水分的影响。设备的配置如图 9-18 所示，传动部分主要由缆芯放线架、钢（铝）带轧纹机、挤塑机、履带式牵引机、收线架等组成。在制作光缆护套的过程中，根据工艺的要求，整条生产线的速度必须保持稳定，各传动单元间的线速度比例必须协调。高精度、可靠地保持这个比例系数是保证产品质量，生产正常运行的重要条件，任何原因破坏这种比例协调，都会影响产品的质量，比如光缆外径发生变化，生产过程中钢（铝）带断裂，甚至缆芯被拉断等。由于光缆价格昂贵，成本较高，一旦发生如上质量问题，对企业将造成巨大损失。下面简单介绍由西门子的 S7-226 PLC 与 MM440 变频器组成的电气控制系统，该系统自动化程度高，稳定性好，运行可靠。

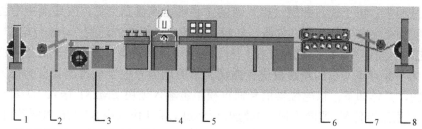

1—缆芯放线架；2—放线张力舞蹈轮；3—轧纹机；4—挤塑机；5—电气控制柜；6—履带式牵引机；

7—收线张力舞蹈轮；8—收线架

图 9-18　光缆护套机主要设备配置简图

9.4.2　系统构成

在控制系统中，放线、轧纹、挤塑、牵引、收线和排线电动机均采用交流变频电动机，驱动器采用西门子的 MM440 系列变频器。该变频器是由微处理器控制，采用 IGBT 作为功率输出器件的西门子最新一代变频器，具有很高的运行可靠性和功能的多样性。操作和生产工艺参数的显示采用西门子的 TP-070 触摸屏作为上位监控，可以实时、形象地显示现场信号，并可以实时地对现场控制点进行控制。全线控制采用西门子的 S7-226 PLC，外加模拟量输入模块 EM231。为了提高设备的整体性能，采用 S7-226 PLC 的自由通信口分别与上位机 TP-070 和变频器进行通信。其中 S7-226 的端口 0 用于和 MM440 通信（USS4），端口 1 用于和 TP-070 通信。控制系统结构图如图 9-19 所示。

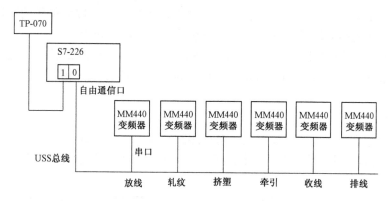

图 9-19　控制系统结构图

9.4.3　系统原理

由于该生产线无须频繁启动，而且工艺要求的变速范围也不大，所以达到稳速是该电气传动自动控制最主要的目标，尤其是在系统的升/降速过程中各传动单元之间的速度比例必须保持协调。在整条生产线中，生产的线速度由牵引机的速度决定，因此在该系统的设计中以牵引的速度为参考，各传动单元的速度随牵引速度的变化而变化，并且各部分又能单独启动和停止。

（1）放线、轧纹和收线电动机的速度控制

在生产过程中，由于缆芯和钢（铝）带的盘具都由满盘到空盘，收线盘由空盘到满盘，而牵引的速度不会经常变化，所以放线、轧纹、收线电动机的线速度（$v=\omega \times D$，式中 v 为线速度，ω 为电动机角速度，D 为盘具直径）为了与牵引保持同步，随着生产的进程必须根据盘具直径的变化不断对电动机的角速度进行微调。该微调信号主要是通过各自的张力轮上的电位器来给定的，具体如下：该电位器信号通过模拟量输入模块 EM231 送入 S7-226，与反馈到 PLC 中的牵引速度信号（即同步信号）叠加，再通过 USS4 协议由 S7-226 加到各自的 MM440 变频器中，作为它们的速度给定信号，间接达到各自张力的恒定，从而保证与牵引同步。在这里需要注意的是，虽然生产线的速度并不是很快，但是由于线盘具有较大的转动惯量，所以放线和收线电动机的加速度不宜太大，因此它们速度的设定应采用 PID 运算。

（2）挤塑机的控制

在光缆护套的开始阶段，为了使光缆的直径达到工艺要求，挤塑机的挤出量必须有一个微调，也就是除了牵引的同步信号外，还要有一个微调信号对挤塑电动机加以控制，使挤出量达到规定的工艺要求。该信号可以通过 TP-070 进行设定并送入 PLC，与牵引的同步信号进行叠加后再通过 USS4 协议送到其 MM440 变频器，作为控制该电动机的给定信号。另外，在生产开始前，挤塑机一般都要进行排料这一步工序，以检验从模口出来的料的塑化质量。因此还必须有一个独立的手动信号来对挤塑电动机进行控制，该信号也可以由 TP-070 来进行设定，然后再通过 USS4 协议送入变频器。

（3）牵引速度控制

牵引机的速度决定了整条生产线的线速度，它的控制非常简捷，其速度给定信号直接由 TP-070 设定后送入 PLC，再通过 USS4 协议从 PLC 传输到 MM440 变频器上。在生产过程中，改变牵引的速度给定值不仅改变牵引机本身的速度，还使其他各传动单元的速度随着它的变化按一定的速度比例相应地发生变化，从而使整条生产线保持同步。

线速度的检测主要采用旋转编码器，由 S7-226 的 I0.1 和 I0.2 端口（高速计数器 0）送入 PLC。单位时间内高速计数器的计数值即为该生产线的线速度，通过 TP-070 显示于屏幕上。

（4）排线控制

由于排线的速度需要根据光缆的直径自动跟踪收线的速度，即 $v=K \times \omega \times D$（$v$ 为排线速度，K 为修正系数，ω 为收线速度，D 为光缆直径），所以排线电动机驱动器的给定信号由以下两个因素决定。

① 收线速度通过旋转编码器测定，其信号通过 S7-226 的 I0.6 和 I0.7 送入 PLC（高速计数器 4）。PLC 编程采用定时中断，在单位时间内测量到的高速计数器的计数值即为收线速度。

② 光缆的直径直接由 TP-070 设定并送入 PLC。

PLC 将上述两个参数相乘后再乘以相应的修正系数，所得的值就是控制排线电动机速度的给定信号，该信号通过 USS4 协议传输到其 MM440 变频器上。

在这里要注意的是，由于排线电动机在工作过程中需要经常换向，也就是说当收到换向信号时排线电动机需要高速的降速和升速过程，因此该变频器需外接制动电阻。

（5）变频器设置

变频器的设置主要是注意以下几个参数的设定，见表9-4。

表 9-4 变频器的设置

参数号	变频器参数设定值						变频器参数说明
	放线电动机	轧纹电动机	挤塑电动机	牵引电动机	收线电动机	排线电动机	
P7000	5	5	5	5	5	5	选择命令源：COM 链路的 USS 设定
P1000	5	5	5	5	5	5	通过 COM 链路的 USS 设定频率
P2009	1	1	1	1	1	1	USS 标称化
P2010	6	6	6	6	6	6	USS 波特率：9 600 bps
P2011	0	1	2	3	4	5	USS 地址

系统采用 S7-226 PLC 自由通信口方式通信，由于在 MM440 变频器上具有 RS-485 接口，从而可以方便地实现变频器给定的数字化控制，并且硬件上无须再添加通信接口。由于 MM440 变频器具有区别一般通用变频器的自由功能模块和 BICO 技术，因此可以实现灵活的组态设计，完成工艺复杂的控制要求。变频器的矢量控制提高了系统的动态响应能力，克服了控制系统由于工艺参数的改变而引起的速度波动，从而保证了该控制系统的稳定性。

9.5 MM440 变频器在电梯上的运用

【知识目标】 了解电梯舒适度概念。
　　　　　　掌握变频器的选用、控制电路设计及参数预置。

在典型的升降系统的轿厢控制中，要与"对重"（电梯中与轿厢相平衡的装置，或称"配重"）相结合，系统是一个很大的惯性复杂系统。所以传动装置必须有很大的启动力矩。西门子新一代 MM440 变频器可以控制电动机从静止到平滑启动期间提供 200%的 3s 的过载能力。MM440 的矢量控制和可编程的 S 曲线功能，使轿厢在任何情况下都能平稳地运行且保证乘客的舒适感，特别在轿厢突然停止和突然启动时。MM440 变频器内置了制动单元，只须选择制动电阻就可以实现再生发电制动，因此可以节约系统成本。

9.5.1 系统配置

此系统采用一台 MM440 7.5kW/400V 变频器。曳引电动机为 7.5kW/400V 三相带制动器电动机。控制系统采用 SIMATIC S7-313 PLC。系统配置如图 9-20 所示。

9.5.2 系统功能与原理

在此系统中，一台 MM440 用于控制三层楼的小型提升系统，外接制动电阻用于提高电动机的制动性能。采用两个固定频率，50Hz 对应 1m/s 速度，6Hz 对应的速度用于减速停车。斜坡积分时间设定为 3s，其中含有 0.7s 的平滑积分时间。

控制由数字量输入完成，两个输入 DIN1、DIN2 用于选择运行方向；DIN3、DIN4 用于选择两段运行速度；DIN5 用于 DC 直流注入制动控制。一个继电器输出用于控制电动机的制动器，其余的用于提升机的故障报警。

电动机制动器打开后，电梯沿着井道方向加速到 50Hz。在井道中用一些接近开关与 PLC

相连接。由这些接近开关提供平层信号和减速停车。当电梯达到第一个接近开关时，电动机开始减速且以低速 6Hz 爬行；当电梯达到第二个接近开关时，电动机停车且电动机制动器动作。

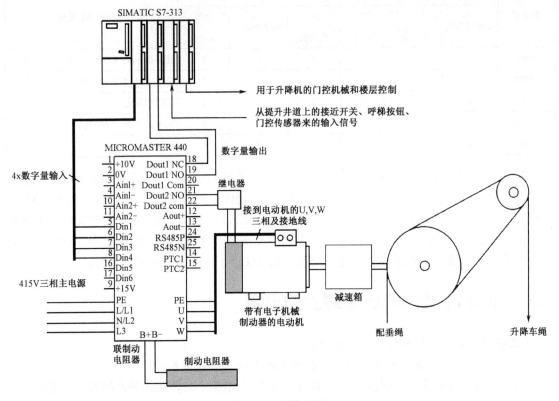

图 9-20　系统配置

系统采用 S7-313 PLC 系统来处理接近开关信号、按钮信号及电梯的控制开关和楼层显示等。

通过调节变频器的调制频率，可以使电梯静音运行。S 曲线设定保证电梯平滑操作，提高乘坐舒适感。采用高性能的矢量控制，轿厢可以快速平稳地运行。MM440 变频器的高力矩输出和过载能力保证电梯可靠、无跳闸运行。

9.5.3　电动机和变频器主要参数设定

1. 变频器的主要技术指标

变频器的主要技术指标见表 9-5。

表 9-5　变频器的主要技术指标

变频器的技术规格	MICROMASTER 440
输入电压	三相　380～480V±10%
输入频率	47～63Hz
输出电压	0～380V

变频器的技术规格	MICROMASTER 440
输出频率	0～650Hz
输出功率	7.5kW
过载倍数	2 倍 3s，1.5 倍 60s
工作温度	−10℃～50℃
保护等级	IP20
控制方式	V/F，FCC，SVC，VC，TVC
串行接口	RS-232，RS-485
电磁兼容性	EN55011 A 级 EN55011 B 级

2. 电动机和变频器主要参数设定

电动机和变频器主要参数设定见表 9-6。

表 9-6　电动机和变频器主要参数设定

参数号	参数值	说　　明
P0100	0	欧洲/北美设定选择
P0300	1	电动机类型的选择
P0304	400	电动机额定电压设定
P0305	15.3	电动机额定电流设定
P0307	7.5	电动机额定功率设定
P0308	0.82	电动机额定功率因素设定
P0309	0.9	电动机效率设定
P0310	50	电动机额定频率设定
P0311	1455	电动机额定转速设定
P0700	2	变频器通过数字量输入控制启/停
P1000	3	变频器频率设定值来源于固定频率
P1080	2	电动机运行的最小频率（在此频率时电动机的制动器动作）
P1082	50	电动机运行的最大频率
P1120	3	斜坡上升时间
P1121	3	斜坡下降时间
P1130	0.7	斜坡平滑时间
P1131	0.7	斜坡平滑时间
P1132	0.7	斜坡平滑时间
P1133	0.7	斜坡平滑时间
P1300	20	选择变频器的运行方式，为无速度反馈的矢量控制

参数号	参数值	说　明
P0701	16	DIN1 选择固定频率 1 运行
P0702	16	DIN2 选择固定频率 2 运行
P1001	50	固定频率 1 通过 DIN1、50Hz
P1002	6	固定频率 2 通过 DIN2、6Hz
P0705	25	通过 DIN5 控制直流制动使能
P0731	52.3	变频器故障指示
P0732	52.c	电动机制动器动作
P1215	1	电动机制动器使能
P1216	0.5	在启动前最小频率时电动机制动器释放延时 0.5s
P1217	1	在停车前最小频率时电动机制动器保持延时 1s
P3900	3	快速调试

现场的电梯图片，见图 9-21。

图 9-21　电梯图片

9.6　MM440 变频器在啤酒厂水处理线上的应用

【知识目标】　了解啤酒厂供水要求的特点。
　　　　　　　了解供水系统中水位控制方案的特点。
　　　　　　　掌握变频器的选用、控制电路设计及参数预置。

9.6.1　概述

啤酒厂水处理工艺中供水流量动态范围比较大，要求在生产中始终保持罐内水位恒定范围，进水管处于全开状态，水位完全由水泵抽水调节，MM440 依据设定水位及水位变送器据反馈的水位模拟量，经 PID 运算输出调节量，以控制水泵电动机转速，达到恒定水位的目的。

9.6.2　系统配置

● MM440 4kW/3 一台。
● 进口异步电动机及水泵总共一台。

● 水位变送器一台。

9.6.3 运行效益

使操作工摆脱了手工操作的紧张劳作,保证整个流水线开机后不间断地连续运行,中央控制室可方便、灵活地利用变频器完成对现场的调控和监视。用户对该套装置较为满意,运行一直比较稳定,没有发生任何停机事故。

9.6.4 系统单线图(见图 9-22)

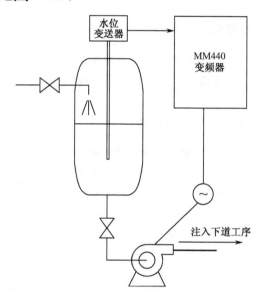

图 9-22 系统单线图

9.6.5 系统电气原理图

图 9-23 是系统原理图,图 9-24 是端子接线图。

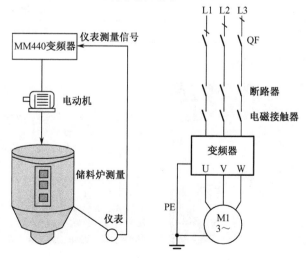

图 9-23 系统原理图

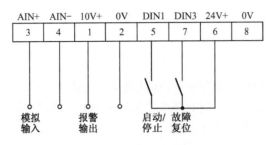

图 9-24 端子接线图

9.6.6 变频器的主要调节参数

控制回路采用 PID 调节方式，所有参数项由现场调试确定，因此设定值输入，采用可调的模拟信号，从"模拟 1"由电位器给定，反馈信号"模拟 2"，由水位变送器送出 0～10V 信号（若超出设定水位则报警）。

参数设定见表 9-7 （电动机参数另行调整）。

表 9-7 PID 调节参数

参 数 号	说 明
P0700=2	由端子排输入
P1000=2	模拟输入
P0753,P0756&57 &58&59&60&61	均采用出厂设置
P0003=3	用户访问参数级别
P2200=1	使能PID 调节
P2253=755.0	PID 设定值信号源
P2264=755.1	PID 反馈信号源
P2274	微分时间
P2280	比例增益
P2285	积分时间

现场图片见图 9-25 和图 9-26。

图 9-25 灌装生产线

图 9-26 控制柜

思考题与习题

一、填空

1. 料车卷扬机为摩擦性_____负载，应注意低频时的_____必须满足要求。

2. 恒压供水是指无论用户端_____是多少，都能保持管网中水压_____。这样既可满足用户对水的_____，又不使电动机_____，造成电能的浪费。

3. 保持供水系统中某处压力的_____，也就保证了该处的_____能力和_____流量处于平衡状态，这就是恒压供水所要达到的_____要求。

4. PID 控制属于_____控制，是使控制系统的_____在各种情况下都能迅速而准确地无限接近_____的一种手段。

5. 电梯系统是一个很大的_____复杂系统，所以传动装置必须有很大的_____力矩。

二、简答

1. 简述恒压供水系统的构成和工作原理。
2. 简述恒压供水系统 PID 调试过程。
3. 简述变频器控制光缆护套机牵引速度控制方式。
4. 简述变频控制电梯系统舒适度调整。

参 考 文 献

[1] 韩安荣. 通用变频器及其应用. 2 版. 北京：机械工业出版社，2002.

[2] 王仁祥. 通用变频器选型与维修技术. 北京：中国电力出版社，2004.

[3] 马宁、孔红. S7-PLC 和 MM440 变频器的原理与应用. 北京：机械工业出版社，2006.

[4] 姚锡禄. 变频器控制技术与应用. 福州：福建科学技术出版社，2005.

[5] SIEMENS、MicroMaster 440 使用大全. 2003.

[6] 施利春、李伟. PLC 与变频器. 北京：机械工业出版社，2007.

[7] 唐修波、变频技术及应用. 北京：中国劳动社会保障出版社，2006.

[8] 汤海梅，等. 电动机拖动与变频调速. 上海：华东师范大学出版社，2014.

[9] 孟晓芳，等、西门子系列变频器及其工程应用. 北京：机械工业出版社，2008.

[10] 松下电工（中国）有限公司. Panasonic. 变频器 VFOc 使用手册. 2009.